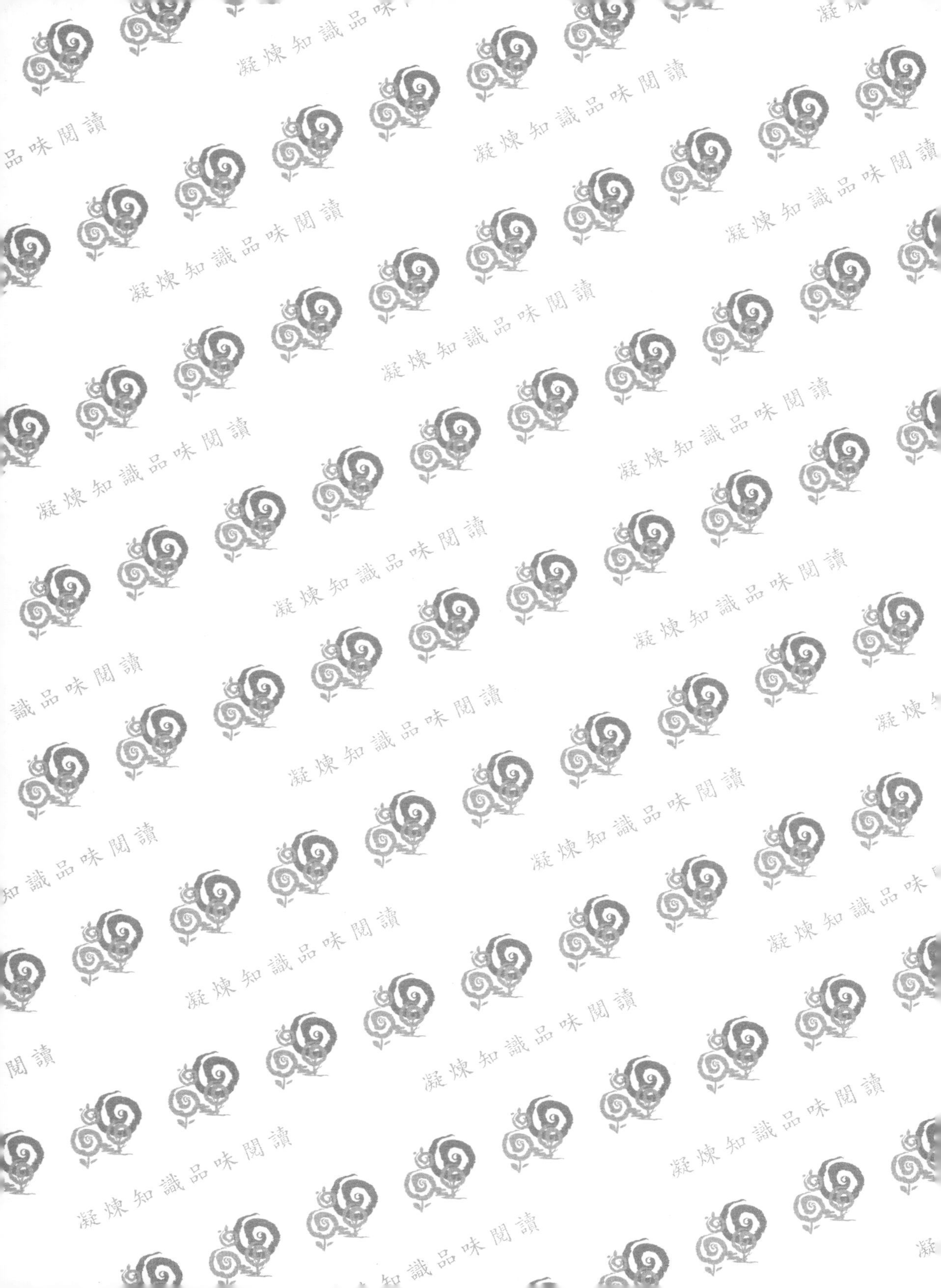
凝煉知識品味閱讀

凝煉知識品味閱讀

資料結構

使用C

| 數位新知 著 |

五南圖書出版公司 印行

序

在零與壹的世界，資料浩瀚如星漢。好的程式代表著它是「結構嚴謹，表達完善」。「結構」泛指資料結構，通常是爲了解決某些特定問題而提出，最簡單就是告訴電腦如何儲存、組織這些資料。「表達」則是演算法的運用，所以資料結構和演算法是撰寫程式兩大基石。本書以資料結構爲主，探討它們的相關知識。本書另一個要角就是C程式語言，身爲古老的語言，即使歷久也要彌新的變革下，展示資料結構的概念與作法。

面對C語言，跟指標碰面是無法避免。爲了提高學習的興趣，每個章節會佐以大量的圖像解說，在思考問題的當下如何以資料結構來處理有更多的訊息。同樣地，面對問題解決問題，每個章節皆有課後習題，讓自己在學習之外，檢測自己的收穫。

踏上資料結構學習之旅的第一步，就從C程式語言開始，如何定義結構體、函式，使用指標。隨著資料結構的腳步，陣列的結構從一維、二維到立體的三維，如何計算其位址，矩陣的相加和轉置亦是討論範圍。

隨著章節的演示，從單向的鏈結串列到雙向的鏈結串列，堆疊和佇列則是利用陣列或鏈結串列來表達。進一步應用堆疊，把運算式以前序、中序、後序呈現。由河內塔問題到老鼠走迷宮來看待遞　。先進先出的佇列，如何處理雙佇列和優先權。

從線性資料結構跨一步到非線性結構，認識樹而以二元樹的走訪來展開資料的搜尋。由線而面，圖形由深而廣（DFS）或者是由廣而深（BFS）的追蹤，找出最短路徑才能解決問題。

搜尋與排序也是日常生活所見，從交換位置的氣池排序到快速完成排序的合併排序，也納入本書的討論。搜尋資料時，一個一個地找，只適用資料量少；二元或內插搜尋能加速其速度，使用雜湊搜尋得留意資料碰撞的問題。

雖然本書校稿過程力求無誤，唯恐有疏漏，還望各位先進不吝指教！

目錄

第一章

我正在使用C語言

★學習導引★

- 認識C語言具備哪些特色？
- 函式scanf()、printf()能配合格式化字元做輸入和輸出
- 認識C語言的資料型別，配合修飾詞取用不同的儲存空間
- 介紹C語言的函式並學習以指標做參數的傳遞

1.1 C語言的特色

身為古老程式語言的一員，即使其它的程式語言也隨著歷史的軌跡不斷地發展，C語言依然歷久而彌新。

1.1.1 Hello World，開始寫C程式

如何撰寫C程式？不能免俗就以「Hello World」一窺其程式語言之風格。

```
//範例CH0101.c
#include<stdio.h> //引入標頭檔
void main()
{
   char name[30]; //宣告字元陣列，能存放30個字元
   printf("輸入名字->");
   scanf("%s", &name);
   printf("Hi, %s, 魔法 C 向你問好！：\n", name);
}
```

C程式的撰寫屬於自由格式，其程式碼由一行行的「敘述」（Statement）所組成。每一行的敘述，可能包含了關鍵字、運算式、函式和空白字元、換行符號（Carriage）等。一般而言，此C程式概分兩個部分：①標頭檔、②主程式。如何匯入標頭，使用指令「include」，語法如下：

```
#include <函式名稱.h>
#include "函式名稱.h"
```

◈ 「#」爲前置處理指令，而「include」指令的作用就是匯入標頭。
◈ 函式名稱若以角括號「< >」裹住函式名稱，表示它由編輯器提供，來自於函式庫；以雙引號「" "」裹住名稱，由程式設計師自行撰寫，必須提供檔案路徑，方便於編譯器能找到它們。

要進入C程式的第一道門就是main()主程式。由於C程式本身就是模組化程式，它由不同的函式所組成，而main()函式是撰寫C程式不能缺少，認識它的語法：

```
main()
{
    //程式敘述;
}
```

◈ main()爲C程式的進入點，表示程式編譯會由main()主程式開始程式。
◈ main()爲函式，必須以一對大括號「{}」構成程式區塊；以左括號「{」爲區塊的開始，右括號「}」來結束程式區塊。
◈ 程式區塊內的敘述必須給予縮排，以半形分號「;」表示此行敘述已結束。

Tips

如何表示main()主程式，下列這些用法皆是合法的

```
void main()
{
    //程式敘述;
}
```

```
int main()
{
    //程式敘述;
    return 0;
}
```

```
main(void)
{
    //程式敘述;
}
```

對於main()主程式和標頭檔有了認識之後，那麼撰寫C程式第一個要

引入的標頭檔是「stdio.h」，才能進一步使用它所提供的函式「prinf()」和「scanf()」。

函式printf()提供訊息的輸出，將內容顯示於螢幕上，語法如下：

```
int printf(const *format[, 引數列] );
```

使用printf()函式輸出資料時可以加上格式化參數，輸出所需的格式。

```
printf("%格字化字元", 變數)
```

◈ 格式化字元必須以「%」字元為開端，「%c」印出單一字元，「%s」輸出字串「%d」輸出整數值，「%f」輸出浮點數。

這些格式化字元也適用於scanf()函式，先認識其語法：

```
#include<stdio.h>
scanf(const char *format[, address, ...])
scanf("%格字化字元", &變數)
```

◈ 使用scanf()函式也必須匯入標頭檔「stdio.h」。

◈ scanf()函式配合格式化字元來取得變數，由於是直接取得記憶體位置，變數名稱前要加「&」取址運算子。

下述範例說明scanf()、printf()函式的用法。

```
//範例CH0102.c
void main()
{
```

```
    int score;    //宣告整數變數
    float avg;    //宣告浮點數變數
    printf("請輸入分數, 平均 -> ");
    scanf("%d %f", &score, &avg);
    printf("分數 = %3d, 平均 = %.3f", score, avg);
}
```

◈ printf()配合格式化字元，「%3d」輸出欄寬為3的整數，不足位數者補空白字元；「%.3f」表示輸出含有小數位數為「3」的浮點數

1.1.2 程式撰寫風格

程式碼中除了敘述之外，有時讓了解說程式碼的作用，免不了要加上註解。對於C程式的編譯器來說，它會忽略註解文字；同樣為了讓編譯器能夠「路過」這些註解，C程式使用兩種註解：單行和多行註解。

```
//單行註解
/* 可以多行說明
   程式的作用 */
```

◈ 以「//」標示它是單行註解，可以獨立成行，也可以放在程式敘述後端，可參閱範例CH0102.c，它使用了單行註解。

◈ 多行註解以/*開始，以*/結束註解，將內容放在其中。

C程式的敘述，並沒有規定空白字元如何擺放，但程式碼必須有閱讀性，我們可以讓多行敘述放在同一行，但不會提高它的執行效能！例如：

```
void main() {
    char name[30]; printf("輸入名字->"); scanf("%s", &name);
```

```
    printf("Hi, %s, 魔法 C 向你問好！；\n", name);
}
```

◈ 同一行放了多行敘述，但不易閱讀。

◈ 左大括號的位置，可以放在行的開端或者是main()主程式之後。

本書以「Dev-C++」來作爲撰寫C程式的編輯器，如果想加入「c11」的語法，可以執行「工具／編譯器選項」指令，切換到「一般」頁籤，加上一行命令「-std=c99 -std=c11」。

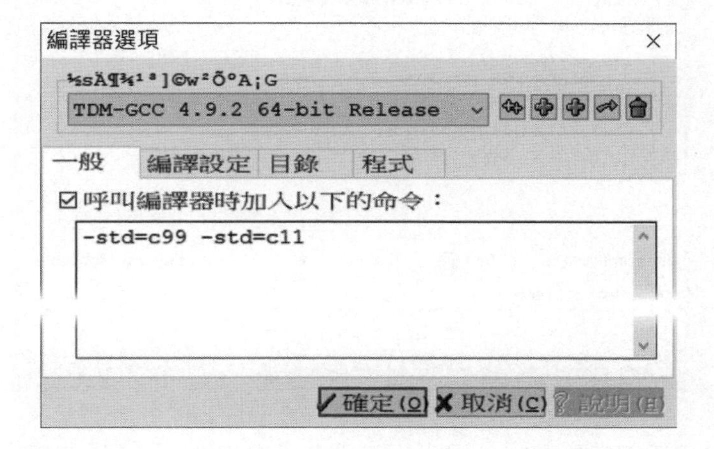

上述命令於撰寫for迴圈能直接做變數的宣告，簡例如下：

```
//沒有加入命令
int j;
for(j = 0; j < 5; j++)
{ . . . }
//有加入命令
for(int j = 0; j < 5; j++)
{ . . . }
```

由於「Dev-C++」的版本已許久沒有更新，有興趣的讀者可以去Code::Block官網「http://www.codeblocks.org/」安裝此軟體，它的用法跟Dev-C++相近。

若不想安裝C程式編輯軟體，有網路的話，可以進入「https://ideone.com/」。

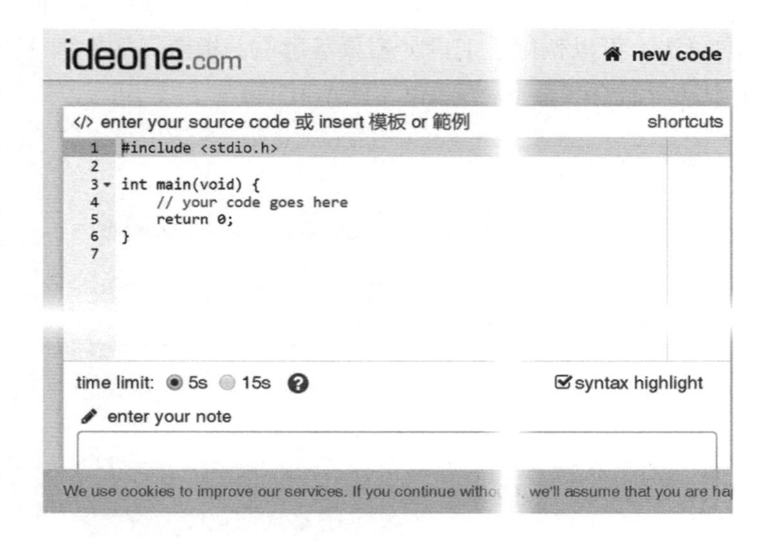

可以選擇需要的模版，完成的程式可以按「Run」進行編譯。

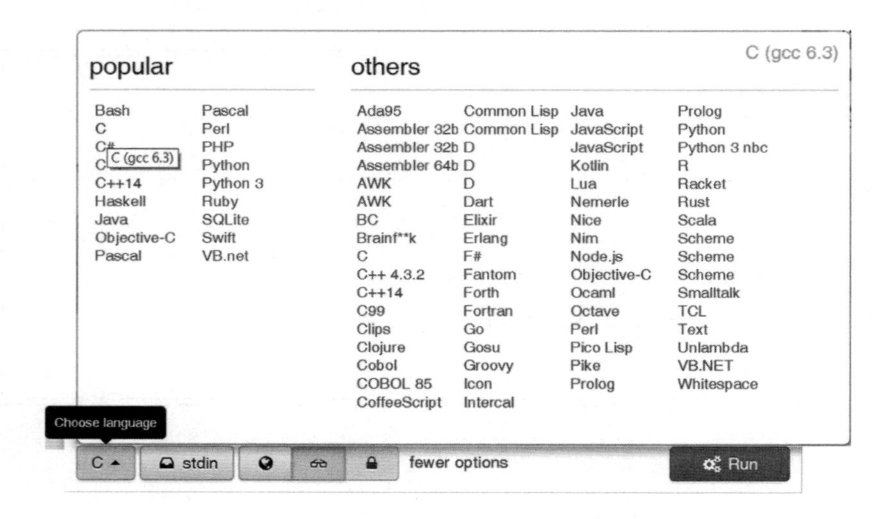

1.2 C語言的基本語法

介紹C語言的基本資料型別，它包括整數、實數和字元。

1.2.1 認識資料型別

所謂的「整數」型別，是指資料不含小數位數，但是能帶有正、負號的整數。究竟「int」型別有多大？它會隨著作業系統、記憶體空間而有所不同。整數型別可以配合修飾詞short、long而改變其範圍；而使用unsigned、signed修飾詞來形成無號數和有號數，以下表說明。

整數型別(int)	儲存空間	範圍	<limits.h>
short	2 Bytes	-32768 ~ +32767	SHRT_MIN SHRT_MAX
unsigned short	2 Bytes	0 ~ 65535	USHRT_MAX
int	4 Bytes	-2147483648 ~ +2147483647	INT_MIN INT_MAX
unsigned int	4 Bytes	0 ~ 4294967295	UINT_MAX
long long	8 Bytes	-9223372036854775808 ~ +9223372036854775807	LLONG_MIN LLONG_MAX

「short」資料型別實際上是「short int」型別，可以「short」來表示，想要了解資料型別所佔的記憶體空間，可以呼叫sizeof()函式來取得。資料型別所使用的範圍可以引用標頭檔<limits.h>配合參數來查詢，讀者可以參閱範例CH0103.c獲得更多訊息。

所謂實數是資料含有小數位數，C語言以「float」（單精確度浮點數）、「double」（雙精確度浮點數）來表示，所占空間下表說明。

浮點數型別	儲存空間
float	4 Bytes
double	8 Bytes
long double	16 Bytes

bool型別可以用來判斷某個值的「眞」（true）或「假」（false），可以引用c99標頭檔<stdbool.h>來取得數值的表示結果。

```
//範例CH0104.c
#include<stdbool.h> //c99才有
void main()
{
   bool num = true;
   printf("bool = %d\n", num);  //輸出1
   num = false;
   printf("bool = %d\n", num);  //輸出0
}
```

若爲char型別，輸出時可以利用格式化字元取得ASCII值。

```
//範例CH0104.c
char wd = 'A', wd2 = 113;
printf("A = %d, 113 = %c", wd, wd2); //輸出A = 65, 113 = q
```

◈ 字元「A」以數字輸出，得ASCII值「65」，而113以字元輸出則是字元「q」。

1.2.2 變數

變數要賦予名稱，爲「識別字」（Identifier）之一種。有了識別字，系統才會配置記憶體空間。識別字包含了變數、常數、物件、類別、方法等，命名規則（Rule）必須遵守下列規則：

- 第一個字元必須是英文字母或是底線。
- 其餘字元可以搭配其他的英文字母或數字。
- 不能使用C語言的關鍵字或保留字來當作識別字名稱。

C語言中所使用的識別名稱，英文字母的大小寫是有所區分，所以識別字「myName」、「MyName」、「myname」會被C語言的編譯器視爲三個不同的名稱。

C語言的關鍵字（keyword）或保留字通常具有特殊意義，所以它會預先保留而無法作爲識別字。有哪些關鍵字？下表列舉之。

continue	auto	break	char	case	const	double
default	do	else	enum	extern	for	float
unsigned	goto	if	int	long	return	register
typedef	short	signed	sizeof	static	struct	switch
union	void	volatile	while			

如何宣告變數？語法如下：

```
[修飾詞] 資料型別 變數名稱;
```

例一：宣告num變數爲整數型別：

```
int num;            //宣告num爲整數型別
int num2 = 10;      //宣告num2爲整數型別並給予初值
int X, Y, Z;       //連續宣告變數X、Y、Z爲整數型別
```

1.2.3 常數

為了不改變變數值，常數就被賦予重要任務，它的語法如下：

```
const 資料型別 常數名稱 = 常數值;
```

◈ 宣告常數必須在前端加上關鍵字const，而宣告常數的同時要給予初值。

例一：以最常使用的PI為例。

```
const float PI = 3.14159;
```

某些情形下，為了讓變數具有一致性，會以巨集指令來替代常數，

```
#define PI 3.14159
```

◈ 編譯器進行編譯時就會程式中使用的巨集名稱替換為常數值。

```
//範例CH0105.c
#define MAX 1000    //以巨集指令
void main()
{
   const float PI = 3.14159;//宣告常數
   int x = MAX;
   printf("PI = %.4f, X = %d", PI, x);
}
```

1.2.4 使用運算式

程式語言最大作用就是將資料經過處理、運算，轉成有用的訊息可供我們提取。C程式語言提供不同種類的運算子，配合宣告的變數進行運

算。運算式由運算元（operand）與運算子（operator）組成，簡介如下：

- 運算元：包含了變數、數值和字元。
- 運算子：算術運算子、指派運算子、邏輯運算子和比較運算子等。

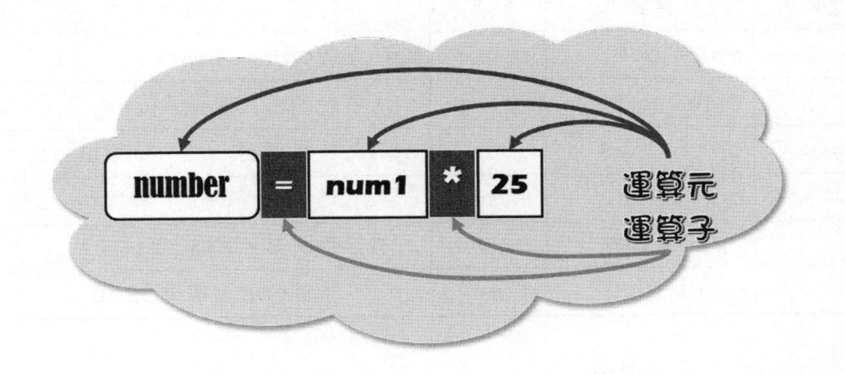

運算子如果只有一個運算元，稱為「單一運算子」（Unary operator），例如：表達負值-8的減號運算子「-」（半形負號）。如果有兩個運算元，則是二元運算子，如後文所介紹的算術運算子。

算術運算子提供運算元的基本運算，包含加、減、乘、除等，下表列舉之。

運算子	說明	運算	結果
+	把運算元相加	total = 5 + 7	total = 12
-	把運算元相減	total = 15 - 7	total = 2
*	把運算元相乘	total = 5 * 7	total = 35
/	把運算元相除	total = 15 / 7	total = 2.14
%	除法運算取餘數	total = 15 % 7	total = 1

C語言提供的算術運算子，其運算法則跟數學相同：「先乘除後加減，有括號者優先」。

比較運算子用來比較兩個運算元的大小，所得到的結果會以布林值True或False回傳，下表列示這些比較運算子（假設opA = 20，opB = 10）。

運算子	運算	結果	說明
>	opA > opB	true	opA大於opB，回傳true
<	opA < opB	false	opA小於opB，回傳false
>=	opA >= opB	true	opA大於或等於opB，回傳true
<=	opA <= opB	false	opA小於或等於opB，回傳false
==	opA == opB	false	opA等於opB，回傳false
!=	opA != opB	true	opA不等於opB，回傳true

例一：比較運算子的用法。

```
//範例CH0106.c
int a = 10, b = 15;
printf("a > b = %d\n", a > b); //1為true，0為false
```

邏輯運算子是針對運算式的True、False值做邏輯判斷，利用下表做說明。

運算子	運算式1	運算式2	結果	說明
&& (AND)	true	true	true	兩邊運算式為true才會回傳true
	true	false	false	
	false	true	false	
	false	false	false	
|| (OR)	true	true	true	只要一邊運算式為true就會回傳true
	true	false	true	
	false	true	true	
	false	false	false	

運算子	運算式1	運算式2	結果	說明
! (NOT)	true	--	false	運算式反相，所得結果與原來相反
	false	--	true	

1.3 流程結構

一個結構化的程式會包含下列三種流程控制：

- 循序結構（Sequential）：由上而下的程式敘述，這也是前面章節撰寫程式碼最常見的處理方式，例如：宣告變數，輸出變數值，如下圖所示。

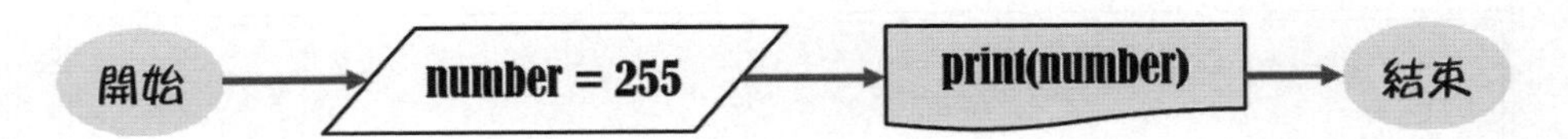

- 選擇結構（Selection）：它是一種條件選擇敘述，依據其作用可分為單一條件和多種條件選擇。例如，颱風天以風力級數來決定是否要放假？風力達到10級就宣布停班、停課。
- 重覆結構（Iteration）：重覆結構可視為迴圈控制，在條件符合下重覆執行，直到條件不符合為止。例如，拿了1000元去超市購買物品，直到錢花光了，才會停止購物動作。

1.3.1 選擇結構

選擇結構可依據條件做選擇；C語言提供「單一條件」和「多重條件」兩種。處理單一條件時，if敘述能提供單向和雙向處理；多重條件情形下，以switch/case敘述處理並回傳單一結果。

單一條件只有一個選擇時，使用if敘述；它如同我們口語中「如果…就…」；「如果分數60以上，就顯示及格」。這說明if敘述還要搭配比較或邏輯運算子做判斷。if敘述的語法如下：

```
if (條件運算式)
{
    運算式_true敘述;
}
```

◈ if敘述搭配條件運算式，做布林判斷來取得真或假的結果。

◈ 運算式_true敘述：符合條件的敘述若是多行敘述要有一對大括號來產生程式區塊，區塊內的程式碼要做縮排。

◈ 運算式_true敘述只有單行，可以省略大括塊。

if敘述如何進行條件判斷？以分數是否及格做解說。

```
int score = 67;
if (score >= 60)
   printf("Passing…");
```

◈ 條件運算式「score >= 60」表示輸入的分數大於或等於60分，才會顯示「Passing」字串。

接續分數的話題，如果分數大於60分就顯示「及格」，「不及格」的分數要如何表示？當單一條件有雙向選擇時就如同口語的「如果…就…，否則…」。

```
if (條件運算式)
{
    運算式_true敘述;
}
else
{
```

```
    運算式_false敘述;
}
```

◈ 運算式true敘述表示符合條件運算式。

◈ else敘述之後若有多行敘述，同樣要以大括號來形成程式區塊，只有單行敘述可以省略。

◈ 運算式_false敘述：表示不符合條件運算。

例二：繼續以分數來說明if/else敘述的判斷。

```
int score = 47;
if(score >= 60)
   printf("通過考試...");
else
   printf("多多努力!!");
```

「三元運算子」？故名思義，乃運算式中有三個運算元。if/else敘述還能以三元運算子做更簡潔的表達，語法如下：

```
(條件運算式) ? (運算式爲true) : (運算式爲false);
```

◈ 運算式爲true：執行運算子「?」之後，條件運算式爲true的敘述。

◈ 運算式爲false：執行運算子「:」之後，條件運算式爲false的敘述。

例三：依然以分數60分爲依據，配合三元運算子做簡單敘述。

```
int score = 47;
(score >= 60) ? printf("通過考試...") : printf("多多努力!!");
```

◈ 配合printf()函式，將三元運算子作爲其參數。

◈ 變數score儲存的值確實小於條件運算式「score >= 60」所以顯示訊息『多多努力!!』。

多重條件可供選擇時，有兩種作法：第一種是採用if/else if敘述，第二種則是switch/case敘述；它們皆可以將條件運算逐一過濾，選擇最適合的條件(True)來執行某個區段的敘述，先認識if/else if/else的語法：

```
if (條件運算式一)
{
    true敘述A;
}
if (條件運算式二)
{
    true敘述B;
}
else
{
    上列條件皆不符合則false敘述C;
}
```

◈ 當條件運算1不符合時會向下尋找到適合的條件運算式為止。

◈ else if敘述可以依據條件運算來產生多個敘述。

例四：以if/else if敘述依分數做成績等級的判斷，簡例如下：

```
//範例CH0107.c
int score = 84;
if(score >= 90)
   printf("非常好！");
```

```
else if(score >= 80)
   printf("好成績！");
else if(score >= 70)
   printf("不錯噢");
else if(score >= 60)
   printf("表現尚可");
else
   printf("要多努力！");
```

◈ 進行某項條件運算的判斷時，它會逐一過濾條件！假設分數為84分，它會先查看是否大於或等於90，條件不成立會再往下查看，它是否大於或等於80，最後找出符合的敘述。

要進行多重條件判斷的第二種方式就是switch/case敘述，語法如下：

```
switch(條件運算式)
{
   case 條件值1:
      敘述A;
      break;
   case 條件值2:
      敘述B;
      break;
   . . .
   case 條件值N:
      敘述N;
      break;
   default:
```

```
        上述條件皆不符合的敘述;
        break;
}
```

◈ 當條件運算式符合條件值時，依據case敘述的條件值來執行。

◈ 當條件都不符合時就執行default敘述。

1.3.2 迴圈

流程控制中，介紹了選擇結構，接下來瞭解迴圈結構的使用。所謂的「迴圈」（Loop，或稱迭代）是它會依據條件運算反覆執行，只要進入迴圈它就會再一次檢查條件運算，符合者才會往下繼續，直到條件運算不符合才會跳離迴圈，它包含：

➢ for/in迴圈：可計次迴圈，可以計數器配合條件運算式、增減值來控制迴圈重覆執行的次數。

➢ while迴圈：指定條件運算式不斷地重覆執行，直到條件不符合爲止。

使用for迴圈，開宗明義說它可計次，所以得有計數器記錄迴圈執行的次數，其語法如下：

```
for(計數器初值; 條件運算式; 增減值)
{
    程式敘述;
}
```

◈ 設定計數器的起始值：配合條件運算式，以遞增或遞減來決定迴圈執行次數。

◈ 同樣程式敘述有多行的話，要以一對大括號來產生程式區塊，只有一行敘述可以省略它。

例一：就以常見的數值加總來認識for迴圈。

```
//範例CH0108.c
int total;
for(int j = 1; j <= 10; j++)
   total += j;
printf("1 + 2 + 3 + ... + 10 = %d", total);
```

◈ 將數值加總，以變數total儲存累加結果，由於遞增為「1」，所以增減值就以「j++」表示。

while迴圈會依據條件值不斷地執行，執行前它會先檢查條件運算式是否成立，條件值成立的情形下才會進入迴圈，所以稱它為「前測試條件迴圈」；它適用資料沒有次序性，不清楚迴圈執行次數，語法如下：

```
while(條件運算式)
{
   程式敘述;
}
```

◈ 條件運算式成立才進入迴圈，但迴圈內的敘述要能改變條件的狀態，否然會形成無窮盡迴圈。

◈ 同樣地，程式敘述有多行的話，要以一對大括號來產生程式區塊，只有一行敘述可以省略它。

例二：了解while迴圈的運作。

```
//範例CH0109.c
int x, y;
printf("輸入兩個數值 ->");
```

```
scanf("%d %d", &x, &y);
while(x < y)
   x = x + y;
printf("x = %d, y = %d", x, y);
```

◈ 若「x < y」就把兩個數相加，當x值大於y值就會停止迴圈的執行。

有前測試迴圈就會有後測試迴圈，它與前測試迴圈不同處是無論條件運算式是否成立，都會進入迴圈，至少執行一次，do/while迴圈的語法如下：

```
do
{
   程式敘述;
} while(條件運算式);
```

◈ 可不要忘了，while敘述之後要有分號「;」做結束。

例三：do/while迴圈最常看到的就是詢問使用者是否繼續？

```
//範例CH0110.c
char key;
do
{
   printf("是否繼續?(y/n)");
   key = getchar();
   getchar();
}while(key == 'Y' || key == 'y');
```

◈ 變數key儲存字元，按「Y/y」表示繼續；按「N/n」表示結束程式。

1.4 函式

大家一定使用過鬧鐘吧！無論是手機上的鬧鈴設定，或是撞針式的傳統鬧鐘，其功能就是定時呼叫。只要定時功能沒有被解除，它會隨著時間的循環，不斷重覆響鈴的動作。以程式觀點來看鬧鐘定時呼叫的功能，就是所謂的「函式」（Function），執行時必須呼叫方法的名稱，然後它會依據執行程序回傳或不回傳結果。那麼使用方法有何優點？列舉如下：

➢ 利用函式可以建立資訊模組化。
➢ 函式能重複使用，方便日後的除錯和維護。

依其程式的設計需求，方法可以概分二種：

➢ 系統內建，由函式庫提供，譬如：前面章節使用的sizeof()，可取得資料型別的使用空間。
➢ 程式設計者依據需求所自行定義。

1.4.1 自訂函式與回傳值

使用自訂函式要有三道工法：先宣告、再定義函式，然後呼叫函式。首先，認識宣告函式的語法：

```
回傳值型別 函式名稱(資料型別, . . .);
```

◈ 回傳值型別：定義函式之後，要有回傳值型別；若不回傳任何資料，使用void關鍵字。
◈ 函式名稱：其命名同樣要遵守識別項的規範。
◈ 資料型別：是指「參數串列」之型別，其多寡會隨參數串列來增減。

從哪裡宣告函式？對於C語言來說，它的位置在main()主程式之前。函式經過宣告之後，雖然編譯器已知悉它的存在，還得定義函式才能運作，繼續定義函式的語法：

CHAPTER 1

```
回傳值型別 函式名稱(參數串列, . . .)
{
    函式主體;
    return 回傳值;
}
```

- 參數串列：可依函式需求來定義多個參數，並以逗點隔開；每個參數要有「資料型別 參數名稱」才算完整。
- 函式主體：要以一對大括號產生程式區段，若有回傳值則以return敘述回傳。
- return敘述：回傳函式的運算結果，回傳時其資料型別必須和回傳值型別相同。

例一：定義函式msg()，只有一個參數，只以printf()函式輸出字串。

```
void msg(int);        //宣告函式
void msg(int num)     //定義函式
{
    if(num > 0)
        printf("數值爲 %d\n", num);
}
```

- 由於函式沒有回傳值，所以它的回傳值型別以「void」表示。
- 函式使用的參數必須以「資料型別 參數名稱」來定義。
- 將傳入的參數直接輸出。

例二：定義函式有n1和n2兩個形式參數（Formal Parameter），接收資料後進一步比較其大小。

```
//範例CH0111.c
int getMax(int, int);       //1.宣告函式
int getMax(int x, int y)    //2.定義函式
{
   int result;
   if(x > y) //如果 x > y 就回傳x, 否則回傳 y
      result = x;
   else
      result = y;
    return result;
}
```

◈ 將傳入函式的兩個數值比較大小，return敘述回傳較大的值。

函式定義之後，由其他程式「呼叫函式」（Calling Method），它的語法如下：

```
函式名稱(引數串列);              //表示函式無回傳值
變數 = 函式名稱(引數串列);     //表示函式有回傳值
```

繼續了解範例CH0111.c的函式getMax()，要在主程式中呼叫它。

```
void main()    //主程式
{
   int num1, num2;
   printf("輸入兩個數值 ->");
   scanf("%d %d", &num1, &num2);
   int big = getMax(num1, num2);//3.呼叫函式, big儲存運算結果
```

```
    printf("較大值是 %d", big);
}
```

◈ 呼叫函式getMax()並傳入兩個引數：num1和num2，運算後其回傳必須由變數big儲存之。

Tips

使用函式時，配合參數可做不同的傳遞和接收。使用它們之前，先瞭解二個名詞：

- 實際引數（Actual Argument）：程式中呼叫函式時，將接收的資料或物件傳遞給自訂函式，以位置引數爲預設
- 形式參數（Formal Parameter）：定義函式時；用來接收實際引數所傳遞的資料，進入函式主體執行敘述或運算，預設以位置參數爲主

1.4.2 參數機制

使用函式時，若要取得回傳結果得透過return敘述；但是它只能回傳一個結果。函式之間若要回傳多個參數值，就必須進一步了解方法中參數、引數間資料的傳遞。C程式提供了傳值（Call by Value）、傳址（Call by Address）二種方法。

「傳值呼叫」的意思是指實際引數呼叫函式時，會先將變數內容（值value）複製，再把副本傳遞給形式參數。要注意的地方是實際引數所傳遞的「引數」和形式參數必須是相同的型別，否則會引發編譯的錯誤！由於實際引數和形式參數分占不同的記憶體位置。「定義函式」所接受的是變數值，而非變數本身；執行程式時，形式參數若有改變，並不會影響原來實際引數的內容。

若以更嚴謹的態度來看待C語言，它採「傳值呼叫」，一同了解它的運作！

```
//範例CH0112.c
void getNums(int, int);               //1.宣告函式
void getNums(int num1, int num2) //2.定義函式
{
   num1 += 20;
   num2 += 40;
   printf("函式getNums, num1 = %d, num2 = %d\n", num1, num2);
}
void main()  //主程式
{
   int x = 25, y = 50;
   getNums(x, y);    //3.呼叫函式傳遞引數x, y
   printf("x = %d, y = %d", x, y);
}
```

◈ 由於引數傳傳遞時採用了「傳值呼叫」；函式中兩個參數值num1、num2的改變並不會影響主程式x、y的值。

1.4.3 啊哈！指標

所謂的「傳指標呼叫」（Passing by Pointer）其實屬於傳值呼叫的一環，只不過它傳的值是記憶體位址。使用傳指標呼叫時，呼叫函式者必須傳遞記憶體位址給函式，爲傳遞的方便，C語言以「&」（取址運算子）來取得記憶體位址。先了解其語法：

```
回傳值型別 函式名稱(型別 *指標參數1, 型別 *指標參數2, ...);//宣告
```

CHAPTER

呼叫函式的語法：

```
函式名稱(&引數1, &引數2, . . .);
```

下述範例認識「傳指標呼叫」：

```
//範例CH0113.c
void getNums(int *, int);       //1.宣告函式
void getNums(int *N, int num2)//2.定義函式
{
   *N += 20;
   num2 += 40;
   printf("函式getNums, *N = %d, num2 = %d\n", *N, num2);
}
void main()
{
   int x = 25, y = 50;
   getNums(&x, y);    //3.呼叫函式傳遞引數x, y
   //函式中參數值的改變並不會影響主程式x, y的值
   printf("x = %d, y = %d", x, y); //x = 45, y = 50
}
```

◈ 呼叫函式時由於引數「&x」傳遞的含有儲存值的記憶體位址，所以函式中的參數N是指標，表示經過運算後改變了N所指向的記憶體位址。

例二：以指標變數來將兩個變數互換。

```
//範例CH0114.c
void change(int*, int*);//1.宣告函式
```

```
void change(int *N1, int *N2)
{
   int tmp;
   tmp = *N1;
   *N1 = *N2;
   *N2 = tmp;
}
void main()   //主程式
{
   int a = 20, b = 40;
   printf("置換前 a = %d, b = %d\n", a, b);
   change(&a, &b);//3.呼叫函式
   printf("置換後 a = %d, b = %d", a, b);
}
```

◈ 定義函式時，兩個參數N1、N2為指標變數。

◈ 加入變數tmp，將兩個指標變數N1、N2互換位置。

◈ 主程式呼叫函式change()時，可以檢視互換前後a與b的值。

1.4.4 傳遞陣列

定義函式時若參數傳遞的對象是陣列的話，由於陣列使用的是連續的記憶體空間，把它視為「傳指標呼叫」也是行的通。這樣的作法是把陣列視為一個「指標常數」，由於它的記憶體位址固定，它會指向陣列的第一個元素。

方法一：以陣列結構傳遞。

```
void showAry(int []);               //1.宣告函式
void showAry(int ary[]) {. . .}  //2.定義函式
```

方法二：陣列以指標傳遞。

```
void showAry(int *);                //1.宣告函式
void showAry(int *ary) {. . .}     //2.定義函式
```

方法三：陣列結構含有長度來傳遞。

```
void showAry(int []);                  //1.宣告函式
void showAry(int ary[5]) {. . .}      //2.定義函式
```

從主程式中，如何進行函式呼叫？

```
//範例CH0115.c
void main()
{
   int ary[] = {11, 12, 13, 14, 15};
   showAry(ary);//3.呼叫函式
}
```

課後習作

一、選擇題

1. 對於C語言來說，要引用標頭檔，要使用哪一個關鍵字？

   (A) define

   (B) include

   (C) struct

   (D) printf

2. 對於C語言來說，對於main()來說哪一個描述不正確？

   (A) 程式的進入點

   (B) 本身是函式

   (C) 必須要有參數才能發揮作用

   (D) 可以在main()加上void來表示它不會傳入任何引數

3. 使用printf()、scanf()函式時，要引用哪一個標頭檔？

   (A) <stdlib.h>

   (B) <malloc.h>

   (C) <time.h>

   (D) <stdio.h>

4. printf()函式要輸出字元資料時，使用何種格式化字元？

   (A) %c

   (B) %d

   (C) %f

   (D) %s

5. short資料型別若再加修飾詞「unsigned」，它的儲存範圍是？

   (A) 0 ~ 32768

   (B) 0 ~ 65534

(C) 0 ~ 2147483648

(D) 0 ~ 4294967295

6. 如果儲存的資料是字元，宣告哪一種資料型別較妥當？

(A) char

(B) string

(C) bool

(D) double

7. 宣告常數變數，要加上哪一個關鍵字？

(A) define

(B) struct

(C) const

(D) include

二、實作題

1. 輸入兩個數值，利用三元運算子判斷其大小。
2. 參考範例CH0107.c將它改爲switch/case敘述。
3. 利用for迴圈算出1～100的奇數和。
4. 利用指標嘗試寫一個字串反轉的函式，需引用<stdlib.h>和<string.h>兩個標頭檔，並以strlen()函式取得字串長度。

第二章

認識資料結構

★學習導引★

- 從資料的特性去了解它與資訊的不同
- 資料結構能做什麼？以常見種類談起
- 演算法能以文字、虛擬碼和流程圖做為工具進行分析
- 演算法的效能從Big-O來看時間複雜度

2.1 資料是什麼？

什麼是資料（Data）？用來表達一個觀念或一個事件的一群文字、數字、符號或圖表。經過處理的資料能因人而異而發揮所長，也就是大家熟悉的「資訊」（Information）。那麼資料、資料處理和資訊，這三者該如何看待？與資料結構有什麼關係，一起來探討之。

2.1.1 資料的特性

資料具有什麼特性？我們可以從電腦的微觀角度出發，把儲存資料的層次先做簡單區分，它有五種層次：位元、位元組、欄位、記錄和檔案。

- 位元（Bit）：儲存內部資料的最小單位，如同機器語言中的0與1。
- 位元組（Byte）：表示一個「字組」（Word）所需的位元數目，由八個位元組成一個位元組。
- 欄位（Field）：由數個「位元組」（Bytes）組成，為一個獨立且具備某種意義的資料項目，例如身分證資料上的姓名、性別、住址等都算是一種「欄位」。
- 記錄（Record）：由幾個彼此相關的「欄位」構成有意義的基本單位，例如姓名、性別、住址、身分證字號、出生年月日等「欄位」可構成一個國民的身分證「記錄」。
- 檔案（File）：由數筆相關的記錄構成，例如國民身分證檔就是描述所有國民的每筆記錄所構成。

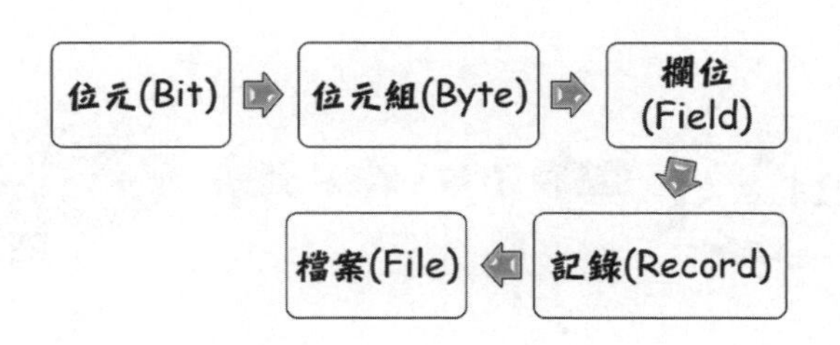

再把鏡頭向外推移，以電腦的處理角度來思考這個問題。所謂「資料」就是指可以輸入到計算機中，並且被程式處理的文字、數字、符號或圖表等，它所表達出來的是一種沒有評估價值的基本元素或項目。例如姓名或我們常看到的課表、通訊錄等都可泛稱是一種「資料」（Data）。所以，依照資料的特性，可將資料分爲數值和文數資料兩大類：

- 數值資料（Numeric Data），例如0、1、2、3…9所組成，配合運算子（Operator）來做運算的資料。
- 文數資料（Alphanumeric Data）又稱非數值資料（Non-Numeric Data），像A、B、C、+、*、#等。

姓名	國文	英文	數學
林大明	78	91	66
王小風	95	57	87

文數資料　數值資料

2.1.2 資料與資訊

將上述的兩大類資料，經過有系統的整理、分析、篩選處理所提鍊出來的文字、數字、符號或圖表，它具有參考價格及提供決策的依據，具備某種有特別意義的文字、數字或符號，就是「資訊」（Information）。在分析、處理資料的過程中，利用電腦的兩大優點：速度快和容量大，可以帶給我們很大的便利。

將「資料處理」更嚴謹的看待，就是用人力或機器設備，對資料進行有系統的整理如記錄、排序、合併、整合、計算、統計等，以使原始的資料符合需求，而成爲有用的資訊。所以，可以把「資料元素」（Data Element）視爲資料的基本單位。考量其整體性，性質相同的資料元素形成了資料子集，稱爲「資料物件」，它泛指「資料」。舉個例子來說，學生的成績由姓名、國文、英文和數學來傳遞，更通俗的讀說法是一筆記錄；將多筆資料元素集合，就是學生成績，也就是「資料」。

資料項目

姓名	國文	英文	數學
林大明	78	91	66
王小風	95	57	87

資料元素

當然！「資料和資訊的角色並非一成不變」；同一份文件在某種狀況下可能被視爲資料，而在其他狀況下則爲有用的資訊。例如台北市這週的平均氣溫是35℃，這段陳述文字對於高雄市民而言，僅是一項天氣的資料；但居住於台北的市民，表明天氣「炎熱」得提醒自己多補充水分，避免中暑。究竟是「資料」還是「資訊」，會因爲人、事、物而有不同的處理態度。

2.1.3 資料的種類

若以電腦的存在層次來區分，還可以把資料分爲兩種：(1)基本資料型別、(2)抽象資料型別。

所謂的「基本資料型別」（Primitive Data Type），表示它無法以其他型別來定義資料，或者稱爲純量資料型別（Scalar Data Type），幾乎所有的程式語言都會提供一組基本資料，以C語言來說，它包含了int（整數）、float（單精確度浮點數）、double（雙精確度浮點數）和char（字元）等。

抽象資料型別（Abstract Data Type, ADT）相對於基本資料型別而言，可以看成是定義資料操作的模型，並且利用此模型來定義相關資料的運算及本身屬性所成的集合。而「抽象資料型別」會依其定義來行使它的邏輯特性；也就是說，ADT是一種「資訊隱藏」（Information Hiding），電腦的內部運作和現實無關。例如智慧型手機的品牌琳琅滿目，儲存好朋友的電話號碼時可能是「0900-111-222」或「0900-111222」，無論表達的方式如何，它就是一組0～9的整數集合。

2.2 資料結構簡介

對於資料、資料處理有了基本認識之後，大家不免好奇，究竟什麼是資料結構呢？就是把彼此之間存有特定關係的資料元素集合在一起。當我們要求電腦解決問題時，必須以電腦了解的模式來描述問題，資料結構是資料的表示法，包括可加諸於資料的操作。可以把資料結構視爲是最佳化程式設計的方法論，資料結構最主要目的就是將蒐集到的資料有系統、組織地安排，建立資料與資料間的關係，它不僅討論儲存與處理的資料，也考慮到彼此之間的關係與演算法。

2.2.1 重新審思程式

學習資料結構與演算法之前，我們重新來審視什麼是「程式」？依據圖靈獎得主Nicklaus Wirth大師的說法：

```
Algorithms + Data Structures = Programs
```

簡單來說，就是「程式 = 演算法 + 資料結構」；例一：C語言撰寫一個找出最大值的小程式。

```
//範例CH0201.c
#include<stdio.h>
void main()
{
   int num1, num2;
   printf("請輸入第一個數值->");
   scanf("%d", &num1);
   printf("請輸入第二個數值->");
   scanf("%d", &num2);
   if (num1 > num2)
      printf("最大值：%d", num1);
   else
      printf("最大值：%d", num2);
}
```

如何找出兩個數值中較大的一個？以「if/else」敘述做條件判斷，所以是一個邏輯清楚的「演算法」；繼續以第二個範例來說明陣列。

```
//範例CH0202.c
int score[] = {98, 72, 65};    //儲存分數的陣列
   for(int j = 0; j < 3; j++)  //以for讀取並計算總分
      total += score[j];
   printf("分數 = %d", total);
```

使用C語言的陣列結構來儲存多個分數，再以for迴圈讀取陣列的元素並以變數total儲存元素的加總。所以此範例是以陣列結構完成。

2.2.2 資料結構的分類

依據資料的存在關係，可以把資料結構概分爲四種：①基本結構、②線性結構、③階層結構和④圖形結構。

- 基本結構就是集合（Set），它如同數學中的集合關係一樣，資料元素的關係就是「一個集合」，它們之間沒有任何先後次序的關係，著重於資料是否存在或屬於集合的問題。

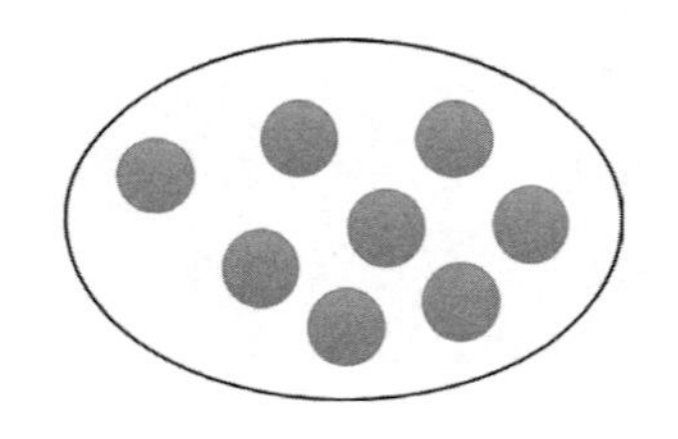

- 線性結構：資料元素是一對一的存在關係，它是有序的集合（Ordered set），也就是資料與資料之間是有先後次序的。例如陣列（Array）、串列（List）、堆疊（Stack）與佇列（Queue）等

- 階層結構：結構中的資料元素爲一對多的存在關係，如二元搜尋樹（Binary search tree），其資料具上下的階層化組織。

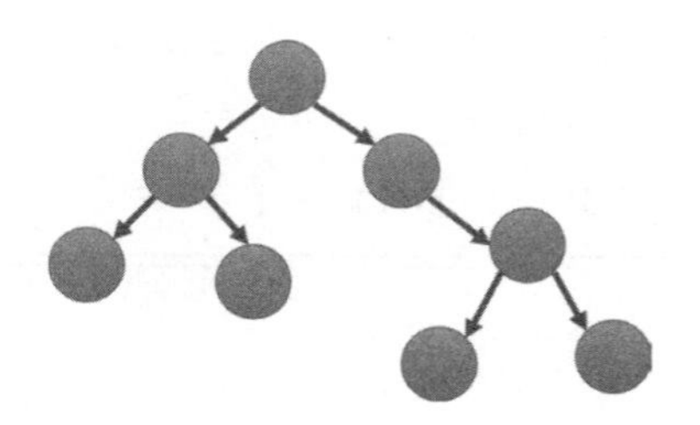

➢ 圖形結構：資料元素彼此間爲多對多的存在關係，所謂的先後和上下關係，在此類的資料結構中，變得更模糊。

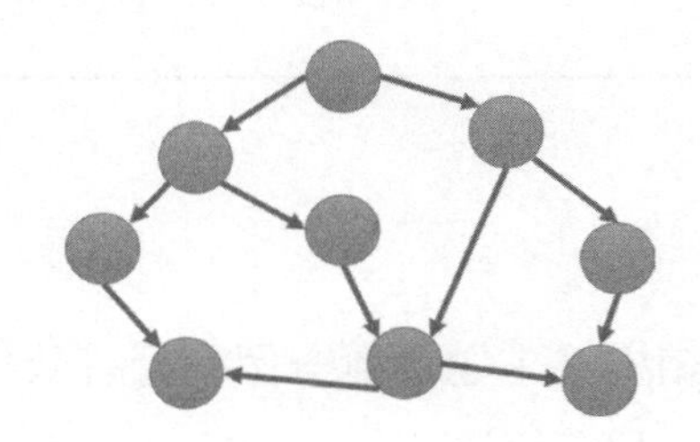

這些資料結構乍看之下好像很抽像，但是在日常生活中，卻是隨處可見。像學校的教室座位屬於「二維陣列」；火車把車廂串連成一列來載運乘客的方式可視爲「串列」（List）；從底部向上疊起的碗盤則是「堆疊」（Stack）；排隊買票，先到先買的作法就是「佇列」（Queue）；正準備如火如塗展開的世足賽，其淘汰制就是「樹狀」結構；旅行時，當我們用谷歌大神來查看地圖上的城市或有名的觀光景點，就是不折不扣的「圖形」結構。

2.2.3 常見的資料結構

常見的資料結構以下表做簡單說明。

資料結構	說明
陣列	最常用到的資料結構，給予名稱之後能存放較多量資料
鏈結串列	比陣列更有彈性，使用時不必事先設定其大小
堆疊	具有先進後出的特性，如同疊盤子般，資料的取出和放入要在同一邊
佇列	具有先進先出的特性，就像排隊一樣，讓出入口可設在不同邊
遞迴	了解程式撰寫中常用的遞迴函式，並介紹遞迴可解決的問題
樹狀結構	具有階層關係，類似於族譜的資料型別，屬於非線性集合

資料結構	說明
圖形結構	跟地圖很相像的資料型別，含有目標地與路徑，爲非線性組合

2.3 演算法

雖然本書以資料結構爲主題，對一個執行有效率的程式來說，資料結構（Data structure）和演算法（Algorithm），如同天平兩邊的砝碼缺一不可。由此可知，資料結構和演算法是程式設計中最基本的內涵。程式能否快速而有效率的完成預定的任務，取決於是否選對了資料結構，而程式是否能清楚而正確的把問題解決，則取決於演算法。所以我們可以把Nicklaus Wirth大師的說法再進一步闡述：「資料結構加上演算法等於可執行的程式」。所以，將演算法做簡單的定義：

- 演算法用來描述問題並有解決的方法，以程序式的描述爲主，讓人一看就知道是怎麼一回事。
- 使用某種程式語言來撰寫演算法所代表的程序，並交由電腦來執行。
- 在演算法中，必須以適當的資料結構來描述問題中抽象或具體的事物，有時得定義資料結構本身的相關操作。

2.3.1 演算法的特性

演算法（Algorithm）代表一系列爲達成某種目標而進行的工作，通常演算法裡的工作都是針對資料做某種程序的處理過程。在韋氏辭典中演算法卻定義爲：「在有限步驟內解決數學問題的程序」。

如果運用於電腦科學領域中，我們把演算法定義成：「爲了解決某一個工作或問題，所需要有限數目的機械性或重覆性指令與計算步驟」。其實日常生活中有許多工作都可以利用演算法來描述，例如員工的工作報告、寵物的飼養過程、學生的功課表等。認識了演算法的定義後，我們還要說明演算法必須符合的下表的五個條件。

演算法特性	說明
輸入（Input）	零個或多個輸入資料，這些輸入必須有清楚的描述或定義
輸出（Output）	至少會有一個輸出結果，不可以沒有輸出結果
明確性（Definiteness）	每一個指令或步驟必須是簡潔明確而不含糊的
有限性（Finiteness）	在有限步驟後一定會結束，不會產生無窮迴路
有效性（Effectiveness）	步驟清楚且可行，能讓使用者用紙筆計算而求出答案

通常輸入和輸出是比較容易明白；來自於資料處理的作法，有輸入，可能也有輸出，例如：輸入x、y、z三個數值做運算。

```
//範例CH0203.c
int x, y, z;
printf("輸入第一個數值->");
scanf("%d", &x);
printf("輸入第二個數值->");
scanf("%d", &y);
printf("輸入第三個數值->");
scanf("%d", &z);
int number = x + y - z;
```

不過某些情形下可能就沒有輸入的指令，例如：入門的「Hello World」程式就直接能訊息顯示於螢幕上。從演算法的要求而言，只有輸出的訊息並無輸入資料，它的「Input」為零。什麼情形下會有多個輸

CHAPTER 2

出？就是藉由函式，直接以printf()函式回傳結果。下列敘述中定義了函式「lottoNums」，直接以printf()函式印出6個隨機值。

```
//範例CH0204.c
int lottoNums(int *ary, int len)//定義函式
{
   int result;
   srand((unsigned) time(NULL));//產生隨機值
   printf("隨機值有6個: \n");
   for(int j = 0; j < len; j++)
   {
      ary[j] = rand() % 49 + 1;
      printf("%3d, ", ary[j]);
   }
}
void main()//主程式
{
   int number[6];//儲存隨機值
   lottoNums(number, 6);//呼叫函式
}
```

演算法的每一個步驟都必須「定義明確」，不能出現定義不清楚的情形。用一段文字描述來表達演算法：

```
敘述1.這次期中考獲得高分者，可以申請獎學金
敘述2.這次期中考分數高於90分者，可以申請獎學金
```

第一個描述的語意含糊，因為「高分者」每個人的解讀並不相同，無法表達其明確性。而第二個描述則指出「高於90分者」，表達明確。再來看一個更明確的演算法，以「條件」指令來說：

```
IF a > b THEN
   PRINT(a)
END IF
```

◈ 這是一個單向選擇，變數a若大於b，表示條件成立就輸出變數a。

通常演算法必須在有限的步驟中執行，每一個步驟都得在可接受的時間內完成。以下列演算法的迴圈來說，有可能寫出不會停止執行的無限迴圈；這樣的演算法就不符合「有限性」。

```
count <- 3
WHILE count >= 1 DO
   PRINT(count)
END WHILE
```

2.3.2 演算法和程式的差異

演算法描述解決問題的方法是以程序式的描述為主，讓「人」一看就知道是怎麼一回事，所以表達的對象以人為主，要能閱讀。通常在描述演算法時必須講求精準明確，但不必遵循嚴謹的語法。

撰寫的「程式」則是要讓「電腦」執行，它強調程式的執行結果正確性、可維護性及執行效率。經由演算法的分析，可以用某種程式語言來撰寫演算法所代表的程序，並由電腦來執行這個程式。不過一旦要把演算法交付給電腦來執行時，當然就得十分的講究，因為程式語言的邏輯與算術運算是完全依照所給的指令來進行的。

這就是爲什麼演算法和程式是有所區別，因爲程式不一定要滿足有限性的要求，例如作業系統或機器上的運作程式，除非當機，否則永遠在等待迴路（waiting loop），這也違反了演算法五大原則之一的「有限性」。另外演算法都能夠利用程式流程圖表現，但因爲程式流程圖可包含無窮迴路，所以無法利用演算法來表達。

2.3.3 常見的演算法工具

接下來的問題是：「什麼方法或語言才能夠最適當的表達演算法？」事實上，只要能夠清楚、明白、符合演算法的五項基本原則，即使一般文字，虛擬語言（Pseudo-language），表格或圖形、流程圖，甚至於任何一種程式語言都可以作爲表達演算法的工具。

第一種演算方法「使用文字來加以描述」，某些情形可能會表達不夠精確，因此一般較不常用。例如：

步驟一：輸入兩個數值
步驟二：判斷第一個數值是否大於第二個數值
步驟三：判斷正確的話，以第一個數值爲最大值

第二種演算方法就是「流程圖」，常見的流程圖符號以下表說明。

符號	名稱	功能
（圓角矩形）	開始／結束	流程圖的開始或結束
（矩形）	處理程序	處理問題的步驟
（平行四邊形）	輸入／輸出	處理資料的輸入或輸出的步驟
（菱形）	決策	依據決策符號的條件決定下一個步驟

符號	名稱	功能
○	接點	流程圖過大時，作爲兩個流程圖的連接點
⇨	流程方向	決定流程的走向

第三種演算方法就是「虛擬碼」，它是目前設計演算法最常使用的工具。在陳述解題步驟時，它混合了自然語言和高階程式語言，其表達方式介於人類口語與程式語法之間，容易轉換成程式指令。透過下表列舉循序、選擇和迴圈的虛擬碼寫法。

結構	關鍵字	虛擬碼	C語法
循序	運算式	k←x1 + x2	k = x1 + x2
	=	=	==
	mod	mod	%
	and	and	&&
	or	or	||
選擇	if	if 條件 then end if	if(條件) true_condition

	if, else	if 條件 then
		else
		end if
			if(條件)
			true_condition
			else
			false_ condition

迴圈	while	while 條件 do end while	while(條件) true_condition
	for	for (item in range) do end for	for(初值; 終止值; 增減值) true_condition
	exit	exit for	break
其他	print	PRINT	printf()
	return	return	return

結構	關鍵字	虛擬碼	C語法
函式	Function	FUNC 名稱: 回傳值型別 RETURN 值	型別 名稱() 函式主體 return 值
宣告		x <–0	型別 x = 0;
陣列		A[]	型別 A[長度];

這是先前的範例，利用流程圖和虛擬碼來溫故而知新。

```
//參考範例CH0201.c
if (num1 > num2)
   printf("最大值：%d", num1);
else
   printf("最大值：%d", num2);
```

流程圖如下：

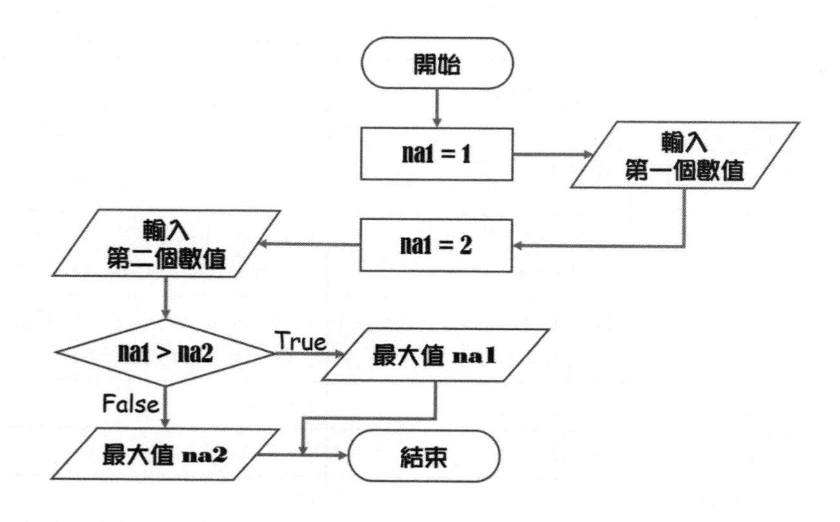

虛擬碼撰寫如下：

```
INPUT:輸入兩個數值
OUTPUT:回傳最大值
IF num1 > num2 THEN
    PRINT("最大值：", num1)
ELSE
    PRINT("最大值：", num2)
```

2.4 分析演算法的效能

從廣義角度來看，資料結構能應用在程式設計的要求上，透過程式的執行效能與速度爲衡量標準。了解每種資料結構特性，才能將適合的資料結構應用得當，否則非但不能符合程式的設計需求，甚至會讓整體執行效率變的更差。資料結構和演算法是相輔相成的，在解決特定問題的時候，當我們決定採用哪一種資料結構，也就是決定了演算法。

關於演算法的優劣，主要是要看這個演算法占用的電腦資料所需的時間和記憶空間而定，可以從「空間複雜度」和「時間複雜度」這兩方面來考量、分析。

- 空間複雜度（Space complexity）：是指演算法使用的記憶體空間的大小。
- 時間複雜度（Time complexity）：決定於演算法執行完成所用的時間。

不過由於電腦硬體進展的日新月異，所以純粹從程式（或演算法）的效能角度來看，應該以演算法的時間複雜度爲主要評估與分析的依據。

2.4.1 計算執行次數

資料結構和演算法要利用程式語言來描述，才能交由電腦執行。要評估一個演算法的好壞，排除了硬體設備之後，有兩種作法：

➢ 進行實際量測。

➢ 把程式執行的時間以「指令被執行的次數」×「指令所需要的時間」。

把焦點擺在測量指令執行的次數。如何計算？可以把演算法中執行次數的多寡當作執行時間。這當中，演算法的迴圈也是程式設計中不可或缺的指令，所以迴圈的計算經常是影響程式時間效能的重要因素。

要計算程式的執行次數：首要認識的對象乃流程控制的「循序結構」。它的執行次數很直觀，就是一個敘述接著下一行敘述，取得敘述行數的加總即可。

例一：只有敘述。

```
int x = 10, y = 25;    //敘述1
printf(x + y)          //敘述2
```

例二：下述演算法中，不管參數n的值爲多少，它只會執行一次。

```
void show(int n)
   printf("%d", n);
```

第二種計算執行次數的方式爲程式碼含有「條件結構」，它會依據條件運算而走不同的路。一般會以比較次數的敘述和條件敘述的最多行數來取決。下述簡例的執行次數「1 + 1 + 2 = 4」。

```
//範例CH0205.c
int x = 10, y = 25;           //循序結構，執行次數1
if(x > y)                     //條件結構的比較敘述，執行次數1
{
   int total = x + y;        //條件的最多行數2
   printf("%d", total);
}
else
   printf("x = %d, y = %d", x, y);
```

計算執行次數的第三種方式就是程式碼含有迴圈結構。例三：演算法含有for迴圈，執行次數會依據輸入的n值來決定，因此for迴圈的printf敘述會執行「n」次。

```
for(j = 0; j < n; j++)
   printf("N = %2d, ", j);
```

例四：for迴圈有2行敘述，所以是「2n」次。

```
for(j = 0; j < n; j++)
   total += j;
   printf("total = %2d", total);
```

例五：有一點複雜的狀況，演算法包含兩個for迴圈，所以它是「2n×(n – 1)」得到「$2n^2 - 2n$」次。

```
for(j = 1; j < n; j++) //執行次數, 2n^2 - 2n
{
   for(k = 1; k < n; k++)
   printf("\nTotal2 = %2d, ", k * j);
}
```


2.4.2 時間複雜度

時間複雜度（Time complexity）是指程式執行完畢所需的時間，概括兩個時間；第一個是編譯時間（Compile Time），使用編譯器編譯程式所需的時間會被忽略。第二個是執行時間（Execution Time），它才是探討的對象。

藉由迴圈執行次數計的簡例，我們知道在設計程式時，決定某程式區段的步驟計數是程式設計師在控制整體程式系統時間的重要因素；不過，決定某些步驟的精確執行次數卻是件相當困難的工作。例如程式設計師可以就某個演算法的執行步驟計數來衡量執行時間的標準；先來看看下列兩行指令：

```
int x = 2;
x += 1;
float y = x + 0.3/(float)0.7 * 225;
```

雖然我們都將其視爲一個指令，由於涉及到變數儲存型別與運算式的複雜度，它影響了精確的執行時間。與其花費很大的功夫去計算眞正的執行次數，不如利用「概量」的觀念來做爲衡量執行時間，這就是「時間複雜度」（Time complexity）。

通常採用以下三種分析模式來表示演算法的時間複雜度：

- 最壞狀況：分析所有可能的輸入組合下，最多所需要的時間。程式最高的時間複雜度，稱爲Big-O；也就是程式執行的次數一定相等或小於最壞狀況。
- 平均狀況：分析所有可能的輸入組合下，平均所需要的時間。程式平均的時間複雜度，稱爲Theta（θ）；程式執行的次數介於最佳與最壞狀況之間。
- 最佳狀況：分析對何種輸入資料，所需花費的時間最少。程式最低的時間複雜度，稱爲Omega（Ω）；也就是程式執行的次數一定相等或大於最佳狀況。

2.4.3 Big-O

Big-O代表演算法時間函式的上限（Upper bound），在最壞的狀況下，演算法的執行時間不會超過Big-O；在一個完全理想狀態下的計算機中，定義T(n)來表示程式執行所要花費的時間：

```
T(n) = O(f(n))(讀成Big-oh of f(n)或Order is f(n))
若且唯若存在兩個常數c與n0
對所有的n值而言，當n≧n0時，則T(n)≦c*f(n)均成立
```

- T(n)爲理想狀況下，程式在電腦中實際執行指令次數。
- f(n)取執行次數中最高次方或最大的指數項目，也可以稱爲執行時間的成長率（Rate of growth）。
- n資料輸入量。

進行演算法分析時，時間複雜度的衡量標準以程式的最壞執行時間（Worse Case Executing Time）爲規模；也就是分析演算法在所有輸入可能的組合下，所需要的最多時間，一般會以O(f(n))表示。(f(n))可以看成

是某一演算法在電腦中所需執行時間始終不會超過某一常數倍的f(n)。若輸入資料量(n)比(n_0)多時，則時間函數T(n)必會小於等於f(n)；當輸入資料量大到一定程度時，則c*f(n)必定會大於實際執行指令次數。

假設下列多項式各爲某程式片斷或敘述的執行次數，請利用Big-O來表示時間複雜度。

例一：4n + 2

```
4n+2＝O(n)，得到c = 5，n0 = 2，所以4n + 2 ≦ 5n
4*n+2≦c*n    (因爲T(n)=O(f(n))
得(c-4)*n≧2
找出上限時，可以把最大的加項再加「1」值，所以爲「5n」
當c＝4+1時，則n≧2，所以n0＝2 (因爲n≧n0)
所以c≧5，且n0≧2時，則4*n+2 ≦ 5*n
```

例二：$10n^2 + 5n + 1$

```
10n^2 + 5n + 1 = O(n^2)，得到c=11，n0= 6
所以10n^2 + 5n + 1 ≦ 11n^2
10n^2 + 5n + 1 ≦ c * n^2 (因爲T(n) = O(f(n))
得(c-10)n^2 ≧ 5n+1
c = 10+1時，上式爲n^2 ≧ 5n+1，當 n≧ 6時，則 n^2 ≧ 5n+1
得到 n0 = 6(因爲n ≧ n0)
所以c ≧ 11，且n0 ≧ 6時，則10n^2 + 5n + 1 ≦ 11n^2
```

例三：$7 * 2^n + n^2 + n$

```
7 * 2^n + n^2 + n = O(2^n)，得到c = 8，n0 = 4
得到7 * 2^n n^2 + + n ≤ 8 * 2^n
```

事實上，我們知道時間複雜度事實上只表示實際次數的一個量度的層級，並不是眞實的執行次數。常見的Big-O有下列幾種。

(1) 常數時間

O(1)爲「常數時間」（Constant time），表示演算法的執行時間是一個常數倍，其執行步驟是固定的，不會因爲輸入的值而做改變，標記成「T(n) = 2 ⇨ O(1)」。

```
a, b = 5, 10
result = a * b
```

如果存在這樣的演算法，可以在任何大小的資料集合中自由的使用，而忽略資料集合大小的變化。就像電腦的記憶體一般，不考慮整個記憶體的數量，其讀取及寫入所耗費的時間是相同的。如果存在這樣的演算法則，任何大小的資料集合中可以自由的使用，而不需要擔心時間或運算的次數會一直成長或變得很高。

(2) 線性時間

O(n)爲線性時間（Linear time），當演算法加入迴圈就會變更複雜，得進一步去確認某個特定的指令的執行次數。執行的時間會隨資料集合的大小而線性成長，例如下列演算法有while迴圈，執行的次數依據輸入的n值來決定，所以「T(n) = n ⇨ O(n)」。

```
int k = 1;
while(k < n)
   k += 1;
```

(3) 對數時間

$O(\log_2 n)$稱爲對數時間（Logarithmic time）或次線性時間（Sub-linear time），成長速度比線性時間還慢，而比常數時間還快。例如下列演算法有while迴圈，每當j乘以2就愈靠近輸入的n值，所以「$2^x = n$」可以得到「$x = \log_2 n$」，其時間複雜度就是「$O(\log_2 n)$」。

```
int j = 1;
while (j < n)
   j *= 2;
```

(4) 平方時間

$O(n^2)$爲平方時間（quadratic time），演算法的執行時間會成二次方的成長，這會變得不切實際，特別是資料集合的大小變得很大時。下列演算法中有兩層while迴圈：第一層while迴圈的時間複雜度就是「$O(n)$」，第二層while迴圈再進行迴圈n次，所以所得的時間複雜度就是「$O(n^2)$」。

```
int j = 1, k = 1;
while(j <= n)
{
   while(k <= n)
      k += 1;
   j += 1;
}
```

可以再想想看，將第一層while迴圈的n變更爲m的話，則時間複雜度就變成「$O(m \times n)$」。

```
int j = 1, k = 1;
while(j <= m)
{
   while(k <= n)
      k += 1;
   j += 1;
}
```

可以得到結論「迴圈的時間複雜度 = 主迴圈的複雜度×該迴圈的執行次數」。

(5) 指數時間

$O(2^n)$爲指數時間（Exponential time），演算法的執行時間會成二的n次方成長。通常對於解決某問題演算法的時間複雜度爲$O(2^n)$（指數時間），我們稱此問題爲Nonpolynomial Problem。

(6) 線性乘對數時間

$O(n\log_2 n)$稱爲線性乘對數時間，介於線性及二次方成長的中間之行爲模式。演算法當中會以雙層for或while迴圈，執行次數爲n，但累計以指數呈現。

動動腦

假設有一個問題，分別利用上述的七種演算法來解決，依方法的最佳或最差，列出它們的關係如下：

$$O(1) < O(\log_2 n) < O(n) < O(n \log_2 n) < O(n^2) < O(n^3) < O(2^n)$$

當$n \geq 16$時，時間複雜度的優劣比較會有明顯差異。

常數	線性	對數	平方	指數	線性乘對數	立方
	n	log_2n	n^2	2^n	$nlog_2n$	n^3
1	1	0	1	2	0	1
1	2	1	4	4	2	8
1	4	2	16	16	8	64
1	8	3	64	256	24	512
1	10	3.3	100	1024	3.3	100
1	16	4	256	65536	64	256

2.4.4 Ω(Omega)

Ω也是一種時間複雜度的漸近表示法，它代表演算法時間函式的下限（Lower Bound）；如果說Big-oh是執行時間量度的最壞情況，那Ω就是執行時間量度的最好狀況。以下是Ω的定義：

T(n)= Ω(f(n))(讀作Big-Omega of f(n))

若且唯若存在大於0的常數c和n_0

對所有的n值而言，$n \geq n_0$時，$T(n) \geq c*f(n)$均成立

◈ T(n)爲理想狀況下，程式在電腦中實際執行指令次數。

◈ f(n)取執行次數中最高次方或最大的指數項目，也可以稱爲執行時間的成長率（Rate of growth）。

◈ n資料輸入量。

若輸入資料量(n)比(n_0)多時，則時間函數T(n)必會大於等於f(n)；當輸入資料量大到一定程度時，則c*f(n)必定會小於實際執行指令次數。例如「f(n) = 5n + 6」，存在「c = 5, n_0 = 1」，對所有n≧1時，5n + 5≧5n，因此「f(n) = Ω(n)」而言，n就是成長的最大函數。

假設下列多項式各為某程式片斷或敘述的執行次數，請利用Ω來表示時間複雜度。

例一：3n + 2

```
3n + 2 = Ω(n)
得到c = 3，n0 = 1，使得3n + 2 ≧ 3n
∴3 * n + 2 ≧ c * n, 得到(3 - c) * n ≧ -2
要找下限，事實上是找出比3n+2≧3n更小，保留最大的加項，刪除最小的加項
當c = 3時，並且n > 1，上式即可成立
∴找到c = 3， n0 = 1(因為n ≧ n_0)，則3n + 2 ≧ 3n
```

例二：$200n^2 + 4n + 5$

```
200n^2 + 4n + 5 = Ω(n^2)
找到c = 200，n0 = 1，使得200n^2 + 4n + 5 ≥ 200n^2
```

2.4.5 θ(Theta)

介紹另外一種漸近表示法稱為θ（Theta），它代表演算法時間函式的上限與下限。它和Big-O及Omega比較而言，是一種更為精確的方法。定義如下：

```
T(n)= θ(f(n))(讀作Big-Theta of f(n))
若且唯若存在大於0的常數c1、c2和n0
對所有的n值而言，n≧n0時，c1*f(n)≦T(n)≦c2*f(n)均成立
```

◈ T(n)為理想狀況下，程式在電腦中實際執行指令次數。

◈ f(n)取執行次數中最高次方或最大的指數項目，也可以稱為執行時間的成長率（Rate of growth）。

◈ n資料輸入量。

CHAPTER 2

CHAPTER 2

◈ $c_1 \times f(n)$為下限，即Ω。

◈ $c_2 \times f(n)$為上限，即θ。

若輸入資料量(n)比(n_0)多時，則存在正常數c_1與c_2，使$c_1 \times f(n) \leq T(n) \leq c_2 \times f(n)$。T(n)的運算次數會介於或等於$c_2f(n)$與$c_1f(n)$之間，可視為$c_2 \times f(n)$相當於T(n)的上限，$c_1 \times f(n)$相當於T(n)的下限。

例如：$T(n) = n^2 + 3n$。

$c_1 * n^2 \leqq n^2 + 3*n$

$n^2 + 3*n \leqq c_2 * n^2$

∴找到$c_1=1$，$c_2=2$，$n_0=1$，則$n^2 \leqq n^2+3n \leqq 2n^2$

課後習作

1. 試述演算法與程式流程圖的關係爲何？
2. 假設現在有3位同學，每人有5科成績，試求每位同學的總分和平均分數，以及平均分數高於60分的同學。請使用文字描述來表示其演算法，並以C語言自訂函式來寫出此程式。
3. 請算出以下程式碼片斷的執行次數。

```
int k = 100000;
while(k >= 5)
   k /= 10;
```

4. 請決定下列的時間複雜度（f(n)表執行次數）

   (A) $f(n) = n^2\log n + \log n$

   (B) $f(n) = 8 \log \log n$

   (C) $f(n) = \log n^2$

   (D) $f(n) = 4 \log \log n$

   (E) $f(n) = n/100 + 1000/n^2$

   (F) $f(n) = n!$

5. 請以演算法設計一個求出介於100到200中所有奇數之總和。
6. 請以演算法設計，輸入一個數值number並計算其階乘值。

第三章

善用陣列

★學習導引★

- 了解資料結構就從陣列開始
- 陣列的維度有一維、二維而多維，它代表陣列能由線形、平面而立體化
- 討論陣列的位址，即使是多維陣列也能化簡成以列或以欄為主
- 關注矩陣，相加、相乘或轉置，認識稀疏矩陣
- 介紹字元陣列和字串，配合字串相關函式來取得字串長度、或做字串複製

3.1 話說陣列

從程式語言和電腦的記憶體來看，倘若是單一資料，使用變數來處理當然是綽綽有餘。如果是連續性又複雜的資料，使用單一變數來處理可能就捉襟見肘了！爲什麼呢？使用變數時會占用電腦的記憶體空間，而電腦的記憶體空間有限，必須善加利用。

3.1.1 認識線性資料結構

未介紹陣列（Array）結構之前，先認識一下「線性串列」（Linear List）。它是由有次序的資料組合而成。依實際的運作方式概分兩種，分別爲「循序串列」（Sequential List）與「鏈結串列」（Linked List）。線性串列會以連續的記憶體位置來呈現，其特性有：

➢ 資料元件屬於連續性資料，依據串列位置來形成的一個線性排列次序。
➢ 每次存取時，僅有一個資料被存取。
➢ 它有兩個端點，如陣列、鏈結串列、堆疊和佇列。

線性串列的基本操作如下：

➢ x[i]會出現在x[i + 1]之前；取出串列中的第i項；$0 \le i \le n - 1$。
➢ 計算串列的長度。
➢ 由左至右或由右至左讀此串列。
➢ 第i項加入一個新值，i之後的資料都要退後一個位址；原來的第i，i + 1，…，n項變爲第i + 1，i + 2，…，n + 1項。
➢ 刪除第i項，i之後的資料都往前一個位址；原來的第i + 1，i + 2，……，n項變爲第i，i + 1，……，n–1項。

3.1.2 陣列的基本概念

如何實作循序串列？通常以陣列來表達。討論陣列（Array）之前，想一想為什麼要使用陣列？就以大家熟悉的學科成績來說，王小明這學期的分數可能是這樣：

```
//範例Score.c以C語言表示
int chin, eng, math;
chin = 98;    //國文分數
eng  = 64;    //英文分數
math = 71;    //數字分數
```

這意味著什麼？若從程式觀點來看，每一個科目須用一個變數來儲存；如果有兩位學生要6個變數，一個班級有20位學生就得需要更多的變數。但電腦的記憶體並非無限資源，所以陣列就能派上用場。

陣列（Array）在數學上的定義是指：「同一類型元素所形成的有序集合」。在程式語言的領域，可以把陣列看作是一個名稱和一塊相連的記憶體位址來儲存多個相同資料型態的資料。其中的資料稱為陣列的「元素」（Element），並依據索引（Index）順序存放各個元素，而陣列的大小（Size）或長度（Length）建立之後就固定下來。所以前述範例以陣列來處理的話：

```
//範例Array.c
int score[3];   //宣告一個可存放三個科目的陣列
score[0] = 98;  //依索引來存放其值，所以第一個位置存放了98
score[1] = 64;
score[2] = 71;
```

那麼，score[3]表示score是一維陣列，存放了3個元素，也說明陣列長度（Length）或大小（Size）爲「3」，透過下圖的觀察能更清楚。

元素	98	64	71
索引(Index)	[0]	[1]	[2]

陣列score來說，每個索引只存放一個「元素」（Element）；C語言的索引從「0」開始，到編號「2」共存放三個元素或三個「項目」（Item）；代表陣列的長度爲「3」；如何讀取陣列的元素，使用for或while迴圈讀取其資料。

由前面的簡例可以得知，同一組「陣列」（Array）的元素皆具備相同的資料型別（Data Type），屬於有序集合。當然，陣列裡可以包含多個元素，依元素之多寡來取得陣列大小。爲方便資料的存取，可將陣列設計成一維（Dimension）、二維、三維，...，甚至更多維的陣列。

3.1.3 動、靜皆宜的資料結構

「靜態資料結構」（Static Data Structure）或稱爲「密集串列」（Dense List）。它使用連續記憶空間（Contiguous Allocation），儲存有序串列的資料。例如陣列型別就是一種典型的靜態資料結構。優點就是設計簡單，讀取與修改串列中任一元素的時間都固定。缺點則是刪除或加入資料時，需要移動大量的資料。此外，靜態資料結構的記憶體配置在編譯時，就必須配置相關的變數。因此陣列在建立初期，必須事先宣告最大可能的固定記憶體空間，容易造成記憶體的浪費。

「動態資料結構」（Dynamic Data Structure），如鏈結串列（Linked List），使用的是不連續記憶空間來儲存有序串列。而我們所說的「動態

記憶體配置」（Dynamic Memory Allocation）是指變數儲存區配置的過程是在執行（Run Time）時，透過作業系統提供可用的記憶體空間。

動態資料結構的優點是資料的插入或刪除都相當方便，不需要移動大量資料。另外動態資料結構的記憶體配置是在執行時才發生，所以不需事先宣告，能夠充分節省記憶體。缺點就是設計資料結構時較爲麻煩，另外在搜尋資料時，也無法像靜態資料一般可隨機讀取資料，必須循序找到該資料爲止。

3.2 陣列維度

陣列（Array）是指一群具有相同名稱及資料型態的變數之集合。陣列依其維度可分爲一維、二維以及多維。若陣列只有一維，稱之爲向量（vector）；陣列爲二維，則稱之爲矩陣（matrix）；三維或多維爲立體結構，陣列具有的特色如下：

- 占用連續的記憶體空間，表明它是有序串列的一種。
- 陣列存放的元素，其資料型別皆相同。
- 支援隨機存取（Random Access）與循序存取（Sequential Access）。
- 操作陣列元素時，無論是插入或刪除，須要挪移其他元素。

配合C語言探討陣列維度，就從最基本的一維陣列展開學習之旅。

3.2.1 一維陣列

「一維陣列」（One dimensional Array）對於C語言來說，使用之前必做宣告，語法如下：

```
資料型別 陣列名稱[長度];
資料型別 陣列名稱[長度] = {元素1, 元素2, 元素3, …};
```

◈ 資料型別：宣告陣列使用的資料型別有整數、浮點數和字元。

◈ 長度：陣列的元素個數；C語言使用[ ]（中括號）來表示其長度或元素個數。

◈ 以大括號{ }來初始化所宣告陣列的元素。

例一：宣告一個一維陣列number，它的長度爲3。

```
int number[3];     //宣告一維陣列
number[0] = 78;    //指定索引「0」存放的元素爲78
```

例二：同樣地，利用大括號{ }將陣列元素初始化。

```
int score[4] = {65, 94, 51, 84};
```

例三：宣告一維陣列並以sizeof()函式來取得陣列所占的記憶體空間；沒有意外的話，一個整數型別的陣列元素會占用4個位元組（Bytes），有5個元素的話就是「4 * 5」，它共占用了「20」Bytes。

```
//範例Array1D.c
int number[5] = {78, 66, 81, 92, 55};
fgdint len = sizeof(number);
printf("陣列所占空間 = %d Bytes", len);
```

例四：以for迴圈讀取陣列元素，由於陣列元素的索引由0開始，因此計數器「k = 0」，而變數total儲存5個元素的加總結果。

```
//範例Array1D.c, -續-
int k, total = 0;
for(k = 0; k <= 5; k++)
{
   total += number[k];
}
printf("\n總和 = %d", total);
```

範例說明

範例先宣告一維陣列並初始化，再利用選單依指定的索引來讀取陣列中的元素，或者指定索引來修改陣列的內容。

範例Array1Dtraval.c

```
01 #include<stdio.h>
02 void main()
03 {
04    int score[10] = {
05       76, 85, 90, 67, 53, 78, 82, 95, 67, 83};
06    int number; //學號
07    int grade;  //成績
08    int opt;    //選項
09    while(1)
10    {
11       printf("作業選單：\n");
12       printf("1. 成績查詢\n");
13       printf("2. 成績修改\n");
```

```
14        printf("3. 離     開\n");
15        printf("請輸入選項(1 ~ 3)==>");
16        scanf("%d", &opt);
17        if(opt != 3)
18        {
19           printf("輸入學生學號(0~9)==>");
20           scanf("%d", &number);
21        }
22        switch(opt)
23        {
24           case 1:   //查詢
25              grade = score[number];
26              printf("學生成績：%d\n", grade);
27              break;
28           case 2:   //修改
29              grade = score[number];
30              printf("原來學生成績：%d\n", grade);
31              printf("請輸入新成績：==>");
32              scanf("%d", &grade);
33              score[number] = grade; //儲存新成績
34              break;
35           case 3:
36              exit(0);
37              break;
38        }
39     }
40 }
```

執行結果

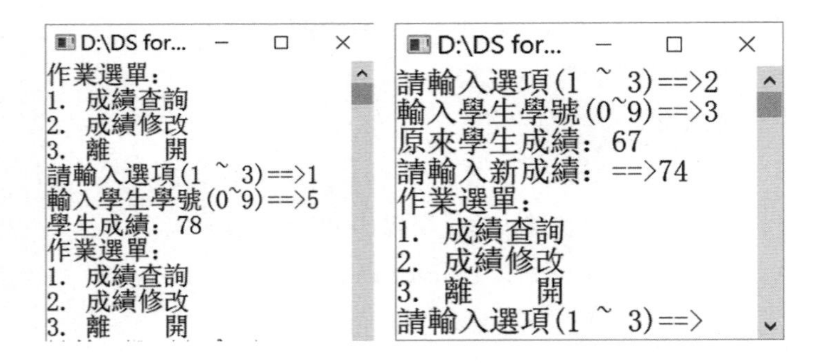

程式解說

◈ 第4~5行：建立一維陣列並初始化。

◈ 第9~39行：以while迴圈來產生選單，依據選項來執行相關程序。

◈ 第22~38行：switch/case敘述會依選項來執行。選項opt爲「1」時，依輸入的學號（實際上爲陣列索引）來顯示學生成績；選項opt爲「2」時，依輸入的學號來修改學生成績。

3.2.2 二維陣列

陣列中有二對中括號，說明它是二維陣列（Two-dimension Array）。若以m代表列數，n代表行數，它含有「m×n」個元素，一個「3×4」的二維陣列結構示意如下：

	第0欄	第1欄	第2欄	第3欄
第0列	Ary[0][0]	Ary[0][1]	Ary[0][2]	Ary[0][3]
第1列	Ary[1][0]	Ary[1][1]	Ary[1][2]	Ary[1][3]
第2列	Ary[2][0]	Ary[2][1]	Ary[2][2]	Ary[2][3]

Tips

列？行？欄？爲避免混淆，本書採用列、欄的稱呼

- Row，稱爲「列」，方向爲橫「一」。
- Column，稱爲「欄」，方向爲直「|」。

如何以程式碼表達二維陣列？C語言使用兩個中括號[ ][ ]分別表示陣列的列和欄。

例一：宣告一個「2×3」二維陣列。

```
int number[2][3];    //第一個[2]表示列，第二個[3]表示欄
```

例二：宣告一個「3×4」二維陣列並初始化，以大括號{ }初始化時，列爲「3」，所以大括號內要有三對大括號並以逗號隔開，然後分別在每一對大括號內填入四個元素，程式碼如下：

```
int Ary[3][4] ={{11, 12, 13, 14}, {22, 24, 26, 28}
                 {33, 35, 37, 39}};
```

	第[0]欄	**第[1]欄**	**第[2]欄**	**第[3]欄**
第[0]列	11	12	13	14
第[1]列	22	24	26	28
第[2]列	33	35	37	39

範例說明

讀取二維陣列所建立的各科成績並算出平均值。

範例Array2D.c

```
01 #include<stdio.h>
02 void main()
03 {
04    float score[4][4] = {{78, 84, 65, 0},
05       {91, 84, 67, 0}, {65, 92, 78, 0}, {85, 57, 73,
0}};
06    int j, k;
07    printf("國文\t數學\t英文\t平均\n");
08    printf("------------------------------\n");
09    for(j = 0; j < 4; j++)
10    {
11       score[j][3] =
12           (score[j][0] + score[j][1] + score[j][2]) /
3;
13       for(k = 0; k < 4; k++)
14       {
15          printf("%.2f\t", score[j][k]);
16       }
17       printf("\n");
18    }
19 }
```

執行結果

```
D:\DS for C語言\CH03\Array2D....
國文    數學    英文    平均
------------------------------
78.00   84.00   65.00   75.67
91.00   84.00   67.00   80.67
65.00   92.00   78.00   78.33
85.00   57.00   73.00   71.67
```

程式解說

◈ 第9~18行：外層for迴圈先讀取1~4列，並算出每列第4欄的平均值。

◈ 第13~16行：內層for迴圈先讀取每列中1~4欄的元素。

範例說明

下表是一個課表，把它轉化爲二維陣列並存放科目代碼，查詢時輸入課表代碼回傳科目名稱。

	週一	週二	週三	週四	週五	科目	代碼
第1節	0	102	0	102	0	計算機概論	101
第2節	101	102	101	0	101	資料數學	102
第3節	105	104	104	104	101	程式語言	103
第4節	0	0	105	0	0	資料庫入門	104
第5節	103	0	0	103	103	多媒體導論	105
第6節	103	0	0	0	0		

範例Course.c

```
01 #include<stdio.h>
02 void main()
```

```
03 {
04     //將課表轉爲二維陣列
05     int course[6][5] = {{  0, 102,   0, 102,   0},
06                         {101, 102, 101,   0, 101},
07                         {105, 104, 104, 104, 101},
08                         {  0,   0, 105,   0,   0},
09                         {103,   0,   0, 103, 103},
10                         {103,   0,   0,   0,   0}};
11     int week, class, classNo;
12     printf("輸入星期(1到5)-->");
13     scanf("%d", &week);
14     printf("輸入節數(1到6)-->");
15     scanf("%d", &class);
16     classNo = course[class - 1][week - 1];
17     printf("星期%d - 第%d堂 - 課程名稱：", week, class);
18     //依課程代碼顯示科目名稱
19     switch(classNo)
20     {
21        case 101: printf("計算機概論"); break;
22        case 102: printf("資訊數學"); break;
23        case 103: printf("程式語言"); break;
24        case 104: printf("資料庫入門"); break;
25        case 105: printf("多媒體概論"); break;
26        default: printf("空堂"); break;
27     }
28 }
```

執行結果

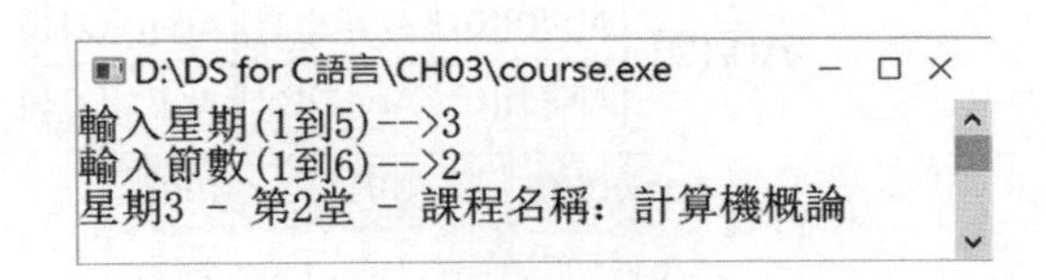

程式解說

◈ 第5~10行：產生「6×5」二維陣列並初始化。

◈ 第16行：依據輸入的星期和課堂編號組成為二維陣列的索引來查詢課表上的課程代碼。

◈ 第19~27行：switch/case敘述；依據科目代碼來回傳課程名稱。

3.2.3 多維陣列

當陣列結構超過二維，習慣以多維陣列來稱呼。以三維陣列（Three-dimension Array）來說，代表它有三個註標，是一個「M * N * O」的多維陣列。所以宣告一個「M×N×O」三維陣列，語法如下：

```
資料型別 陣列名稱[M][N][O];
```

◈ M：代表二維陣列個數。

◈ N：二維陣列的列數；O為二維陣列的欄數。

例一：宣告一個「2×2×3」三維陣列，其陣列結構以下圖表示。

```
int number[2][2][3];
```

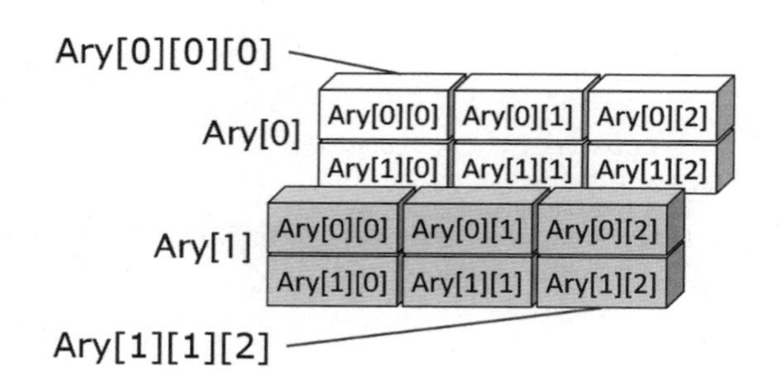

三維陣列究竟是如何組成？就以上課的教室爲例，教室裡有2排桌椅，每一排有3張桌椅，所以一間教室可以容納「2×3 = 6」個學生，當上課的學生大於6時，就要有第二間教室來容納更多學生。所以「2×2×3」三維陣列中第一個「2」可視爲兩個「2×3」的二維陣列。

範例說明

產生一個「2×2×3」三維陣列並以三層for迴圈讀取陣列的元素。

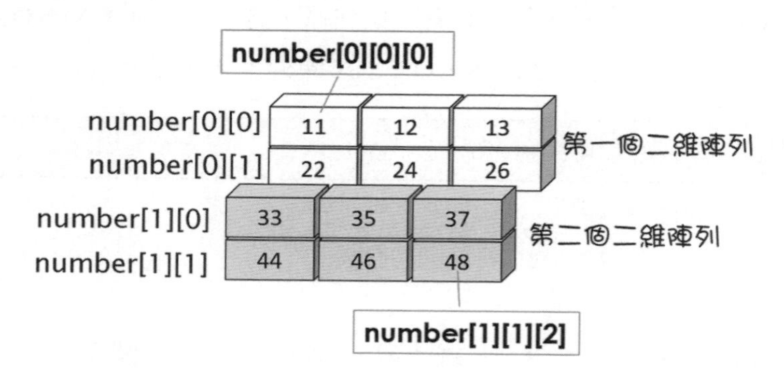

範例Array3D.c

```
01 #include<stdio.h>
02 void main()
03 {
```

```
04    int number[2][2][3] = {{{11, 12, 13}, {22, 24, 26}},
05                           {{33, 35, 37}, {44, 46, 48}}};
06    for(int j = 0; j < 2; j++)
07    {
08       printf("第%d個二維陣列", j + 1);
09       for(int k = 0; k < 2; k++)
10       {
11          for(int m = 0; m < 3; m++)
12             printf("%3d", number[j][k][m]);
13       }
14       printf("\n");
15    }
16 }
```


執行結果

```
D:\DS for C語言\CH03\...
第1個二維陣列 11 12 13 22 24 26
第2個二維陣列 33 35 37 44 46 48
```

程式解說

◈ 第4~5行：宣告三維陣列並初始化其內容。

◈ 第6~15行：第一層for迴圈，依據變數j讀取第某個二維陣列。

◈ 第9~13行：第二層for迴圈，依據變數k讀取二維陣列的列數。

◈ 第11~12行：第三層for迴圈，依據變數m讀取二維陣列的欄元素並輸出。

3.3 計算陣列位址

已知陣列是由一連串的記憶體組合而成，陣列元素所指向的位址可利用公式計算；當陣列維度是「2」以上時還能「以列為主」或「以欄為主」做更多討論。

3.3.1 一維陣列位址

如果有一個陣列Ary[7]，由於註標只有一個，表示它是一維陣列（One-dimension Array），索引0~6，表示它可存放7個元素，參考下圖。

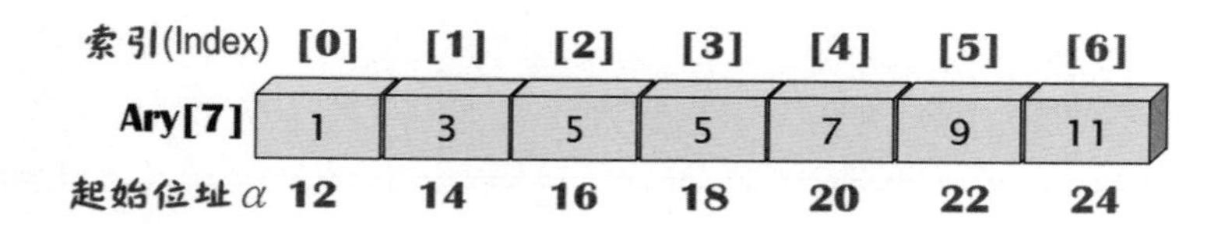

由於記憶體提供陣列的連續性儲存空間，宣告一維陣列之後；得進一步考慮陣列的定址。依上方示意圖，一維陣列Ary[7]的起始位址α為「12」，每個元素的儲存空間d為2 Bytes；那麼Ary[2]的位址就是「α + i * d」，所以「12 + 2 * 2 = 16」。進一步推導一維陣列Ary(0:μ)，每個元素佔d空間，則Ary_i位址如下圖所示。

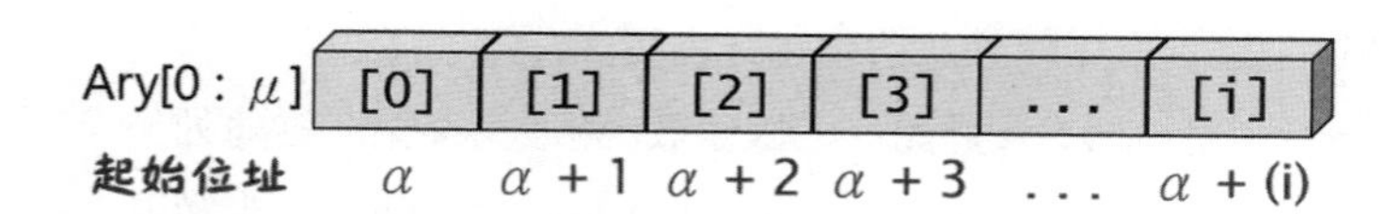

情況一：以索引[0]為基準點，計算一維陣列Ary(0:μ)的位址如下：

```
Loc(Aryi) = α + i * d    //公式一，以Ary[0]為基準點
```

如果一維陣列並非以Ary[0]爲初始索引（基準點）的話；得進一步假設Ary(L:μ)的初始索引爲「L」，有N個元素，則Ary(i)的定址會依據起始位址α計算；每個元素配置d空間，加上位址i與L的間距再乘上每個陣列元素所需的空間d。

Ary[L : μ]	L	L + 1	L + 2	...	[i]
起始位址	α	$\alpha+1$	$\alpha+2$	...	α + (i)

情況二：考量起始位址，一維陣列Ary(L:μ)的位址計算如下：

```
Loc(Aryi) = α + (i - L) * d   //公式二，以Ary[L]爲基準點
```

例一：一維陣列（0:50），起始位址A(0) = 10，每個元素有2 Bytes，則A(12)的位址爲多少？

```
Loc(Ary12) = 10 + 12 * 2  = 10 + 24 = 34
```

例二：一維陣列（-2:20），起始位址A(-2) = 5，每個元素有2 Bytes，則A(2)的位址爲多少？

```
Loc(Ary2) = 5 + (2 - (-2)) * 2 = 5 + 8 = 13
```

3.3.2 二維陣列位址

若把二維陣列（Two-dimension Array）視爲一維陣列的延伸；它就像學校裡上課的教室，學生人數不多，那麼座位可以隨意擺放。當上課的人數愈來愈多，就得把座位予以排列，才能容納更多的學生。

那麼一個「3×4」的二維陣列，可以存放多少個元素？很簡單，就「3*4 = 12」可存放12個元素。一個二維陣列，如同數學的矩陣（Matrix），包含列（Row）、欄（Column）二個註標。如何表示？若以「i」表示列，「j」爲欄，則第i列、第j欄的元素表示如下：

```
iny Ary[i][j];    //以C語言表示
```

二維陣列若採用「Row-major」；顧名思義，讀取陣列元素「由上往下」，由第一列開始一列列讀入，再轉化爲一維陣列，循序存入記憶體中。也就是把二維陣列儲存的邏輯位置轉換成實際電腦中主記憶體的存儲方式。

二維陣列Ary[0:M-1, 0:N-1]，它是M列×N欄，假設α爲陣列Ary在記憶體中起始位址，d爲每個元素的單位空間。不考量它的起始位址，那麼陣列元素Ary(i, j)與記憶體位址有下列關係：

$$Loc(Ary_{i,j}) = \alpha + (i * N + j) * d \quad \text{//公式一：不考量起始位置}$$

二維陣列Ary[L_1：μ_1，L_2：μ_2]，有M列×N欄，假設α爲陣列Ary在記憶體中起始位址，d爲每個元素的單位空間。將起始位址納入考量，那麼陣列元素A(i, j)與記憶體位址有下列關係：

$$Loc(Ary_{i,j}) = \alpha + (i-L_1) * N * d + (j-L_2) * d \quad \text{//公式二}$$

要考量陣列的起始位置就必須知道此陣列的大小，所以M列等於「$\mu_1 - L_1 + 1$」，而N欄等於「$\mu_2 - L_2 + 1$」。那麼二維陣列的記憶體空間如何分配？參考下方示意圖。

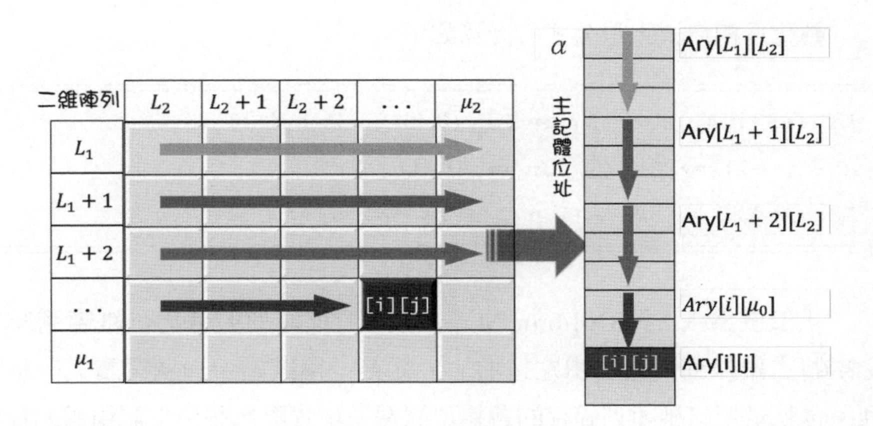

例一：有一個5×5的二維陣列，不考量起始位址，每個元素需兩個單位，起始位址爲10，則Ary(3, 2)的位址應爲多少？

```
Loc(Ary3,2) = 10 + (3 * 5 + 2) * 2 = 44
```

例二：有一個5×5的二維陣列，起始位址(1, 1)爲10，以列爲主來存放；每個元素需兩個單位，則Ary(3, 2)的位址？

```
Loc(Ary3,2) = 10 + (3-1) * (5 * 2) + (2-1) * 2
Loc(Ary3,2) = 32
```

例三：有一個二維陣列Ary(-5 : 4, -3 : 1)，起始位址(-1, -2)爲50，以列爲主做存放；每個元素需兩個單位，則Ary(0, 0)的位址？

```
M列 = 4 - (-5) + 1 = 10
N欄 = 1 - (-3) + 1 = 5    //一個10列、5欄的二維陣列
Loc(Ary0,0) = 50 + (0-(-1)) * (5 * 2) + (0-(-2)) * 2
Loc(Ary0,0) = 64
```

轉化為標準式，以公式一計算如下：

```
Ary(-5 : 4, -3 : 1) ➡ Ary(0 : 9, 0 : 4)
A(-1, -2) ➡ Ary(0, 0) ➡ Ary(1, 2)
Loc(Ary1,2) = 50 + (1 * 5 + 2) * 2 = 64
```

「以欄為主」（Column Major）的二維陣列要轉為一維陣列時，必須將二維陣列元素「由左往右」，從第一欄開始，一欄欄讀入一維陣列。也就是把二維陣列儲存的邏輯位置轉換成實際電腦中主記憶體的存儲方式。

二維陣列Ary[0:M-1, 0:N-1]，它有M列×N欄，假設α為陣列Ary在記憶體中起始位址，d為每個元素的單位空間。不考量它的起始位址，那麼陣列元素A(i, j)與記憶體位址有下列關係：

```
Loc(Aryi,j) = α + (j * M + i) * d    //公式三：不考量起始位置
```

二維陣列Ary[L_1：μ_1，L_2：μ_2]，有M列*N欄，假設α為陣列Ary在記憶體中起始位址，d為每個元素的單位空間。考量其起始位址，那麼陣列元素A(i, j)與記憶體位址有下列關係：

```
Loc(Aryi,j) = α + (i-L1) * d + (j-L2) * d * M    //公式四
```

要考量陣列的起始位置就必須知道此陣列的大小，所以M列、N欄的計算方式與「以列為主」相同。那麼二維陣列的記憶體空間如何分配？參考下方示意圖。

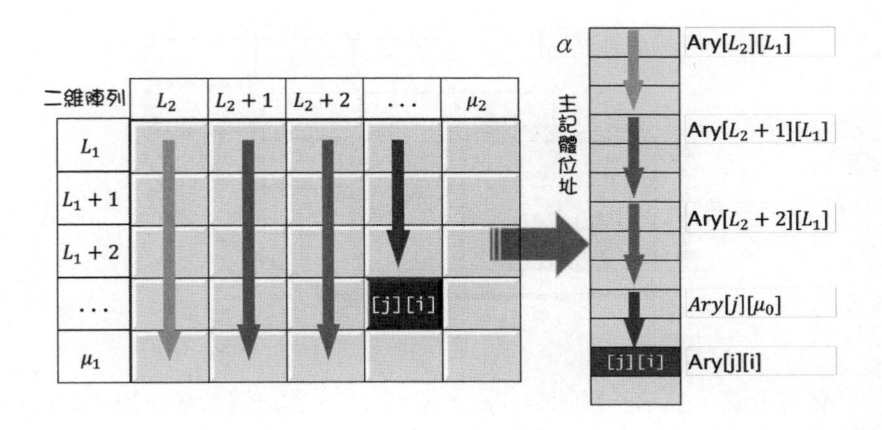

例一：有一個5*5的二維陣列，不考量起始位址，每個元素需兩個單位，起始位址爲10，則Ary(3, 2)的位址應爲多少？

```
Loc(Ary3,2 = 10 + (2 * 5 + 3) * 2 = 36    //公式三
```

例二：有一個二維陣列Ary(-5：4, -3：1)，起始位址(-1, -2)爲50，以列爲主做存放；每個元素需兩個單位，則Ary(0, 0)的位址？

```
Loc(Ary0,0) = 50 + (0 - (-1) * 2) + (0 - (-2) * 9 * 2) = 88
```

3.3.3 三維陣列位址

將焦點再轉回到教室的座位，當一間教室無法容更多的學生，可以延伸教室的數量。所以陣列的結構會由線、平面而立體化。

以二維陣列觀點檢視下方三維陣列示意圖，表示有3個二維陣列，每個二維陣列由3×3個項目構成，二維陣列在幾何的表示上是平面的，考量的是列和欄的關係。三維陣列在幾何的表示上則是立體的，必須以三個註標來指定陣列元素。

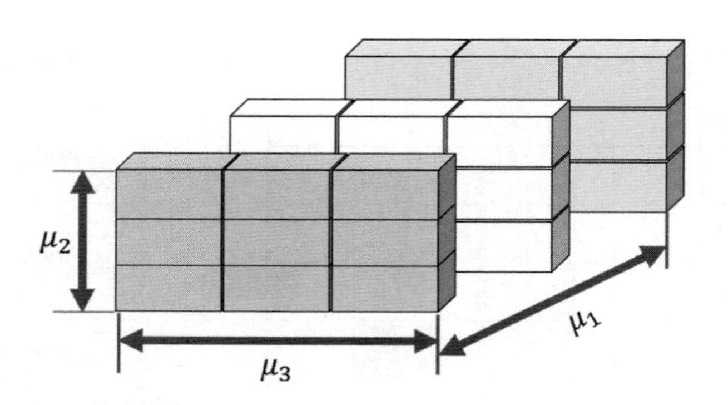

參考上圖，表示三維陣列「$\mu_1 * \mu_2 * \mu_3$」，由μ_1個二維陣列「$\mu_2 * \mu_3$」構成。同樣地，可以將三維陣列表示法視爲一維陣列的延伸，以線性方式來處理亦可分成「以列爲主」和「以欄爲主」兩種。

「以列爲主」情形下，將陣列Ary視爲μ_1個「$\mu_2 * \mu_3$」的二維列陣，每個二維陣列有μ_2個一維陣列，每個一維陣列包含μ_3的元素。另外，α爲陣列起始位址，每個元素含有d個空間單位。

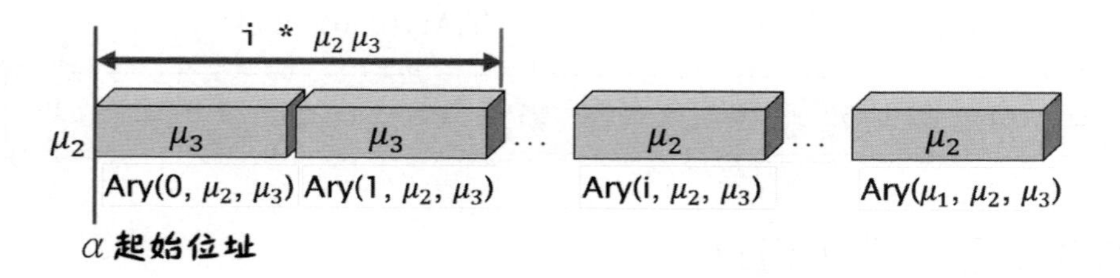

轉換公式時，將Ary(i, j, k)視爲一直線排列的第幾個，得到以下位址計算公式：

$$Loc(Ary_{i,j,k}) = \alpha + ((i-1) * \mu_2 \mu_3 + (j-1) * \mu_3 + (k-1)) * d$$

三維陣列Ary[L_1：μ_1，L_2：μ_2，L_3：μ_3]，有O個M列×N欄，假設α爲陣列Ary在記憶體中起始位址，d爲每個元素的單位空間。

```
M = μ1 - L1 + 1, N = μ2 - L2 + 1, O = μ3 - L3 + 1
Loc(Ary_{i,j,k}) = α + (i - L1)NOd + (j - L2)Od + (k - L3)d
```

「以欄為主」情形下，陣列Ary有μ_3個「$\mu_1 * \mu_2$」的二維列陣，每個二維陣列有μ_2個一維陣列，每個一維陣列包含μ_1的元素。每個元素有d單位空間，且α為起始位址。

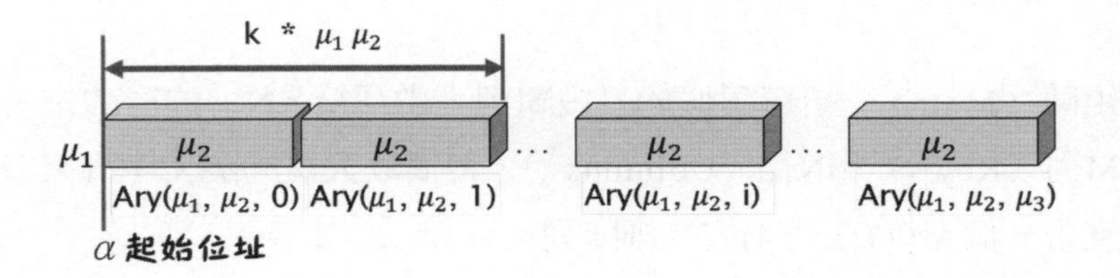

轉換公式時，得到以下位址計算公式：

```
Loc(Ary_{i,j,k}) = α + ((k-1) * μ1 μ2 + (j-1) * μ1 + (i-1)) * d
```

三維陣列Ary[L_1：μ_1，L_2：μ_2，L_3：μ_3]，有O個M列×N欄，假設α為陣列Ary在記憶體中起始位址，d為每個元素的單位空間，位址計算如下：

```
M = μ1 - L1 + 1, N = μ2 - L2 + 1, O = μ3 - L3 + 1
Loc(Ary_{i,j,k}) = α + (k - L3)NMd + (j - L2)Md + (i - L1)d
```

例一：以列為主；三維陣列Ary(2, 4, 7)，起始位址為120，每個元素只需1 Byte，則Ary(2, 2, 5)的位址多少？

```
Loc(Ary_{2,2,5}) = 120 + ((2-1)*4*7 + (2-1)*7 + (5-1))*1 = 159
```

例二：以列為主的三維陣列Ary(-4:6, -3:5, 1:4)，起始位址Ary(-4, -5, 2) = 120；每個元素只需1 Byte，則Ary(1, 2, 2)的位址多少？

```
M = 6-(-4)+1 = 11, N = 5-(-3)+1 = 9, O = 4-1+1 = 4
Loc(Ary1,2,2) = 120 + (1-(-4))*9*4*1 + (2-(-3))*4*1 + 2-1 = 321
```

3.4 矩陣

矩陣（Matrix）結構類似於二維陣列，由「M×N」的形式來表達矩陣中M列（Rows）和N行（Columns），習慣以大寫的英文字母來表示。例如宣告一個Ary(1:3, 1:4)的二維陣列。

4欄

$$3列\begin{bmatrix} a_{0,0} & a_{0,1} & a_{0,2} & a_{0,3} \\ a_{1,0} & a_{1,1} & a_{1,2} & a_{1,3} \\ a_{2,0} & a_{2,1} & a_{2,2} & a_{2,3} \end{bmatrix}_{3\times 4}$$

實際上電腦面對於二維陣列所儲存的資料，我們都可以在紙上以陣列方法表示。不過資料的存放不同，應把單純儲存在二維陣列中的方法作某些調整。一般而言，資料結構上常用到的矩陣有四種：

- 矩陣轉置（Matrix Transposition）。
- 矩陣相加（Matrix Addition）。
- 矩陣相乘（Matrix Multiplication）。
- 稀疏矩陣（Sparse Matrix）。

3.4.1 矩陣相加

從數學的角度來看，矩陣的運算方式可以涵蓋加法、乘積及轉置等。假設A、B都是「M×N」矩陣，將A矩陣加上B矩陣以得到一個C矩陣，並且此C矩陣亦爲（M×N）矩陣。所以，C矩陣上的第i列第j行的元素必定等於A矩陣的第i列第j行的元素加上B矩陣的第i列第j行的元素。以數學式表示：

$$C_{ij} = A_{ij} + B_{ij}$$

假設矩陣A、B、C的M與N都是從0開始計算，因此，A、B兩個矩陣相加等於C矩陣，其表示如下：

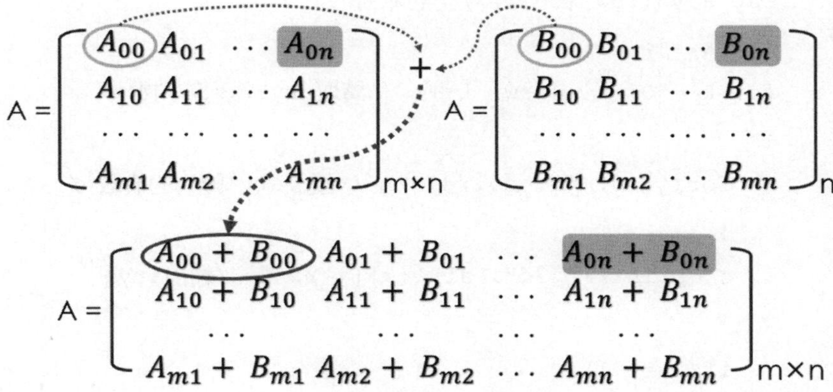

$$A = \begin{bmatrix} A_{00} & A_{01} & \cdots & A_{0n} \\ A_{10} & A_{11} & \cdots & A_{1n} \\ \cdots & \cdots & \cdots & \cdots \\ A_{m1} & A_{m2} & \cdots & A_{mn} \end{bmatrix}_{m \times n} + \quad A = \begin{bmatrix} B_{00} & B_{01} & \cdots & B_{0n} \\ B_{10} & B_{11} & \cdots & B_{1n} \\ \cdots & \cdots & \cdots & \cdots \\ B_{m1} & B_{m2} & \cdots & B_{mn} \end{bmatrix}_{m \times n}$$

$$A = \begin{bmatrix} A_{00} + B_{00} & A_{01} + B_{01} & \cdots & A_{0n} + B_{0n} \\ A_{10} + B_{10} & A_{11} + B_{11} & \cdots & A_{1n} + B_{1n} \\ \cdots & \cdots & \cdots & \cdots \\ A_{m1} + B_{m1} & A_{m2} + B_{m2} & \cdots & A_{mn} + B_{mn} \end{bmatrix}_{m \times n}$$

範例說明

將兩個矩陣相加。

$$\begin{bmatrix} 5 & 3 & 2 \\ 11 & 7 & 13 \\ 9 & 13 & 15 \end{bmatrix}_{3 \times 3} + \begin{bmatrix} 1 & 6 & 8 \\ 4 & 12 & 16 \\ 9 & 18 & 21 \end{bmatrix}_{3 \times 3} = \begin{bmatrix} 6 & 9 & 10 \\ 15 & 19 & 29 \\ 18 & 31 & 36 \end{bmatrix}_{3 \times 3}$$

範例matrixAdd.c

```
01 #include<stdio.h>
02 #define row 3 //定義列常數
```

```
03 #define col 3 //定義欄常數
04 void main()
05 {
06     int ary1[row][col] =
07        {{5, 3, 2}, {11, 7, 13}, {9, 13, 15}};
08     int ary2[row][col] =
09        {{1, 6, 8}, {4, 12, 16}, {9, 18, 21}};
10     int ary3[row][col];//空的陣列
11     int k, j;
12     for(k = 0; k < row; k++) /*讀取ary1陣列的列數*/
13     {
14        for(j =0; j < col; j++) /*讀取ary1陣列的欄數*/
15        {
16           printf("%3d", ary1[k][j]);    //輸出ary1
17        }
18        if(k == 1)
19           printf(" + ");
20        else
21           printf("   ");
22        for(j =0; j < col; j++)
23        {
24           printf("%3d", ary2[k][j]);    //輸出ary2
25        }
26        if(k == 1)
27           printf(" = ");
28        else
29           printf("   ");
```

```
30         for(j = 0; j < col; j++)
31         {
32            //將ary1, ary2兩個陣列相加
33            ary3[k][j] = ary1[k][j] + ary2[k][j];
34            printf("%3d", ary3[k][j]);
35         }
36         printf("\n");
37      }
38 }
```


執行結果

```
D:\DS for C語言\CH03\m...
  5  3  2      1  6  8      6  9 10
 11  7 13 +    4 12 16 =   15 19 29
  9 13 15      9 18 21     18 31 36
```

程式解說

- 第6~10行：宣告兩個3X3陣列ary1、ary2並初始化，ary3只做陣列的宣告。
- 第12~37行：for迴圈依據設定的列數常數讀取陣列，然後再以其他的for迴圈讀取ary1、ary2陣列中每列的欄元素，並依指定位置相加。

3.4.2 矩陣相乘

假設矩陣A為「M×N」，而矩陣B為「N×P」，可以將矩陣A乘上矩陣B得到一個（M×P）的矩陣C；所以，矩陣C的第i列第j行的元素必定等於A矩陣的第i列乘上B矩陣的第j行（兩個向量的內積），以數學式表示如下：

CHAPTER 3

$$C_{ij} = \sum_{k=1}^{n} A_{ik} + B_{kj}$$

假設矩陣A、B、C的M與N都是從0開始計算，因此，A、B兩個矩陣相乘等於C矩陣，其表示如下：

$$A = \begin{bmatrix} A_{00} & A_{01} & \cdots & A_{0n} \\ A_{10} & A_{11} & \cdots & A_{1n} \\ \cdots & \cdots & \cdots & \cdots \\ A_{m1} & A_{m2} & \cdots & A_{mn} \end{bmatrix}_{m \times n} \times \quad B = \begin{bmatrix} B_{00} & B_{01} & \cdots & B_{0n} \\ B_{10} & B_{11} & \cdots & B_{1n} \\ \cdots & \cdots & \cdots & \cdots \\ B_{m1} & B_{m2} & \cdots & B_{mn} \end{bmatrix}_{m \times n}$$

$$C = A \times B \begin{bmatrix} C_{00} & C_{01} & \cdots & C_{0p} \\ C_{10} & C_{11} & \cdots & C_{1p} \\ \cdots & \cdots & \cdots & \cdots \\ C_{m1} & C_{m2} & \cdots & C_{mp} \end{bmatrix}_{m \times p}$$

其中C_{ij}的兩個項目的相乘表示如下：

$$C_{ij} = [A_{i0} \ A_{i1} \ldots A_{in}] \times \begin{bmatrix} B_{0j} \\ B_{1j} \\ \cdots \\ B_{nj} \end{bmatrix}$$

$$= A_{i0} \times B_{0j} + A_{i1} \times B_{1j} + \ldots \ A_{im} \times B_{nj}$$

$$= \sum_{k=1}^{n} A_{ik} \times B_{kj}$$

範例說明

矩陣ary1和ary2相乘。

$$\begin{bmatrix}1 & 2\\3 & 4\\5 & 6\end{bmatrix} \times \begin{bmatrix}7 & 9 & 11\\8 & 10 & 12\end{bmatrix}$$

$$= \begin{bmatrix}(1*7+2*8) & (1*9+2*10) & (1*11+2*12)\\(3*7+4*8) & (3*9+4*10) & (3*11+4*12)\\(5*7+6*8) & (5*9+6*10) & (5*11+6*12)\end{bmatrix}$$

$$= \begin{bmatrix}23 & 29 & 35\\53 & 67 & 81\\83 & 105 & 127\end{bmatrix}$$

範例matrixMulti.c

```
01 #include<stdio.h>
02 #define COLA 2 //定義欄常數
03 #define COLB 3
04 #define COLC 3
05 void calc(int ary1[][COLA], int ary2[][COLB],
06         int ary3[][COLC], int q, int n, int p){
07     int j, k, m;
08     for(j = 0; j < q; j++)
09     {
10         for(k = 0; k < p; k++)
11         {
12             ary3[j][k] = 0;
13             for(m = 0; m < n; m++)
14                 ary3[j][k] += ary1[j][m] * ary2[m][k];
15         }
16     }
17 }
```

```
18 void main() //主程式
19 {
20    int j, k;
21    //宣告兩個二維陣列並初始化
22    int ary1[3][2] = {{1, 2}, {3, 4}, {5, 6}};
23    int ary2[2][3] = {{7, 9, 11}, {8, 10, 12}};
24    int ary3[3][3] = {0};
25    calc(ary1, ary2, ary3, 3, 2, 3); //呼叫函式
26    for(j = 0; j < 3; j++)
27    {
28       for(k = 0; k < 3; k++)
29          printf("%4d", ary3[j][k]);
30        printf("\n");
31    }
32 }
```

執行結果

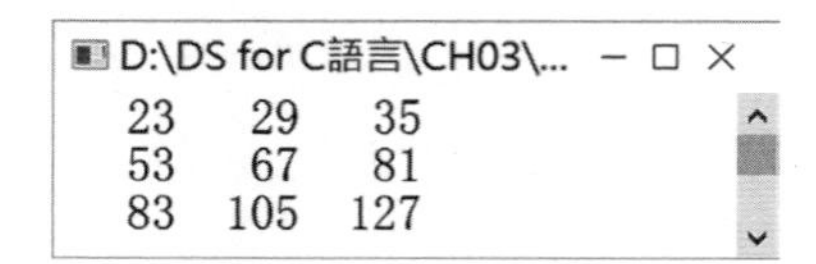

程式解說

- 第5~17行：定義函式calc()，依據傳入的參數將兩個矩陣相乘。
- 第8~16行：三層for迴圈；第一、二層for迴圈分別讀取矩陣ary1和ary2第一列、第一欄的元素再予以相乘後，再以第三層for迴圈依序放入矩陣ary3。
- 第18~32行：主程式main()中，產生兩個矩陣，將ary3設為空矩陣，然後以雙層for迴圈輸出矩陣ary3。

3.4.3 矩陣轉置

假設有一個矩陣A爲「m×n」，將矩陣A轉置爲「n×m」的矩陣B，並且矩陣B的第j列第i行的元素等於A矩陣的第i列第j行的元素，數學式表示如下：

$$A_{ij} = B_{ji}$$

假設矩陣A、B的m與n都是從0開始計算；矩陣A、B的表示如下：

$$A = \begin{bmatrix} A_{00} & A_{01} & \cdots & A_{0n} \\ A_{10} & A_{11} & \cdots & A_{1n} \\ \cdots & \cdots & \cdots & \cdots \\ A_{m1} & A_{m2} & \cdots & A_{mn} \end{bmatrix}_{m\times n} \quad B = A^t = \begin{bmatrix} A_{00} & A_{10} & \cdots & A_{m1} \\ A_{01} & A_{11} & \cdots & A_{m2} \\ \cdots & \cdots & \cdots & \cdots \\ A_{0n} & A_{1n} & \cdots & A_{mn} \end{bmatrix}_{m\times n}$$

範例說明

將矩陣A轉置爲B。

$$A = \begin{bmatrix} 11 & 12 & 13 & 14 \\ 22 & 24 & 26 & 28 \\ 33 & 36 & 39 & 41 \end{bmatrix} \Rightarrow B = A^t = \begin{bmatrix} 11 & 22 & 33 \\ 12 & 24 & 36 \\ 13 & 26 & 39 \\ 14 & 28 & 41 \end{bmatrix}$$

範例matrixTrans.c

```
01 #include<stdio.h>
02 #define ROW 3
03 #define COL 4
04 //函式-將矩陣轉置
```

```
05 void transpose(int ary1[][COL], int ary2[][ROW],
06       int rows, int cols)
07 {
08    int j, k;
09    for(j = 0; j < rows; j++)
10    {
11       for(k = 0; k < cols; k++)
12          ary2[k][j] = ary1[j][k];
13    }
14 }
15 void main()    //主程式
16 {
17    int j, k;
18    int ary1[3][4]={{11, 12, 13, 14},
19          {22, 24, 26, 28}, {33, 36, 39, 41}};
20    int ary2[4][3]={0};  //存放轉置後的陣列元素
21    transpose(ary1, ary2, 3, 4);
22    printf("--轉置後矩陣--\n");
23    for(j = 0; j < 4; j++)
24    {
25       for(k = 0; k < 3; k++)
26          printf("%4d", ary2[j][k]);
27       printf("\n");
28    }
29 }
```

執行結果

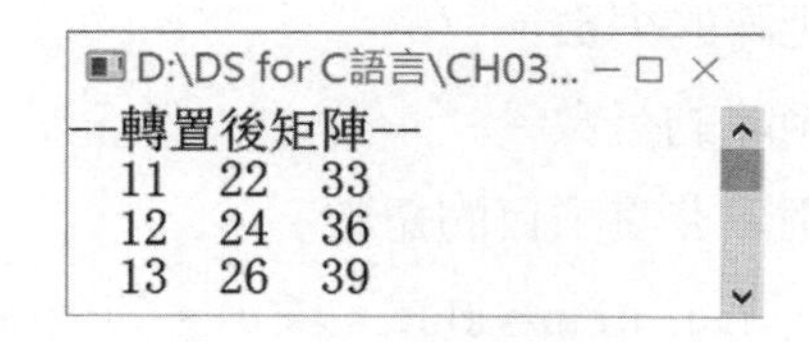

程式解說

◈ 第5~14行：函式transpose()會依據傳入的參數以雙層for迴圈將陣列做轉置動作。

◈ 第23~28行：雙層for迴圈將轉置後的陣列讀取後做輸出動作。

3.4.4 稀疏矩陣

「稀疏矩陣」（Sparse Matrix）是指矩陣中大部分元素皆爲0，元素稀稀落落；例如下列矩陣就是相當典型的稀疏矩陣。

$$\begin{bmatrix} 0 & 0 & 0 & 27 & 0 \\ 0 & 0 & 13 & 0 & 0 \\ 0 & 41 & 0 & 0 & 36 \\ 52 & 0 & 9 & 0 & 0 \\ 0 & 0 & 0 & 18 & 0 \end{bmatrix}_{5\times5}$$

問題來了，如何處理稀疏矩陣？有兩種作法：①直接利用「M×N」的二維陣列來一一對應儲存。②使用三行式（3-tuple）結構儲存非零元素。

如果直接使用傳統的二維陣列來儲存上述的稀疏矩陣也是可以，但許多元素都是0情形下，浪費空間、虛耗時間，這是雙重浪費。改進空間浪費的方法就是利用三行式（3-tuple）的資料結構。同樣地，假設有一個M×N的稀疏矩陣中共有K個非零元素，則必須要準備一個二維陣列Ary[0:K, 1:3]，將稀疏矩陣的非零元素以「row, column, value」的方式存放。

轉化一個5×5的稀疏矩陣，表示如下：

- A(0,1)代表此稀疏矩陣的列數。
- A(0,2)代表此稀疏矩陣的行數。
- A(0,3)則是此稀疏矩陣非零項目的總數。
- 每一個非零項目以（i, j, item-value）表示。其中i爲此非零項目所在的列數，j爲此非零項目所在的行數，item-value則爲此非零項的值。

範例說明

歸納之後，可以把5×5稀疏矩陣取得如下結果。

列	欄	值
5	5	7
1	4	27
2	3	13
3	2	41
3	5	36
4	1	52
4	3	9
5	4	18

範例matrixSparse.c

```
01 void matrixSparse(struct item ary1[], struct item ary2[])
02 {
03     int i, j, job = 1;
04     ary2[0].row = ary1[0].column;
05     ary2[0].column = ary1[0].row;
```

```
06      ary2[0].value = ary1[0].value;
07      for(i = 1; i <= ary1[0].column; i++)
08      {
09          for(j = 1; j <= ary1[0].value; j++)
10          {
11              if(ary1[j].column == i)
12              {
13                  ary2[job].row = ary1[j].column;
14                  ary2[job].column = ary1[j].row;
15                  ary2[job].value = ary1[j].value;
16                  job++;
17              }
18          }
19      }
20  }
21  void main()    //主程式
22  {
23      int j, k;
24      int data[5][5] = {{ 0,  0,  0, 27,  0},
25                        { 0,  0, 13,  0,  0},
26                        { 0, 41,  0,  0, 36},
27                        {52,  0,  9,  0,  0},
28                        { 0,  0,  0, 18,  0}};
29      printf("----原有的稀疏矩陣----\n");
30      for(j = 0; j < 5; j++)
31      {
32          for(k = 0; k < 5; k++)
```

```
33          printf("%4d", data[j][k]);
34        printf("\n");
35     }
36     struct item ary1[MAX_Item + 1];
37     struct item ary2[MAX_Item + 1];
38     ary1[0].row=5; ary1[0].column=5; ary1[0].value=7;
39     ary1[1].row=1; ary1[1].column=4; ary1[1].value=27;
40     ary1[2].row=2; ary1[2].column=3; ary1[2].value=13;
41     ary1[3].row=3; ary1[3].column=2; ary1[3].value=41;
42     ary1[4].row=3; ary1[4].column=5; ary1[4].value=36;
43     ary1[5].row=4; ary1[5].column=1; ary1[5].value=52;
44     ary1[6].row=4; ary1[6].column=3; ary1[6].value=9;
45     ary1[7].row=5; ary1[6].column=4; ary1[6].value=18;
46     matrixSparse(ary1, ary2);
47     printf("\n------轉置後矩陣------\n");
48     printf(" Row\tColumn\tValue\n");
49     for(j = 0; j < 7; j++)
50     {
51        printf("%4d\t%4d\t%4d\n",
52           ary1[j].row, ary1[j].column, ary1[j].value);
53     }
54 }
```

執行結果

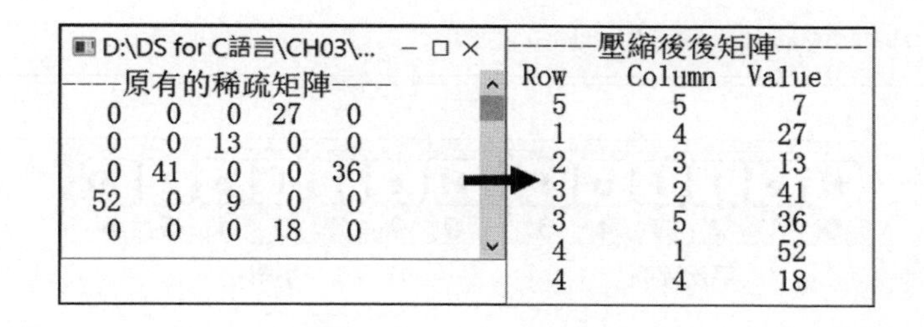

程式解說

◈ 第1~20行：定義函式matrixSparse()，依結構（struct）所定義的列（row）、欄（column）、值（value）配合參數傳入後，利用雙層for迴圈做設定。

◈ 第24~28行：產生一個「5×5」二維稀疏矩陣。

◈ 第38~45行：利用三行式（3-tuple）資料結構，將稀疏矩陣的非零元素以「row、column、value」使用二維矩陣來存放。

3.5 字串簡介

字元是組成文字最基本的單位。所謂的字元陣列就是由字元資料型別所組成的陣列結構；因此「字串」（String）可視為字元資料型別的集合。不過要留意，字元陣列中含有一個特殊的結尾元素「\0」字元，稱為「空字元」（Null Character），但以字元串成的字元陣列就沒有「結尾字元」。

例一：一般的字元陣列。

```
char word[] = {'H', 'e', 'l', 'l', 'o', '!'};
```

例二：一維陣列組成的字元字串。

```
char string[10] = {"Hello!"};
```

3.5.1 儲存字串

如何儲存字串？通常會以一維陣列來儲存字串。例一：宣告一個能儲存30個字元的一維陣列。

```
char word[30];
```

範例說明

函式getchar()、putchar()以處理單一字元爲主，所以word爲字元陣列時加入結尾字元「\0」，利用此特性來取得字元長度。

範例string.c

```
01 void main()
02 {
03     char word[30];
04     char input; int k;
05     putchar('>');
06     k = 0;
07     while((input = getchar()) != '\n')
```

```
08    {
09       word[k] = input;
10       k++;
11    }
12    word[k] = '\0';
13    printf("字串：");
14    for(k = 0; word[k] != '\0'; k++)
15       putchar(word[k]); //輸出單一字元到螢幕
16    putchar('\n');
17    while(word[k] != '\0')
18       k++;
19    printf("長度：%d", k);    //依k值來取得字串長度
20 }
```

CHAPTER 3

執行結果

```
D:\DS for C語言\CH03\str...
>C is Programming Language.
字串: C is Programming Language.
長度: 26
```

程式解說

- 第7~11行：while迴圈配合getchar()函式，由鍵盤取得單一字元，按Enter鍵結束。
- 第14~15行：for迴圈配合putchar()函式將輸入的每個字元輸出到螢幕。
- 第17~18行：while迴圈配合變數k來取得輸入字串的長度。

3.5.2 取得字串長度

前一個範例利用while迴圈來一個一個讀取字元太辛苦，先來看看計算字串長度的函式strlen()之語法：

```
#include<string.h>
size_t strlne(const char *s);
```

◈ 使用跟字串有關的函式得引入標頭檔「string.h」。

◈ 計算字串長度時不含結尾字元「\0」。

範例說明

取得字串長度後再把字串反轉。

範例stringLen.c

```
01 #include<stdio.h>
02 #include<string.h>
03 void main()
04 {
05    char word[20], covert[20];
06    int k, len;
07    printf("請輸入字串->");
08    scanf("%s", &word);
09    len = strlen(word);
10    printf("字串長度 = %d\n", len);
11    for(k = 0; k < len; k++)
12       covert[k] = word[len - 1 - k];
13    covert[k] = '\0';
14    printf("反轉字串：%s", covert);
15 }
```

執行結果

```
D:\DS for C語言\CH03\stringLen....
請輸入字串->Programming
字串長度 = 11
反轉字串: gnimmargorP
```

程式解說

◈ 第2行：取得字串相關函式須引入字串標頭檔。

◈ 第9行：變數len配合函式strlen()取得字串長度。

◈ 第11~12行：for迴圈依據字串長度讀取並反轉字串。

3.5.3 複製字串

複製字串有兩種選擇；複製全部字串或者是複製部分字串。先認識複製全部字串，使用函式strcpy()，語法如下：

```
char *strcpy(char *dest, const char *src);
```

◈ dest：複製時的目標字串。

◈ src：複製時的來源字串。

要複製部份字串，使用函式strncpy()，語法如下：

```
char *strncpy(char *dest, const char *src, size_t n);
```

◈ n：欲複製時的字元數。

範例說明

除了使用strcpy()、strncpy()複製字串外，利用自行定義的函式來了解字串如何進行複製。

範例stringCopy.c

```
01 #include<stdio.h>
02 #include<string.h>
03 char *strcpyTo(char *str1, char *str2)
04 {
05    int k;
06    for(k = 0; str2[k] != '\0'; k++)
07       str1[k] = str2[k];
08    str1[k] = '\0';
09    return str1;
10 }
11
12 void main()
13 {
14    char source[] = "Data Structure In C."; //來源字串
15    //目標字串-target
16    char target[30], substring[20];
17    strcpy(target, source);
18    printf("複製完整字串：%s\n", target);
19    strncpy(substring, source, 13);
20    printf("複製部分字串：%s\n", substring);
21    strcpyTo(source, target); //呼叫定義函式複製字串
22    printf("\n原來字串：%s\n", source);
23    printf("複製字串：%s\n", target);
24 }
```

執行結果

```
D:\DS for C語言\CH03\stringCopy...
複製完整字串：A little bird told me.
複製部分字串：A little bird

原來字串：A little bird told me.
複製字串：A little bird told me.
```

程式解說

◈ 第3~10行：定義複製字串函式strcpyTo()，第一個參數str1爲來源字串source，第二個參數str2爲目標字串target。

◈ 第17行：呼叫C語言所提供的函式strcpy()做字串的複製。

◈ 第19行：呼叫C語言所提供的函式strncpy()做部分字串的複製。

◈ 第21行：呼叫自行定義的函式strcpyTo()做字串的複製。

3.5.4 字串的結合

字串的結合是把兩個字串結合成一個字串，先認識函式strcat()，它可以把來源字串連接到目標字串的尾端，語法如下：

```
char *strcat(char *dest, const char *src);
```

函式strncat()則是指定子字串連接到目標字串的尾端，語法如下：

```
char *strncat(char *dest, const char *src, size_t n);
```

◈ n：欲複製的字元數。

範例說明

結合字串時得把字串做複製，以函式strcatTo()來了解字串的串接過程。

範例stringJoin.c

```
01 #include<stdio.h>
02 #include<string.h>
03 char *strcatTo(char *str1, char *str2)
04 {
05    int j, k;
06    for(j = 0; str1[j] != '\0'; j++);
07    for(k = 0; str2[k] != '\0'; k++)
08       str1[j + 1] = str2[k];
09    str1[j + k] = '\0';
10    return str1;
11 }
12
13 void main()    //主程式
14 {
15     char word[20], source[] = " Festival!",
target[20];
16    printf("輸入字串->");
17    scanf("%s", &word);
18    strcpy(target, word); //複製字串
19    strcat(target, source); //把source連結到target之後
20    printf("結合字串：%s\n", target);
21    strcatTo(target, source);  //呼叫自定函式
22    printf("串連字串：%s\n", target);
23 }
```

執行結果

```
D:\DS for C語言\CH03\string...
輸入字串->Mid-Autumn
結合字串: Mid-Autumn Festival!
串連字串: Mid-Autumn Festival!
```

程式解說

◈ 第3~11行：定義函式strcatTo()，依據傳入的兩個參數字串再分別以for迴圈讀取其字串內容，同時把str2的字元複製到str1字串，做字串結合的動作；最後將結合後的字串由str1回傳。

◈ 第18、19行：合併兩個字串前，先使用strcpy()函式把輸入字串複製到變數target，再以函式strcat()把兩個字串合併。

課後習作

一、填充題

1. 靜態資料結構又稱爲__________，它使用__________，儲存有序串列的資料。
2. __________是指變數儲存區配置的過程是在執行（Run Time）時，透過作業系統提供可用的記憶體空間。
3. 下列敘述宣告了一維陣列，共需__________記憶體空間，能以__________函式來取得。

```
int score[5] = {81, 63, 92, 65, 78};
```

4. 下列敘述宣告了Ary是__________陣列，能存放__________個元素。

```
int Ary[3][4];
```

5. 宣告一個「2×2×4」的三維陣列，C語言如何宣告？__________。
6. 填寫下列敘述的結構名稱：①爲__________，②爲__________。

```
char word[] = {'H', 'e', 'l', 'l', 'o', '!'};   //①
char string[10] = {"Hello!"};   //②
```

7. 計算字串長度的函式__________，複製全部字串的函式爲__________，複製子字串則是__________函式；使用這些字串函式要匯入__________標頭檔。

二、實作與問答

1. 下表爲各月的平均溫度，請以一維陣列輸入溫度並算出平均值。

一月	二月	三月	四月	五月	六月	七月	八月	九月	十月	十一月	十二月
16.3	15.5	22.3	26.7	28.5	30.1	32.4	31.3	29.4	28.7	25.6	22.8

2. 下表為各科成績，以二維陣列處理並算出各科總分。

國文	英文	數學	總分
85	78	65	
74	88	69	
94	81	83	
65	93	81	

3. 將下列稀疏矩陣依三行式（3-Tuple）予以壓縮後以表格表示並撰寫相關程式碼。

$$\begin{bmatrix} 0 & 5 & 0 \\ 0 & 0 & 3 \\ 12 & 0 & 0 \\ 0 & 0 & 8 \\ 17 & 9 & 0 \end{bmatrix}_{5\times 3}$$

4. 陣列「以列為主」順序存放在記憶體內。每個陣列元素需4個單位的記憶體。若起始位址是100，在下列宣告中，所列元素的存放位置為何？

```
(1). Var A = array[-100…1, 1…100]，求A[1, 12]位址
(2). Var A = array[5…10, -10…20]，求A[5, -5]位址
```

5. 有一個二維陣列Ary，已知$A_{3,2}$的位址為1110，$A_{3,2}$的位址為1115，且每個元素需一個位址，則$A_{5,4}$的位址為何？

6. 若A(3,3)在位置121，A(6,4)在位置159，則A(4,5)的位置為何？（單位空間d=1）

7. 陣列A(-3:5, -4:2)之起始位址A(-3,-4) = 100，以列爲主排列，請問A(1,1)所在位址？（d = 1）
8. 宣告以列爲主的陣列A(1:3, 1:4, 1:5)，且Loc(A(1, 1, 1)) = 100，求出Loc(A(1, 2, 3))之位址。
9. 假設有一三維陣列宣告爲A(-3:2,-2:3,0:4)，A(1,1,1) = 300，且d=2，試問以欄爲主的排列方式，求出A(2,2,3)的所在位址。

第四章

鏈結串列

★學習導引★

- 從單向鏈結串列開始，了解其資料結構
- 學會單向鏈結串列基本操作：加入、刪除節點，或者反轉鏈結串列
- 以雙向鏈結串列來新增，刪除節點
- 鏈結串列應用於多項式和稀疏矩陣

4.1 認識動態記憶體

第三章所討論的陣列，對大部分的程式語言來說，其記憶體配置屬於「靜態記憶體配置」（Static Memory Allocation），在編譯時期（Compile Time）就依照所宣告陣列的大小來配置連續的記憶體空間，因此效率佳，但比較缺乏彈性。配置多少的記憶體空間於撰寫程式時就必須決定，若配置過多會造成記憶體浪費；而配置太少，可能又不符合實際需求。

所謂「動態記憶體配置」（Dynamic Memory Allocation）是指在程式執行期間（Run Time），依據程式碼需求來決定記憶體空間。相對於靜態記憶體配置，使用上較有彈性，也因為執行期間才配置記憶體配置，所以效率較差。那麼對於記憶體空間的配置，靜態和動態有何不同，歸納如下表。

記憶體	靜態記憶體	動態記憶體
記憶體空間配置	固定	不固定
狀態	浪費記憶體	節省記憶體
配置時期	編譯時期	執行時期
釋放記憶體	編譯器	程式設計師
效率與彈性	效率高、彈性低	效率低、彈性高

4.1.1 函式malloc()

C語言如何配置記憶體配置，它提供兩個重要函式malloc()、free()。以函式malloc()來配置一塊記憶體空間，語法如下：

```
#include<stdlib.h>
void *malloc(size_t size);
```

◈ 使用函式malloc()、free()須引入標頭檔「stdlib.h」。

C語言以位元組來配置記憶體空間，並以指標來表示該記憶體的起始位址。若記憶體配置成功，會以void指標來指向這個記憶體空間；如果沒有取得空間配置，則以NULL回傳。計算記憶體空間時，還得呼叫sizeof()函式求得其大小。簡例如下：

```
//範例CH0401.c
unsigned int num = 5;
//計算記憶體空間的大小
size_t nBytes = sizeof(double) * num;
//做記憶體空間配置，須做型別轉換
double *dp = (double *)malloc(nBytes);
```

配合欲回傳的指標變數，可以把函式sizeof()、malloc()一同搭配，再指定符合的資料型別，語法如下：

```
ptr = (資料型別 *)malloc(sizeof(資料型別));
```

例二：將範例CH0401.c修改如下：

```
double *dp;    //宣告型別爲double之指標變數
dp = (double*)malloc(sizeof(double));
```

取得的記憶體空間使用之後當然得釋放，可呼叫函式free()來完成此項動作，語法如下：

```
free(void *ptr);
```

◈ free()會釋放由指標ptr指向的記憶體空間。

範例說明

利用指標變數score儲存成績，然後使用函式malloc()做記憶體配置，最後呼叫函式free()釋放記憶體空間。

範例CH0402.c

```
01 #include<stdio.h>
02 #include<stdlib.h>
03 void main()
04 {
05     int *score; //整數指標存放學生成績
06     int k, number, total = 0;
07     float average;
08     printf("輸入學生人數->");
09     scanf("%d", &number);
10     score = (int *)malloc(number * sizeof(int));
11     if(!score)  //記憶體配置失敗
12     {
13        printf("記憶體配置失敗");
14        exit(1);
15     }
16     for(k = 0; k < number; k++)  //讀取成績
17     {
18        printf("輸入成績->");
```

```
19         scanf("%d", &score[k]);
20         total += *(score + k);
21     }
22     average = (float)total / (float)number;
23     printf("平均分數：%.3f", average);
24     free(score); //釋放記憶體
25 }
```

執行結果

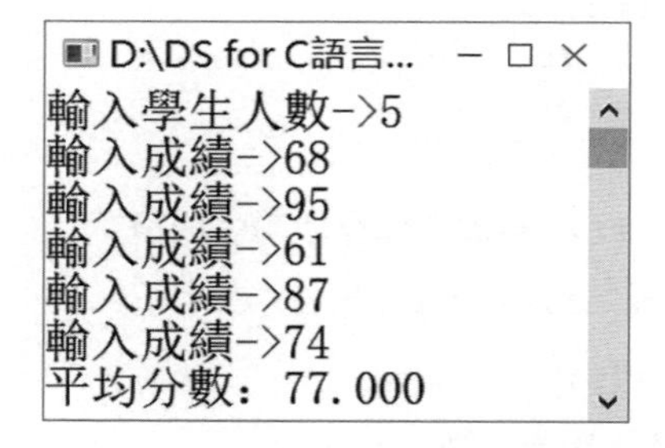

程式解說

◈ 第10行：函式malloc()配合函式sizeof()將陣列score做記憶體空間的配置。

◈ 第11~15行：if敘述做條件判斷，進一步確認指標score是否取得記憶體配置。

◈ 第16~21行：for迴圈依據學生人數來輸入成績並採指標做加法運算，合計成績總分。

◈ 第24行：呼叫函式free()做記憶體釋放。

4.1.2 結構體struct

對於C語言來說，結構體是一種「複合」的資料型別，它可以把不同型別的項目予以組合新的資料型別。先認識定義結構的語法：

```
struct 結構名稱
{
   結構主體
};
```

◈ 宣告結構必須使用關鍵字struct。

例一：以結構建立一個簡單的成績表。

```
//範例CH0403.c
struct score
{
   char name[20];
   char gender;
   int grade[3];
};
```

產生結構之後，由於它可以存放不同的資料型別，可以把它當作資料型別來宣告結構變數並初始化：

```
void main()
{
   struct score sc1 = {"Tomas", 'M', 78, 65, 92};
}
```

例二：產生的結構也能利用關鍵字「typedef」爲該結構另取別名。將範例CH0404.c修改如下：

```
//範例CH0404.c
struct score
{
   char name[20];
   char gender;
   int grade[3];
};
typedef struct score Score;
void main()
{
   Score sc1 = {"Tomas", 'M', 85, 62, 97};
}
```

◈ 使用typedef給予了結構別名，主程式中使用結構變數時，就可以省略關鍵字「struct」。

對於結構的用法有了初步了解之後，配合malloc()函式就能打造動態記憶體空間。

```
//範例CH0405.c
struct score
{
   char *name;
   char gender;
   int grade;
```

```
    struct score *next;//完成自我參考機制
};
typedef struct score Score;//給予結構別名Score
typedef score *link;
```

◈ C語言提供「自我參考機制」（Self-reference）；當結構體含有指標的項目，此指標宣告時必須指向與結構體相同的資料型別。

有了結構變數之後，如何存取結構體的項目？有兩種方式：第一種使用「.」（Dot）取得一般的結構成員「結構變數.項目」。第二種就是使用「->」用來指向結構體的指標變數「結構指標變數->項目」，例如：

```
//範例CH0405.c
void main()
{
    link ptr;
    ptr = (link)malloc(sizeof(score));//配置記憶體
    ptr->name = "Tomas";
    ptr->gender = 'M';
    ptr->grade = 78;
}
```

4.1.3 結構體與函式

利用函式回傳結構體變數，語法如下：

```
struct 回傳的結構變數 函式名稱(參數串列)
{
    定義函式的主體;
    return 結構變數;
}
```

簡例如下：

```
//範例CH0406.c
typedef struct score
{
   char *name;
   int grade;
   struct score *next; //完成自我參考機制
}Score; //結構體別名Score
typedef Score *link;
link show(link ptr, char *name, int value)
{
   link current;
   current = (link)malloc(sizeof(Score));//配置記憶體
   current->name = name;
   current->grade = value;
   ptr = current;
   return current;
}
void main()
{
```

```
    link d1 = show(d1, "Toams", 95);
    link d2 = show(d2, "Candy", 69);
    printf("%s, 分數 = %d\n", d1->name, d1->grade);
    printf("%s, 分數 = %d", d2->name, d2->grade);
}
```

◈ 宣告結構體的同時，也可以利用typedef關鍵字並給予別名「Score」。

◈ 以函式show()來回傳結構體變數，依據傳入的參數值並輸出其內容。

Tips

宣告結構體，配合typedef給予別名，有多種表達方式：

```
struct score   //第一種方式
{
   char *name;
   int grade;
   struct score *next; //完成自我參考機制
};
typedef score Score;   //結構體別名Score
typedef Score *link;
struct score   //第二種方式
{
   char *name;
   int grade;
   struct score *next; //完成自我參考機制
}Score;   //結構體別名Score
typedef struct Score *link; //加上struct關鍵字
typedef struct score   //第三種方式
```

```
{
   char *name;
   int grade;
   struct score *next; //完成自我參考機制
}Score;   //結構體別名Score
typedef Score *link; //不加上struct關鍵字
```

4.2 鏈結串列

什麼是鏈結串列（Linked List）？可以把它想像成一列火車，乘客多就多掛車廂，人少了就以少量車廂行駛。鏈結串列也是一樣，新資料加入就向系統要一塊新節點，資料刪除後，就把節點所占用的記憶體空間還給系統。因爲鏈結串列加入或刪除一個節點非常方便，不需要大幅搬動資料，只要改變鏈結的指標即可。

本章節所探討的鏈結串列，其資料結構也是「動態記憶體配置」的一環。如何定義鏈結串列（Linked List）？

- 由一組節點（node）所構成，各節點之間並不一定占用連續的記憶體空間。
- 各節點的型態不一定相同。
- 插入節點、刪除節點方便；可任意（動態）增加、清除記憶體空間。
- 要留意它支援循序存取，不支援隨機存取。

4.2.1 鏈結串列是什麼？

線性串列能藉由陣列來儲存資料，來到鏈結串列就稍有不同；除了儲存資料外，還要「鏈結」後續資料的儲存位址。所以，鏈結串列是由「節點」（Node）組成的有序串列集合；節點又稱爲串列節點（List

Node）。每一個節點至少包含一個「資料欄」（Data Field）和「鏈結欄」（Linked Field）。「資料欄」存放該節點的資料；鏈結欄存放著指向下一個元素的指標，下圖做簡單示意。

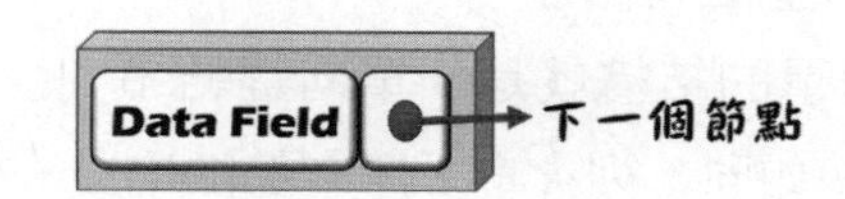

其實線性串列是有頭有尾；所以，可以把鏈結串列（Linked List）的第一個節點視爲「首指標」，如同火車頭一般，後面會接連車廂。那麼，問題來了，尾節點的鏈結欄究竟指向何處？當然是「空的」指標，我們以NULL來表示。

不過爲了讓大家更了解鏈結串列的操作，會有兩個比較特別的成員參與，習慣把鏈結串列的第一個節點再附設一個「首節點」（Head Node），但是它不儲存任何資訊。有了首節點，表示從它開始就能找到第一個節點，也能藉由它儲存的「鏈結」（或指標）往下一個節點走訪。有時還會有「尾節點」（Tail Node），除了說明它是鏈結串列的最後一個節點之外，它的鏈結欄會指向「NULL」。當我們拜訪的節點，它的指標指向「NULL」不就表明它是最後一個節點。

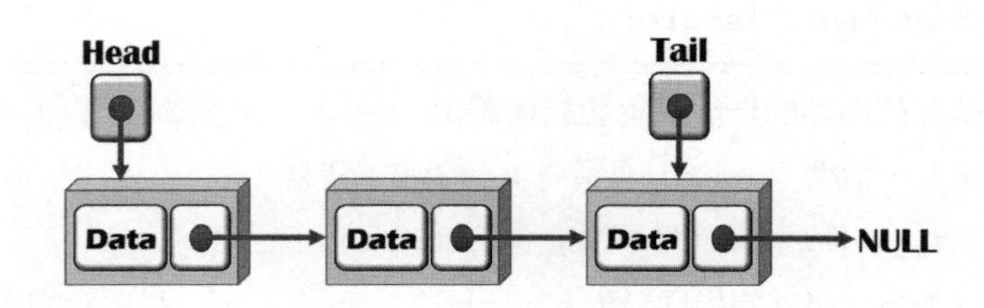

鏈結串列依據其種類，共有三種：

- 單向鏈結串列（Single Link List）：其結構只會有一個指標。
- 環狀鏈結串列（Circular Link List）：其結構含有左、右兩個指標。

➤ 雙向鏈結串列（Double Link List）：串列的最後節點的鏈結會指向第一個節點，無空指標，形成環狀。

4.2.2 定義單向鏈結串列

鏈結串列中最簡單的結構就是「單向鏈結串列」（Singly Linked List），可以把它想像如同一列火車，所有節點串成一列。它只能有單一方向，隨著火車頭前進；比較通俗的說法是尋找某筆資料時只能勇往直前，無法回頭另外查看。我們可以利用C語言的結構體來模擬鏈結串列的節點。利用所謂的「結構體的結構體」，也就是前文所提及的「自我參考機制」配合指標來存取指標。簡例如下：

```
//範例CH0407.c
struct Student
{
   char *name; //資料欄-名稱
   int grade;  //資料欄-成績
   struct student *next; //指向下一個欄位
};
typedef struct Student student;
typedef student *score;
```

◈ 利用鏈結串列節點的作法來定義結構體Student，定義資料欄「name」和「grade」，指標「next」會指向下一個學生資料。

◈ 關鍵字「typedef」來宣告結構別名「student」。

◈ 進一步宣告指向節點的指標變數「score」，可將score視為新的指標資料型別來宣告指標變數。

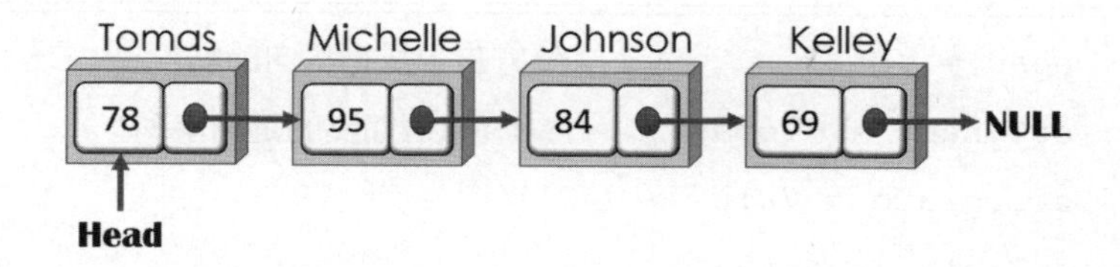

範例CH0407.c

```
01 void freeScore(score head)//釋放記憶體
02 {
03     score ptr;
04     while(head != NULL)    //走訪整個串列
05     {
06         ptr = head;
07         head = head->next; //移向下一個節點
08         free(ptr);              //釋放節點使用的記憶體
09     }
10 }
11 void main() //主程式
12 {
13     student st1, st2, st3, st4; //結構變數
14     score head;
15     head = (score)malloc(sizeof(student)); //配置記憶體
16     if(!head)   //檢查指標的記憶體是否配置失敗
17     {
18         printf("記憶體配置失敗");
19         exit(1);
20     }
```

```
21    head = &st1;              //宣告，並指只向節點st1
22    st1.name = "Tomas"; //產生有4個節點的鏈結串列
23    st1.grade = 78;
24    st1.next = &st2;
25    st2.name = "Michelle";
26    st2.grade = 95;
27    st2.next = &st3;
28    st3.name = "Johnson";
29    st3.grade = 84;
30    st3.next = &st4;
31    st4.name = "Kelley";
32    st4.grade = 69;
33    st4.next = NULL;
34    while(head != NULL) //輸出鏈結串列的資料
35    {
36         printf("位址: %p, ", head);       //印出節點的位址
37         printf("%9s, ", head->name);     //印出名稱
38         printf("分數: %d\n", head->grade);//印出分數
39         head = head->next;        //將head指向下一個節點
40    }
41    freeScore(head);
42 }
```

執行結果

```
D:\DS for C語言\CH04\CH0407.exe
位址: 000000000062FE00,      Tomas,  分數: 78
位址: 000000000062FDE0,   Michelle,  分數: 95
位址: 000000000062FDC0,    Johnson,  分數: 84
位址: 000000000062FDA0,     Kelley,  分數: 69
```


程式解說

◈ 第1~10行：定義函式freeScore()動態記憶體進行配置後，以while迴圈走訪整個鏈結串列，直到指標ptr指向NULL再呼叫free()函式做釋放程序。

◈ 第15行：呼叫malloc()函式並配合函式sizeof()進行動態記憶體配置。

◈ 第34~40行：while迴圈依據結構變數來讀取鏈結串列的名稱和分數並輸出。

4.2.3 新增節點

在單向鏈結串列中插入新的節點，有三種方式可供選擇：(1)從尾節點插入；(2)從首節點插入；(3)從中間的節點插入。不過，我們一定得知道，無論是那一種方式都是把鏈結的指標指向新的節點。

(1) 從尾節點插入資料

Step 1. 從尾節點插入資料時，指標變數「ptr」指向第一個節點；將新節點「67」配置記憶體空間並初始化（呼叫getNote()函式）。

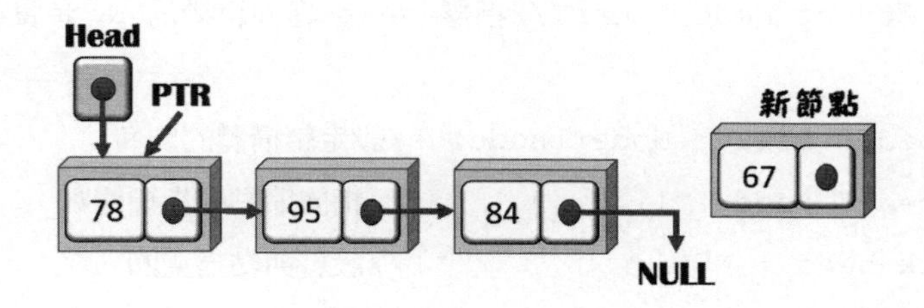

Step 2. while迴圈走訪整個串列，指標變數「ptr」移向最後一個節點，再把尾節點（指標ptr所指向的節點）的NEXT指標指向新節點。

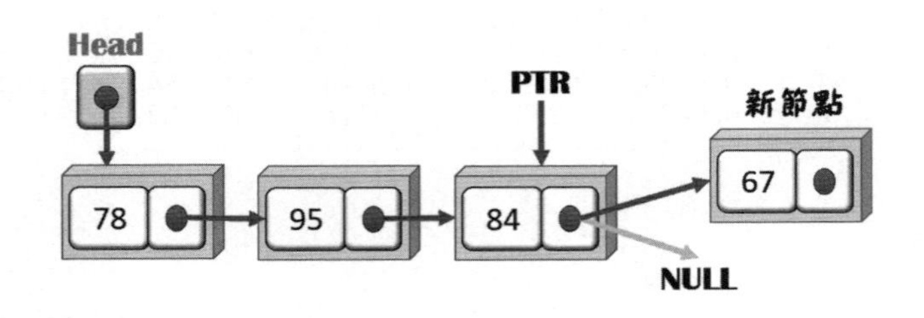

Step 3. 此時新節點「67」就加到鏈結串列末端而成為最後一個節點。

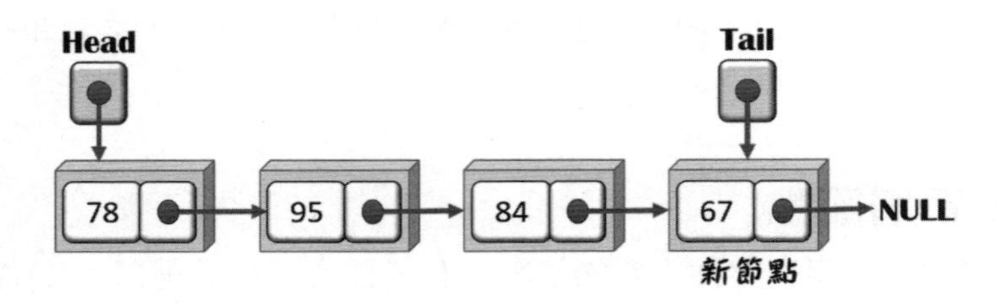

範例CH0408.c

```
01 struct Node //定義結構體
02 {
03    int item;             //資料欄
04    struct Node *next;//指標 next 指向目標為 Node資料型別
05 };
06 typedef struct Node Lnode; //設定結構體的別名
07 typedef Lnode *link;          //指向節點的指標變數
08 link head = NULL;             //設首節點為空的
09
```

```
10 link getNode(int value)
11 {
12     link newNode;    //宣告指標 newNode
13     newNode = (link)malloc(sizeof(Lnode));
14     if(newNode == NULL)
15     {
16         printf("記憶體不足");
17         exit(1);
18     }
19     newNode->item = value;
20     newNode->next = NULL;
21     return newNode;   //回傳配置好的記憶體空間
22 }
23 void appendLast(int value)
24 {
25     link ptr;
26     ptr = head; // ptr -指向目前節點的指標
27     if(head == NULL)
28         addHead(value);
29     else    //目前指標ptr移向下一個非空的節點
30     {
31         while(ptr ->next != NULL)
32             ptr = ptr ->next;
33         ptr ->next = getNode(value);
34     }
35 }
```

```
36 void display()
37 {
38     if(head == NULL)
39        printf("無此資料!\n");
40     else
41        showNode(head);   //呼叫函式showNode()取得節點內容
42 }
43 void showNode(link current)
44 {
45     printf("鏈結串列：");
46     while(current->next != NULL)
47     {
48     printf("[%d]->", current->item);
49        current = current->next;
50     }
51     printf("[%d] \n", current->item); //最後一個節點
52 }
53 void main()    //主程式
54 {
55     int data;
56     appendLast(78); //新節點加到最後一個節點之後
57     appendLast(95);
58     appendLast(84);
59     appendLast(67); //印出[78]->[95]->[84]->[67]->NULL
60     display(head);    //顯示鏈結串列內容
61 }
```

程式解說

- ◈ 第1~7行：利用結構體建立鏈結串列的資料欄和指向下一個節點的指標，並以typedef給予結構體別名和指向節點的指標變數link。
- ◈ 第8行：將鏈結串列的首節點設爲空的節點。
- ◈ 第10~22行：依據結構所定義的函式getNode()，新增一個節點時會進行記憶體的配置並依據傳入的參數值（value）產生第一個節點。
- ◈ 第13行：函式malloc()再呼叫sizeof()函式來配置記憶體大小，再以指標指向此空間。
- ◈ 第23~35行：依據結構所定義的函式appendLast()，將資料加到最後一個節點之後。
- ◈ 第27~28行：若鏈結串列爲空的就呼叫addHead()函式來加入新節點。
- ◈ 第31~32行：鏈結串列不是空的情形下，指標「ptr」先指向第一個節點，while迴圈配合指標ptr的移動來走訪整個鏈結並移向最後一個節點。
- ◈ 第33行：呼叫getNode()函式爲新節點配置記憶體並把ptr指標指向節點的next指標指向新節點。
- ◈ 第36~42行：定義函式display()依據指標指向的節點印出內容，再呼叫showNode()函式印出節點。
- ◈ 第43~52行：定義函式showNode()，依據指標指向的節點來取得其內容。

(2) 從首節點插入資料

如何從首節點插入資料？其實是把插入的項目設爲首節點即可。作法是把加入資料的新節點設爲首節點，先以暫存變數儲存，再把指標移向下一個節點即可。

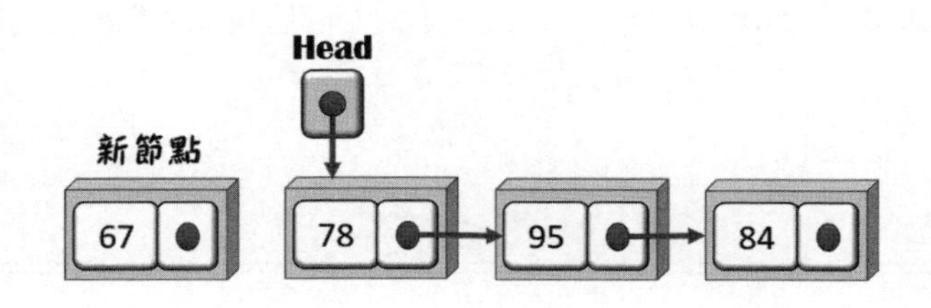

Step 1. 將首節點指標指向要新加入的節點，新節點的指標Next指向原有的第一個節點「78」。

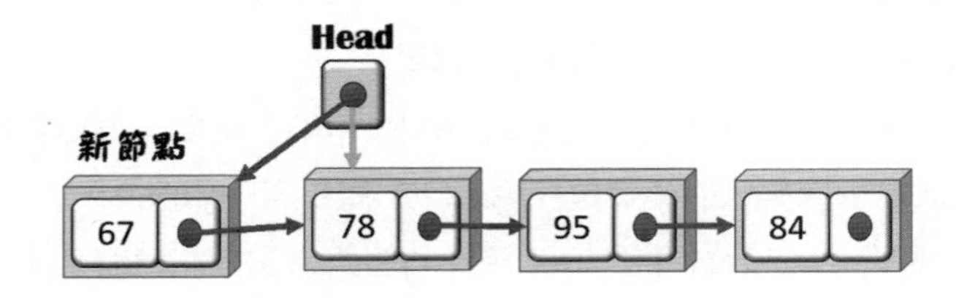

Step 2. 最後，新節點「67」加到節點「78」之前，變成第一個節點。

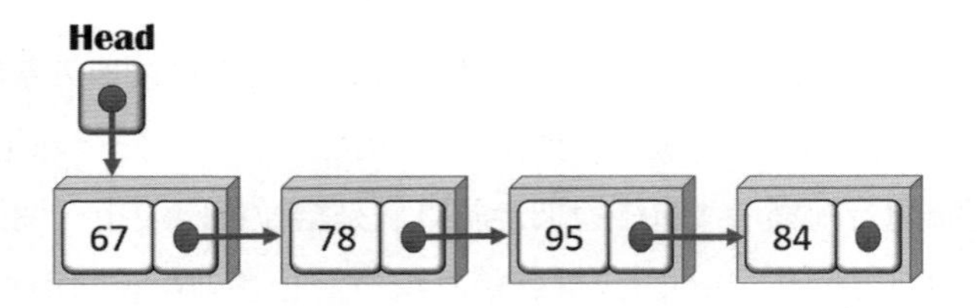

範例CH0409.c

```
01 void addHead(int value)
02 {
03     link current;                    //指標指向目前的節點
04     current = getNode(value);   //指標指向當下所新增的節點
05     current->item = value;      //取得新增的資料欄
06     current->next = head;       //首節點指向目前節點
07     head = current;                //將目前節點變更爲首節點
08 }
09 void main()
10 {
```

```
11     addHead(78);
12     addHead(95);
13     addHead(84);
14     addHead(67);    //印出[67]->[84]->[95]->[78]->NULL
15     //省略部分程式碼
16 }
```


程式解說

◈ 第1~8行：依據結構所定義的函式addHead()，依據傳入的值「value」，將新增資料加到第一個節點之前，然後把新增的項目會變成首節點。

(3) 從中間的節點插入

從中間的節點插入新項目就是在兩個節點間插入新項目。如何做？當然要先找出欲插入節點的位置，然後移動指標。

Step 1. 依據指定位置加入新節點；也就是新節點會插入於節點「95」之後，將節點「95」的指標指向新節點；而新節點的指標指向下一個節點「84」。

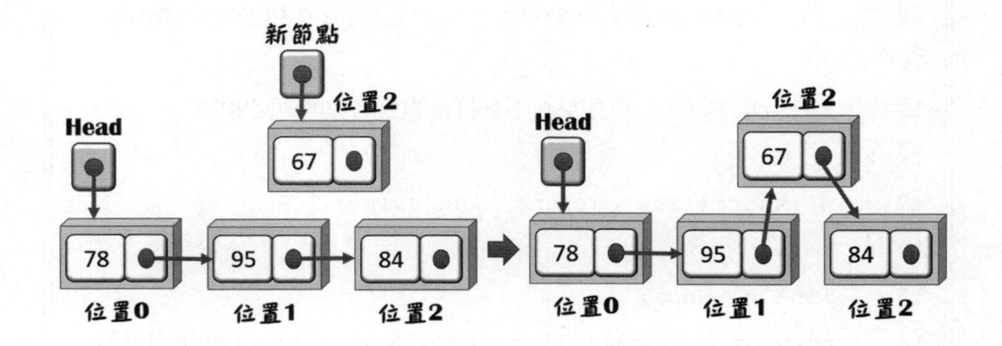

Step 2. 重新變更節點的索引，完成新節點的加人。

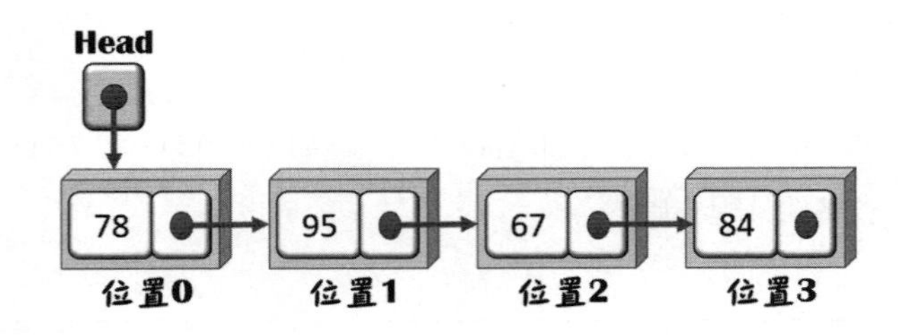

範例CH0410.c

```
01 link findItem(int value)
02 {
03     link ptr = head;
04     while(ptr != NULL)
05     {
06         if(ptr->item == value) //如果ptr的item = value
07             return ptr;          //傳回ptr所指向的節點位址
08         else
09             ptr = ptr->next;     //否則將指標指向下一個節點
10     }
11     return NULL; //如果找不到符合的節點，則傳回NULL
12 }
13 void insert(link current, int value)
14 {
15     link newNode;
16     newNode = (link)malloc(sizeof(Lnode)); //新增一個節點
17     newNode->item = value;
```

```
18    newNode->next = current->next;
19    current->next = newNode; //目前節點的指標指向新節點
20 }
21 void main()
22 {
23    int grade[] = {78, 95, 84};
24    head = createNode(grade, 3);
25    link pos = findItem(95); //找出節點95的位址
26    insert(pos, 67);          //將節點67插入在節點95之後
27     display();   /* 印出 [78]->[95]->[67]->[84]->NULL
*/
28    freeNode();
29 }
```


程式解說

- 第1~12行：依據結構體來定義函式findItem()；將指標ptr指向首節點head準備走訪。
- 第4~10行：while迴圈在非空串列的情形下，由首節點開始，將參數value跟節點比對，相符者回傳該節點的位址。
- 第13~20行：定義函式insert()，它會依據findItem()函式回傳的位址，將新節點插入到此位址之後；新節點指標指向目前指標指向的下一個節點，再把目前指標指向新節點。
- 第25、26行：主程式中，先呼叫findItem()來取得某個節點的位址並由結構指標變數pos儲存，再呼叫insert()函式依據pos來插入資料到某節點之後。

4.2.4 刪除節點

資料結構中，單向鏈結串列中刪除一個節點同樣有下述三種情況：(1)刪除串列的第一個節點：只要把串列首指標指向第二個節點即可。(2)刪除串列後的最後一個節點：只要指向最後一個節點的指標，直接指向None即可。(3)刪除鏈結串列的中間節點：將欲刪除節點的指標，直接指向None即可。

(1) 刪除串列的第一個節點

要刪除串列的第一個節點就是把鏈結串列的首節點予以刪除。

Step 1. 刪除首節點之前，將第一個節點的指標變更爲Null，把首節點指向下一個節點。

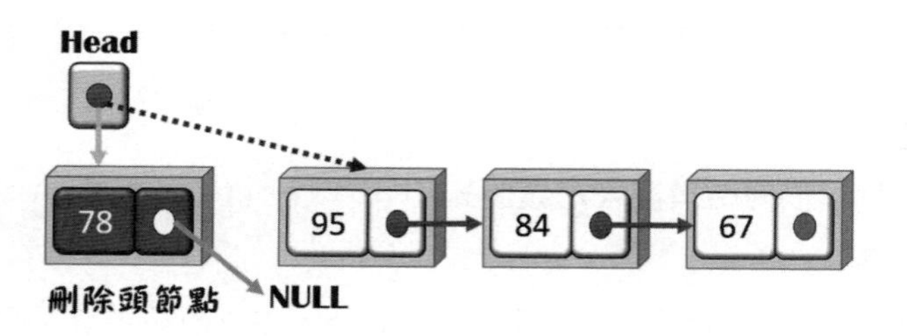

Step 2. 再把指標爲NULL的首節點刪除。

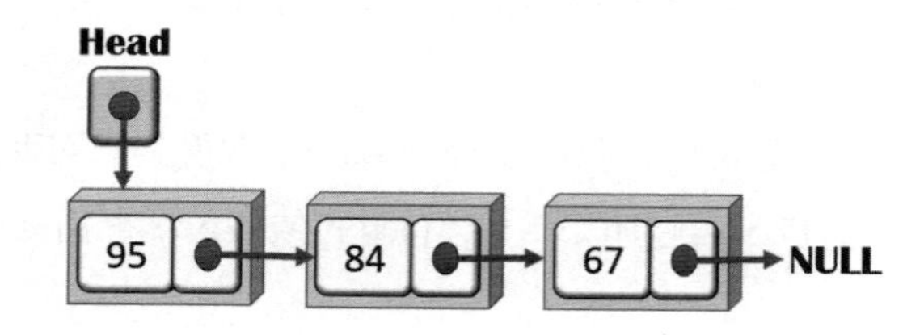

(2) 刪除最後一個節點

只要指向最後一個節點的指標，直接指向Null即可。作法跟刪除首節點雷同，只是把目標轉移到尾節點。

Step 1. 把鏈結串列中倒數的第二個節點設爲暫時節點，並把此暫時節點的指標設爲「NULL」，而尾節點的指標移向此暫時節點「84」。

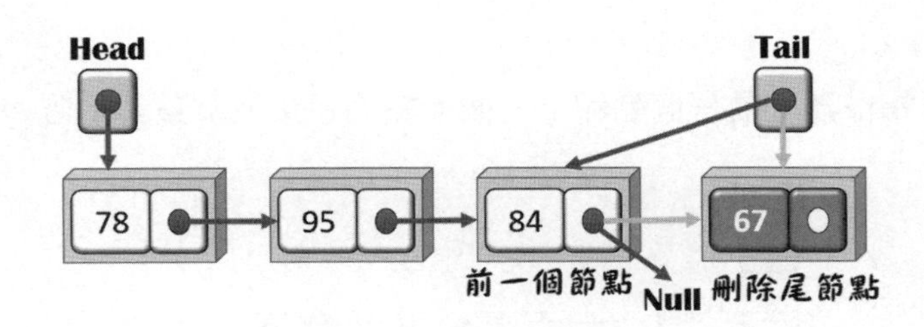

Step 2. 刪除尾頭節之後，原有的暫時節點就變成尾節點。

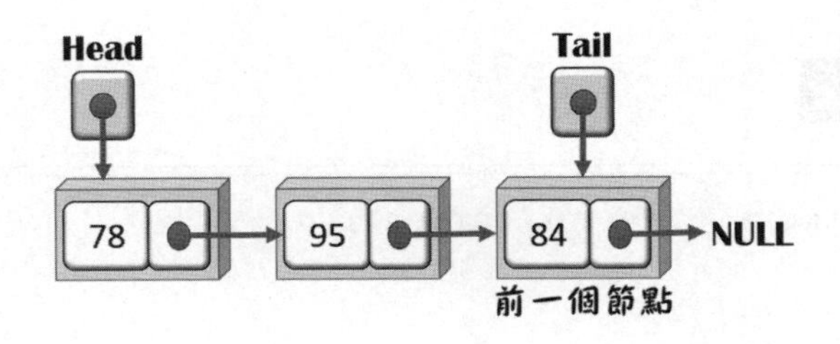

(3) 刪除鏈結串列的中間節點

單向鏈結串列，刪除指定節點可參考下圖位置「1」的節點。要完成這樣的動作需要兩個步驟：

Step 1. 首先，將欲刪除節點的前一個節點「78」的指標，將它重新指向欲刪除節點的下一個節點「84」，再把欲刪除節點「95」的指標設為NULL。

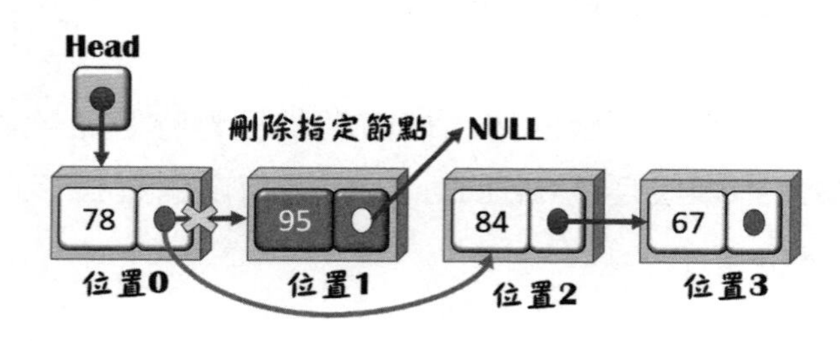

Step 2. 以指標建立前一個點和下一個節點的連接並調整其位置。

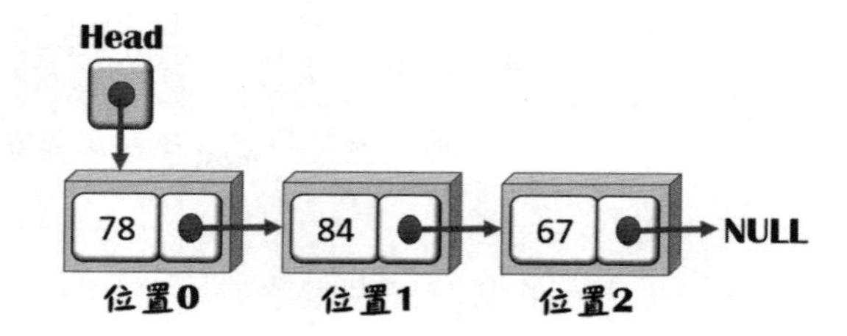

範例CH0411.c

```
01 link removeNode(link current)
02 {
03     link ptr = head;
04
05     if(head == NULL)                    //表示鏈串列是空的
06         printf("空的鏈結串列!\n");
07
08     if(current == head)             //如果刪除的是第一個節點
```

```
09      {
10          head = head->next;        //把head指標指向下一個節點
11          printf("第一個節點 %d 已刪除\n", current->item);
12      }
13      else
14      {
15          while(ptr->next != current)
16              ptr = ptr->next;
17          ptr->next = current->next; //重新設定指標
18          printf("節點 %d 被刪除\n", current->item);
19      }
20      free(current);    //釋放被刪除節點所占的記憶體空間
21 }
```

程式解說

◈ 第1~21行：定義函式removeNode()來移除節點。

◈ 第8~12行：狀況一：首節點被刪除，傳入的結構參數ptr（欲刪除位址）與首節點位址相符；表示首節點被刪除。

◈ 第13~19行：狀況二：被刪除節點是首節點之外，以while迴圈走訪來找出欲刪除節點的位址。當節點被刪除，重新設定指標指向已刪除節點的下一個節點。

4.2.5 反轉鏈結串列

如何把單向鏈結反轉？檢視下圖，由於它具有方向性，走訪時只能向下一個節點移動。但它允許將新節點加到首節點。利用此特性（最先加入的節點會放到最後），把節點做逐一交換，最後取得的尾節點就把它改變成首節點，完成反轉過程。

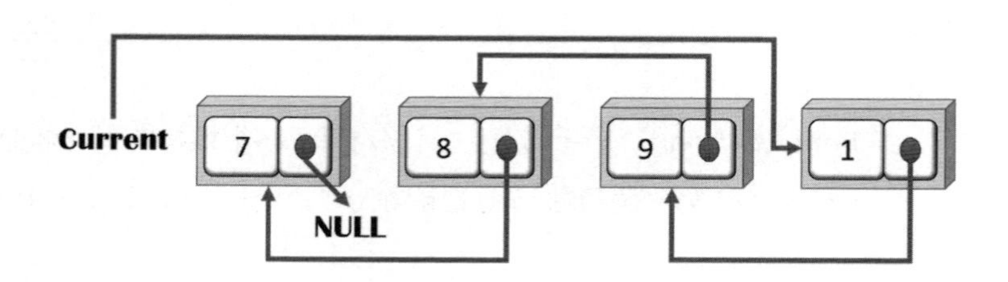

Step 1. 原有的鏈結串列，同樣以while迴圈從首節點開始走訪。

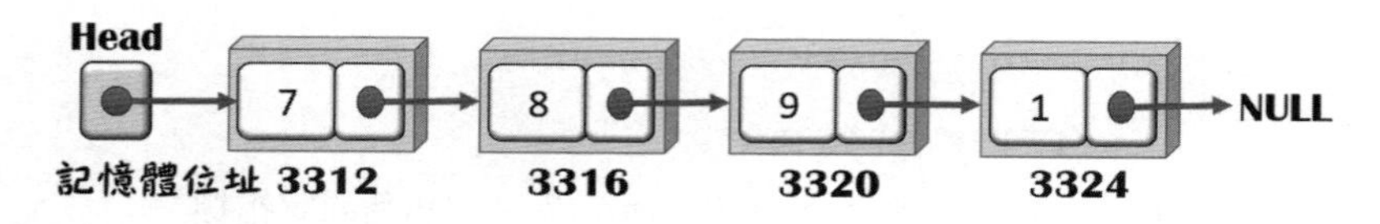

Step 2. 將目前節點移向下一個節點，原有節點變更爲前一個節點，將目前節點的指標指向前一個節點。

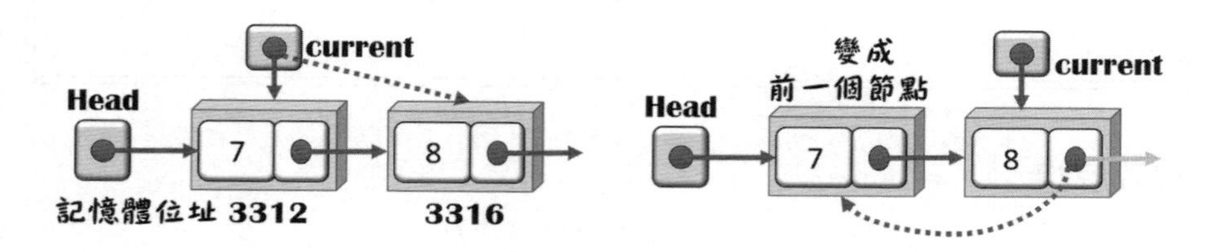

Step 3. 完成鏈結串列的反轉，原來的最後節點變成第一個節點。

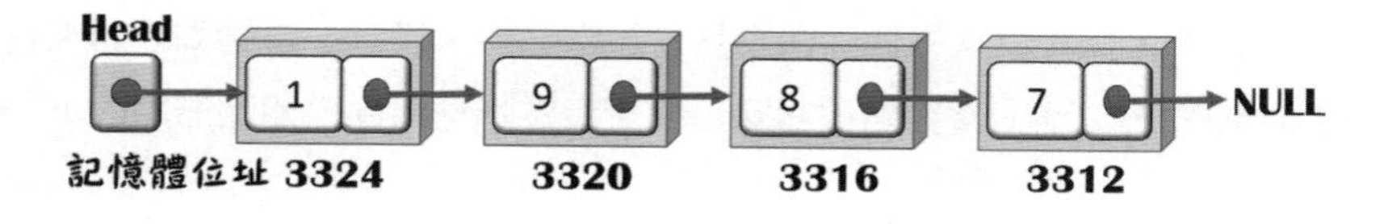

Step 4. 範例CH0412.c。

4.3 環狀鏈結串列

從單向鏈結串列結構討論中，我們可以衍生出許多更爲有趣的串列結構，本節所要討論的是環狀串列（Circular List）結構，環狀串列的特點是串列的任何一個節點，都可以達到此串列內的各節點，可做爲記憶體工作區與輸出入緩衝區的處理及應用。

4.3.1 定義環狀鏈結串列

單向環狀鏈結串列（Circular Linked List）會把串列的最後一個節點指標指向串列首，整個串列就成爲單向的環狀結構。如此一來便不用擔心串列首遺失的問題了，因爲每一個節點都可以是串列首，也可以從任一個節點來追縱其他節點。建立的過程與單向鏈結串列相似，唯一的不同點是必須要將最後一個節點指向第一個節點。

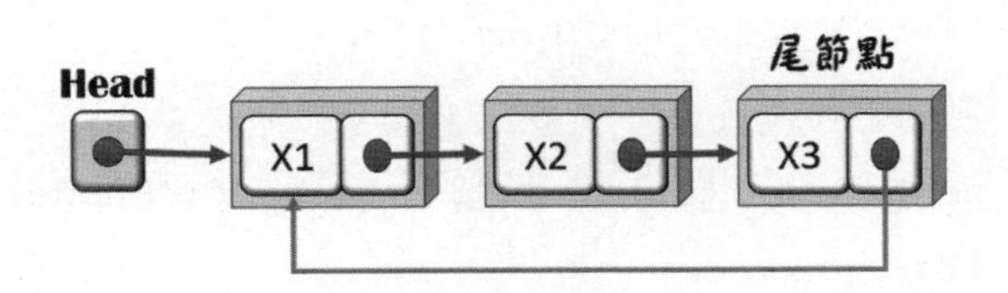

環狀串列可以從串列中任一節點來追蹤所有串列的其他節點，也無所謂哪一個節點是首節點，同時，在環狀串列中的任一節點，都可以輕易找到其前一個節點。關於環狀串列的特點，我們大致做出以下的優、缺點。

優點：

➢ 回收整個串列所需時間是固定的，與長度無關。

➢ 可以從任何一個節點追蹤所有節點。

缺點：

➢ 需要多一個鏈結空間。

➢ 插入一個節點需要改變兩個鏈結。

➢ 環狀串列讀取資料比較慢，因爲必須多讀取一個鏈結指標。

CHAPTER 4

範例CH0413.c

```
01 clink createItem(char *ary, int len)
02 {
03     clink previous, newNode;
04     head = (clink)malloc(sizeof(CRnode));
05     if(!head) //配置記憶體進一步檢查
06         return NULL;
07     head->item = ary[0]; //取得陣列第一個元素來產生第一個節點
08     head->next = NULL;
09     previous = head;      //指向第一個節點
10     for(int j = 1; j < len; j++)
11     {
12         newNode = (clink)malloc(sizeof(CRnode));
13         if(! newNode)
14             return NULL;
15         newNode->item = ary[j];
16         newNode->next = NULL;
17         previous->next = newNode; //前一個節點指標指向新節點
18         previous = newNode; //新節點變成前一個節點
19     }
20     return head;
21 }
22 void main() //主程式
23 {
24     clink ptr = NULL;
25     char number[] = {'A', 'B', 'C', 'D', 'E'};
```

```
26    printf("陣列：");
27    for(int j = 0; j < 5; j++)
28       printf("%2c", number[j]);
29    printf("\n\n環狀鏈結串列：");
30    head = createItem(number, 5);
31    display(head);
32 }
```

執行結果

```
D:\DS for C語言\CH04\CH0...
陣列： A B C D E
環狀鏈結串列：[A]->[B]->[C]->[D]->[E]->
```

程式解說

◈ 第1~21行：定義函式createItem()來產生節點。

◈ 第4行：取得記憶體的配置來產生第一個節點。

4.3.2 節點的新增

單向環狀鏈結串列中並無任何一個節點的鏈結會指向NULL（參考下圖）。因此，若有指標爲NULL，說明它是一個空的串列。如何在環狀串列中插入節點？和單向串列的節點插入稍有不同，可以區分兩種情況：①將新節點插入於第一個節點之前；②將節點新增到最後，成爲最後一個節點。

(1) 首節點加入新資料

Step 1. 將新節點D直接插入原串列首節點之前，成為新的首節點。

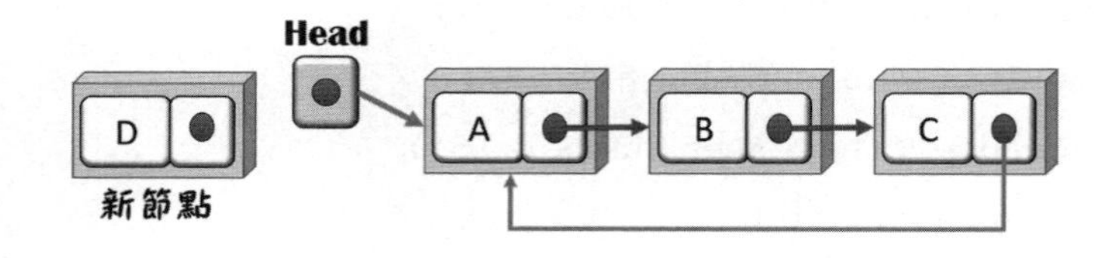

Step 2. 將新節點D的指標Next指向原串列第一個節點，前一個節點的指標next指向新節點，首節點指標指向新節點。

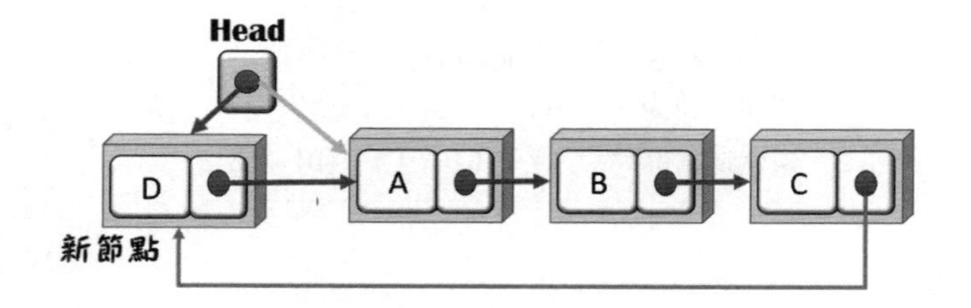

範例CH0414.c

```
01 clink addHead(int value)
02 {
03    clink ptr, newNode, previous;
04    newNode = (clink) malloc(sizeof(CRnode)); //配置記憶體
05    if(!newNode)                  //檢查記憶體配置
06       return NULL;
07    newNode->item = value;        //產生節點
08    newNode->next = NULL;         //把目前節點的next指向NULL
09    if(head == NULL)              //當串列是空的
```

```
10    {
11       newNode->next = newNode;   //新節點next指標指向新節點
12       return newNode;            //回傳目前指標
13    }
14    else if(ptr != NULL)
15    {
16       newNode->next = head;
17       previous = head;
18       //走訪整個串列到最後一個節點
19       while(previous->next != head)
20          previous = previous->next; //指向下一個節點
21       previous->next = newNode;//前一個節點的next指向新節點
22       head = newNode;
23    }
24    return head;
25 }
```

程式解說

◈ 第1~25行：定義函式addHead()，將節點加到第一個節點之前，使之成為首節點。

◈ 第4~6行：配置記憶體產生第一個節點，並以if敘述檢查記憶體狀況。

◈ 第14~23行：移動指標ptr並配合while迴圈走訪到串列最後一個節點；指標previous指向前一個節點，產生新節點時它的next指向下一個節點，並讓新節點成為前一個節點，完成節點的加入程序。

(2) 將節點新增到最後，成爲最後一個節點

Step 1. 新節點「D」加入到鏈結串列末端，成爲最後一個節點。

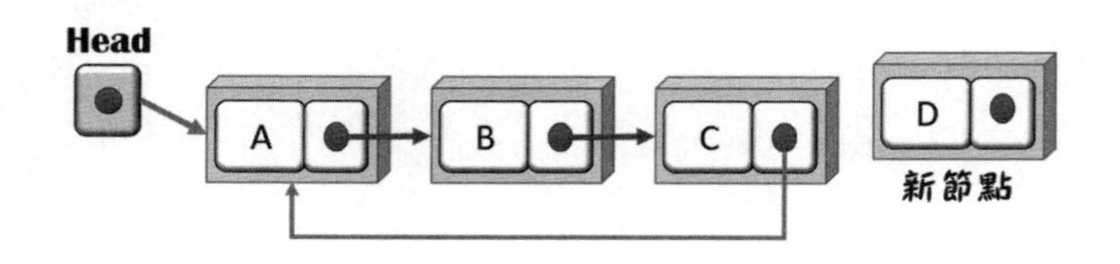

Step 2. 將目前節點的指標指向新節點，新節點的指標指向第一個節點。

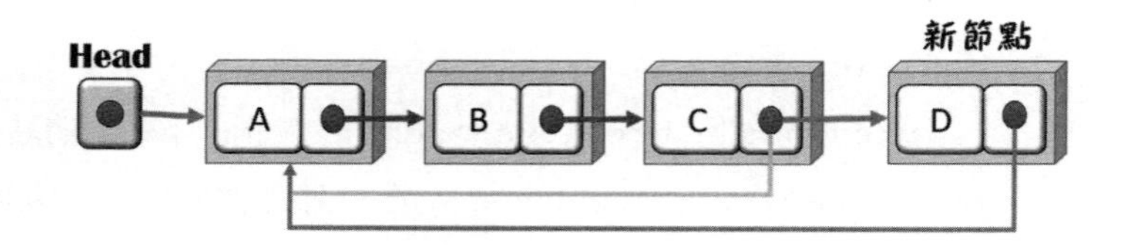

Step 3. 參考範例CH0414.c的函式addTail()。

4.3.3 節點的刪除

如何在環狀串列做刪除節點？依據前面所討論的單向鏈結串列刪除節點的作法，可以區分三種情況：①直接刪除第一個節點；②將最後一個節點刪除；③指定位置刪除其節點。

(1) 直接刪除第一個節點

直接把鏈結串列的第一個節點刪除，意味著把第二個節點變更爲頭節點。

Step 1. 設定指標ptr，配合while迴圈移向最後一個節點，準備刪除第一個節點。

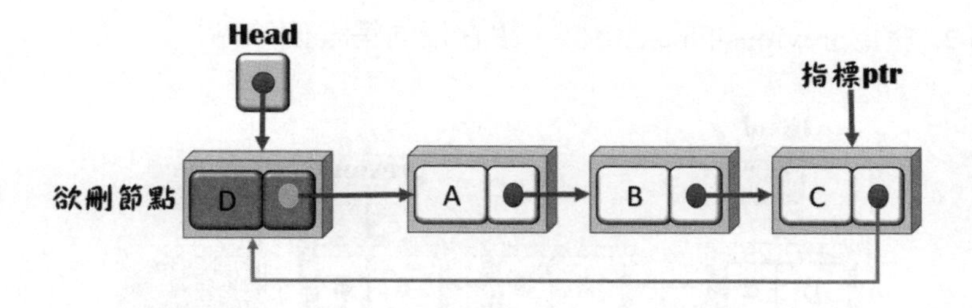

Step 2. 將最後一個節點的next指向第二個節點，再把head指標指向它來變成首節點。

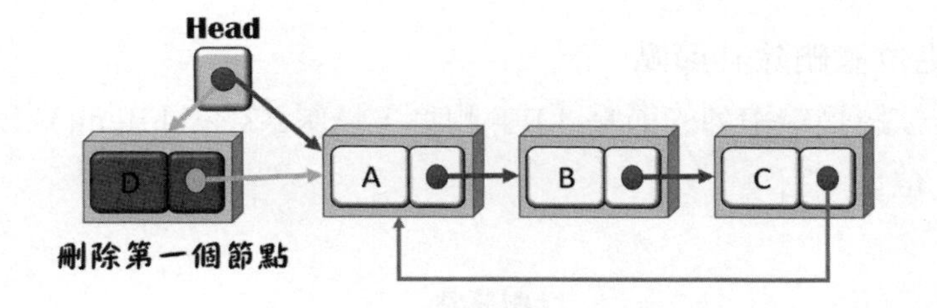

Step 3. 參考範例CH0415.c函式removeHead()。

(2) 直接刪除最後一個節點

要把鏈結串列的最後一個節點刪除，意味著把串列裡倒數的第二個節點變更為最後一個節點。

Step 1. 設定兩個指標ptr、previous，配合while迴圈讓ptr指向最一個節點，previous指向ptr所指的前一個節點。

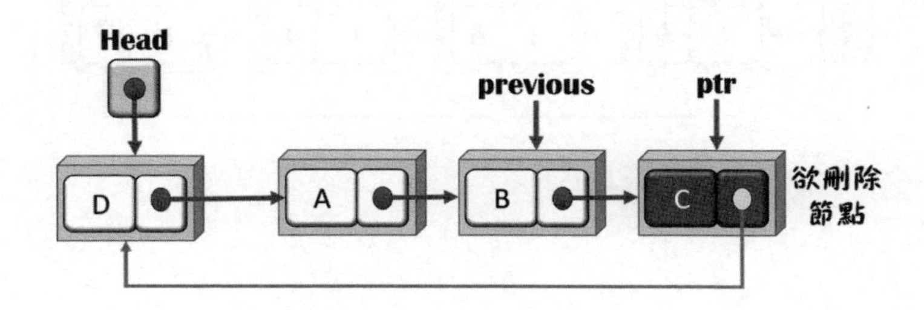

Step 2. 變更previous的next指標，讓它指向第一個節點。

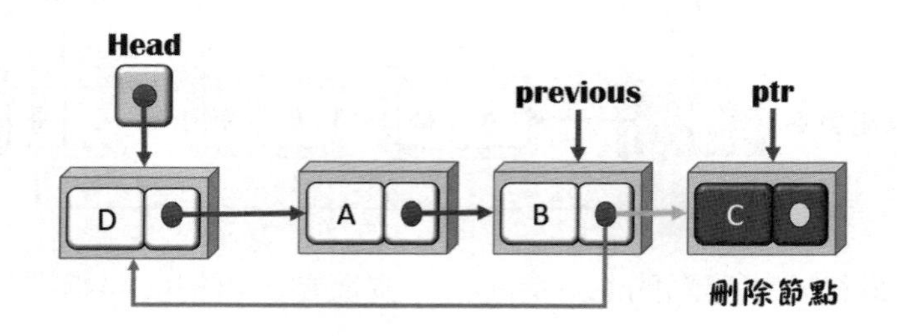

Step 3. 參考範例CH0415.c函式removeTail()。

(3) 指定位置刪除其節點

Step 1. 欲將鏈結串列的節點「B」刪除，以函式searchItem()來找到它的位址。

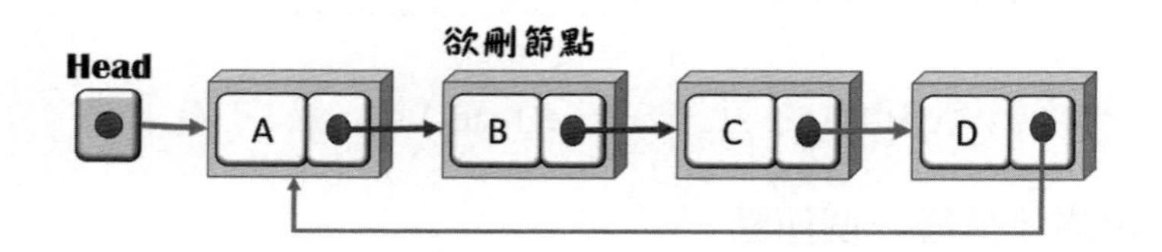

Step 2. 找到欲刪除節點B；將節點B的前一個節點的指標指向節點B的下一個節點。

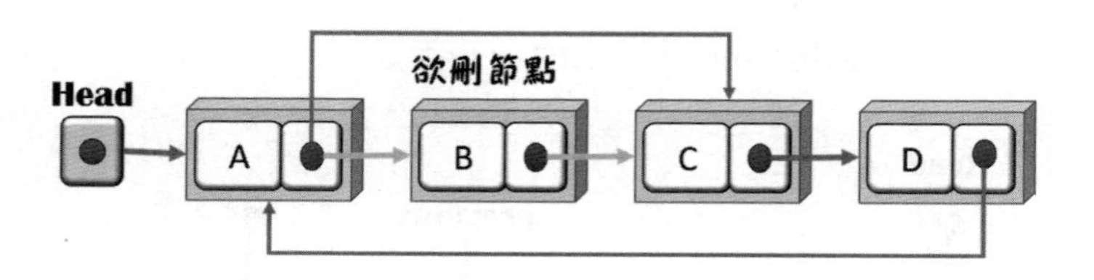

範例CH0415.c

```
01 clink removeItem(clink ptr)
02 {
03     clink previous = NULL;
04     previous = head;
05     if(head != head->next);
06     {
07         while(previous->next != ptr)
08             previous = previous->next; //移向下一個節點
09     }
10     //前一個節點next指標指向目前節點next指標所指向的下一個節點
11     previous->next = ptr->next;
12     free(ptr); //釋放記憶體
13     return head;
14 }
```

程式解說

- 第1~14行：定義函式removeItem()，依據欲刪除節點所回傳的位址（ptr）來刪除指定的節點。
- 第5~9行：if敘述會把第一個節點保留，刪除其他節點。
- 第7~8行：while迴圈會以前一個節點previous指標next指向並非欲刪除節點情形下走訪整個串列來找到欲刪除節點。

4.4 雙向鏈結串列

另一種常見的鏈結串列就是雙向鏈結串列（Doubly Linked List）。要存取單向鏈結串列必須依循指標方向，從首節點走向尾節點。但如果想在單向鏈結串列做反向走訪，那可就是一件如假包換的大工程。此外，單向鏈結串列的某一個鏈結斷裂，後續的資料就會遺失而無法復原。

爲了解決上述這兩項缺失，存取資料讓方便，雙向鏈結串列允許雙向走訪，同時改善了單向鏈結串列鏈結斷裂的問題。雙向鏈結串列的基本結構和單向鏈結有點相似，每一個節點除了資料欄之外，還包含左、右兩個鏈結欄，一個指向前一個節點，另一個指向後一個節點。至於雙向鏈結串列的優、缺點分析如下：

雙向鏈結串列的優點：

- 雙向鏈結串列有兩個鏈結欄，由於已知前一個節點位置，刪除或加入一個節點時，執行速度快過單向串列。
- 因爲有兩個鏈結欄，若鏈結斷落，另一個方向的鏈結欄能快速反向恢復已斷落鏈結。

雙向鏈結串列缺點：

- 雙向串列比單向串列更需要多一個鏈結，較浪費記憶體空間。
- 雙向串列加入一個節點時需改變四個指標，而刪除一個節點也要改變兩個指標；而單向串列加入個節點，只要改變兩個指標，刪除節點只要改變一個指標即可。

4.4.1 定義雙向鏈結串列

爲了改善單向鏈結串列只能依序走訪的不便性，於是雙向鏈結串列（Doubly Linked List）蘊含而生。它的節點不同於單向鏈結串列，它具有三個欄位，一爲左鏈結（Lnext），二爲資料（DATA），三爲右鏈結（Rnext），其資料結構如下圖所示。

指標Lnext指向前一個節點，而另一個指標Rnext指向下一個節點。通常在雙向鏈結串列加上一個串列首，此串列首的資料欄不存放資料。當串列首的Lnext和Rnext分別指向NULL，表示它是一個空串列。

雙向串列可分成環狀和非環狀兩種。另外為了方便存取，透過下圖先認識資料欄含有資料的雙向鏈結串列。

如何定義雙向鏈結串列？先來撰寫雙向鏈結串列的節點部分。

```
//範例CH0416.c
typedef struct Node    //定義雙向鏈結串列並設別別
{
   int item;           //資料欄
   struct Node *Rnext; //指標 Rnext 指向下一個節點
   struct Node *Lnext  //指標 Lnext 指向上一個節點
}Dbnode;
typedef Dbnode *dlink;
```

◈ 配合關鍵字typedef來定義結構體，由於串列是雙向，具有左Lnext、右Rnext兩個指標來分別指向前一個、後一個節點。

4.4.2 新增節點

要在雙向鏈結串列中加入節點，同樣有三種情形可討論：①新增資料到尾節點處、②從第一個節點處加入、③指定位置加入新節點。如何在尾節點加入新節點？它的作法是加入新節點之後，此新節點就會變成鏈結串列的尾節點。

(1) 新增資料到尾節點處

新增資料到最後一個節點，把新增節點變成最後一個節點。

Step 1. 準備加入新節點「84」，進行記憶體空間的配置。

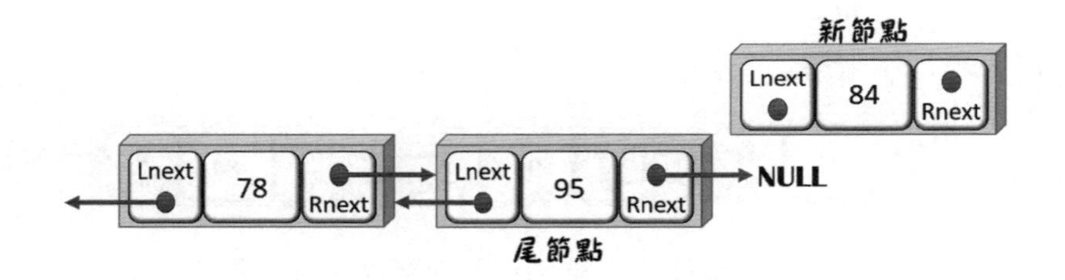

Step 2. 將原串列的最後一個節點的右鏈結指向新節點，新節點的左鏈結指向原串列的最後一個節點，並將新節點的右鏈結指向NULL，新節點變成尾節點。

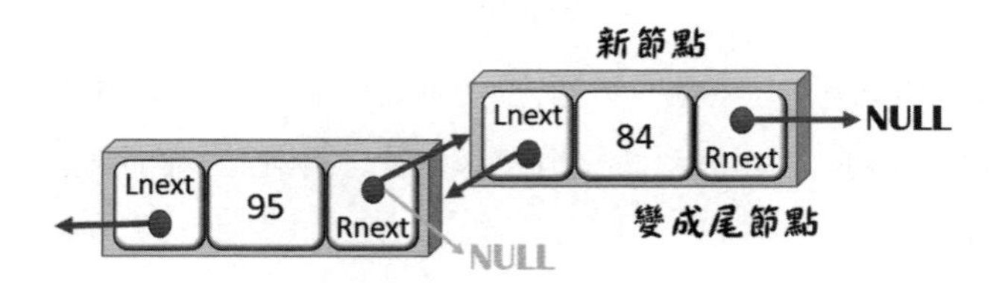

範例CH0417.c

```
01 dlink addTail(int value)
02 {
03     dlink ptr = head, newNode;
04     newNode = (dlink) malloc(sizeof(Dbnode));
05     newNode->item = value;
06     while(ptr->Rnext != NULL) //移動ptr指標，走訪串列
07         ptr = ptr->Rnext;
08     ptr->Rnext = newNode; //1.目前節點的指標Rnext指向新節點
09     newNode->Lnext = ptr; //2.新節點的指標Lnext指向目前節點
10     newNode->Rnext = NULL;//3.新節點的指標Rnext指向NULL
11     return head;
12 }
```

程式解說

◈ 第1~12行：定義函式addTail()，將新節點加到最後一個節點之後，使之成爲尾節點。

◈ 第8~10行：依據「step 2」的操作，將變更新節點的上一個（Lnext）、下一個指標（Rnext），讓它成爲最後一個節點。

(2) 從第一個節點處加入

在雙向鏈結串列中加入節點的第二種情形，將新節點「67」新增到原串列的第一個節點前，把它變成第一個節點。

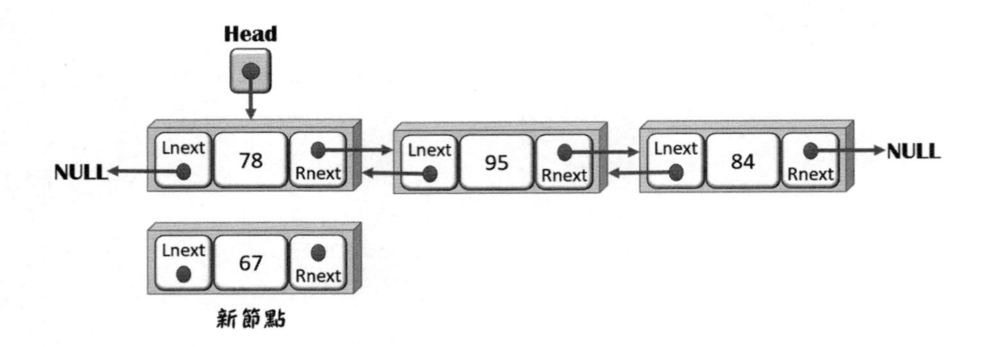

Step 1. 將鏈結串列第一個節點的左鏈結指向新節點；把新節點的右鏈結指向串列的第一個節點；首節點指標指向新節點。

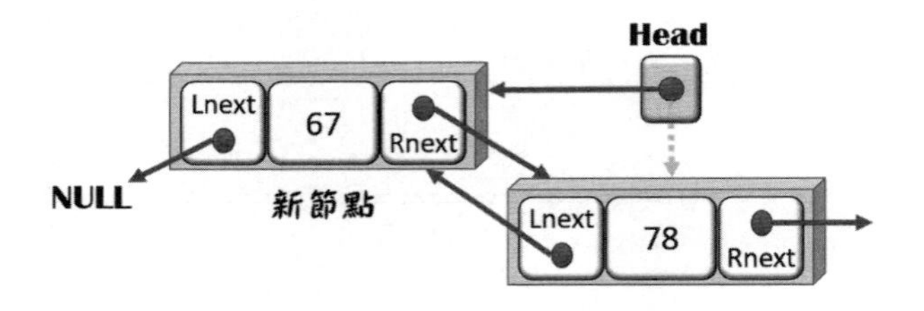

Step 2. 新節點變成第一個節點，完成加入動作。

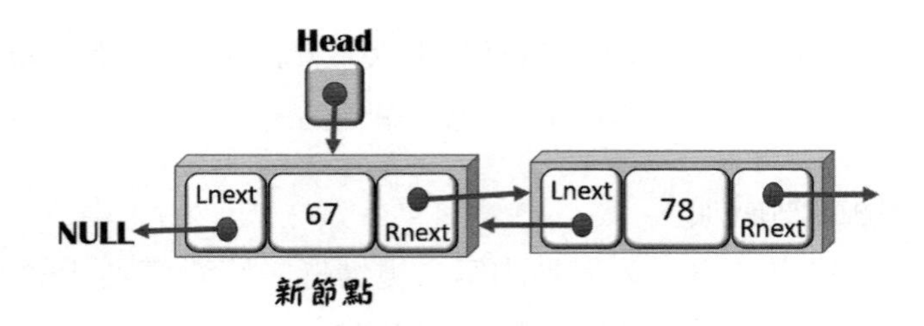

Step 3. 參考範例CH0417.c函式addHead()。

(3) 指定位置插入新節點

雙向鏈結串列新增節點的第三種可能情況：走訪串列到指定位置，將新節點加到此位置，原有節點向後挪移。

Step 1. 準備在節點78和節點95之間加入新節點「125」。

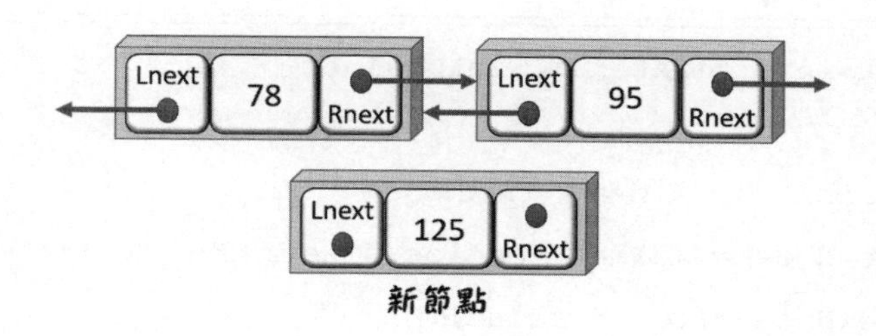

Step 2. 將新節點「125」的左鏈結Lnext指向目前節點「78」；右鏈結Rnext指向目前節點右鏈結所指向的下一個節點「95」。將目前節點的右鏈結Rnext指向的下個節點「95」的左鏈結重指向新節點，右鏈結Rnext指向新節點「125」。

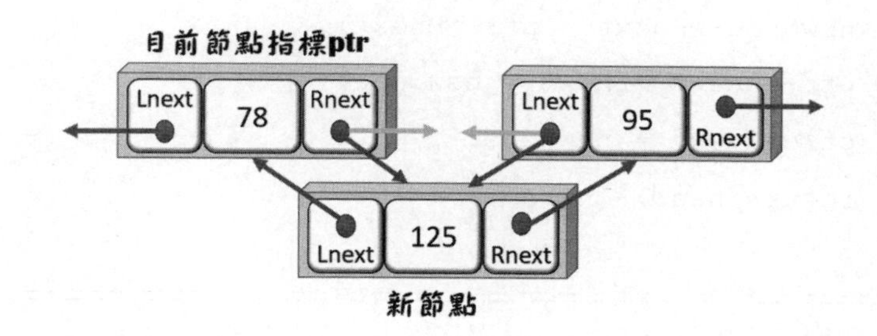

Step 3. 最後新節點「125」會新增到指定節點「78」之後。

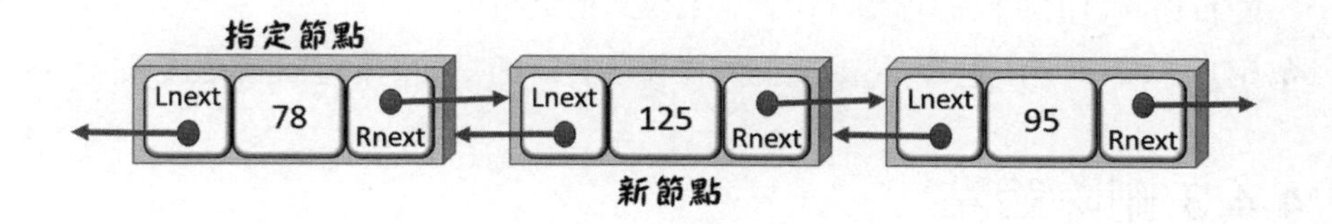

範例CH0417.c<續..>

```
01 dlink insert(int num, int value)
02 {
03     dlink ptr = head, newNode;
04     newNode = (dlink) malloc(sizeof(Dbnode));
05     newNode->item = value;
06     while(ptr->item != num)//移動指標ptr走訪串列找到指定節點
07     {
08        ptr = ptr->Rnext;
09     }
10     newNode->Lnext = ptr;
11     newNode->Rnext = ptr->Rnext;
12     ptr->Rnext->Lnext = newNode;
13     ptr->Rnext = newNode;
14     return head;
15 }
```

程式解說

◈ 第1~15行：定義函式insert()，依據傳入的參數「num」，以while迴圈配合指向目前節點的指標「ptr」來找到指定節點。

◈ 第11~14行：依據「step 2.」的操作，將新節點加到指定節點之後。

4.4.3 刪除節點

欲刪除雙向鏈結串列的節點，也可區分三種情況來討論：第一種情形是刪除串列的第一個節點。第二種情形就是刪除鏈結串列的最後節點；第三種情形就是刪除某個指定節點的前一個節點。

(1) 刪除串列的第一個節點

Step 1. 欲刪除第一個節點「78」。

Step 2. 將欲刪除節點的右鏈結設爲NULL，把下一個節點「95」變更爲首節點。

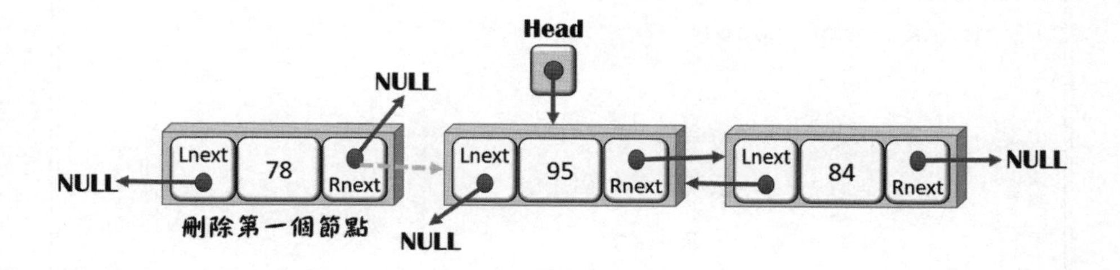

Step 3. 參考範例CH0418.c函式removeFirst()。

(2) 刪除鏈結串列的最後節點

刪除雙向串列節點的第二種情形；刪除此鏈連串列的最後一個節點。

Step 1. 欲將最後節點「84」刪除，while迴圈配合指標ptr走訪到最後一個節點。

Step 2. 取得最後節點的前一個節點「95」，設最後節點的左鏈結為NULL，最後一個節點變更為95，設目前最後節點「95」的右鏈結為NULL。

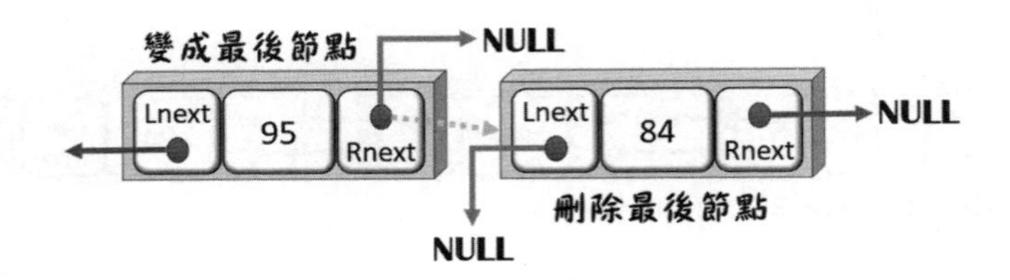

範例CH0418.c

```
01 dlink removeLast()
02 {
03     dlink ptr = head;
04     while(ptr->Rnext != NULL)
05         ptr = ptr->Rnext;
06     ptr->Lnext->Rnext = NULL;
07     free(ptr);              //釋放第一個節點所占用的記憶體
08     return head;
09 }
```

程式解說

◈ 第1~9行：定義函式removeLast()，設定指標ptr配合while迴圈讓它移向最後一個節點。

◈ 第4~5行：while迴圈走訪時，把目前節點右鏈結Rnext所指的下一個節點變更為目前節點。

◈ 第6行：把目前節點左鏈結Lnext所指向前節點的右鏈結Rnext變更為NULL（也就是步驟2的節點「95」，右鏈結變更為NULL）。

(3) 刪除指定的前節點

Step 1. 刪除指定節點「84」之前的節點「95」。

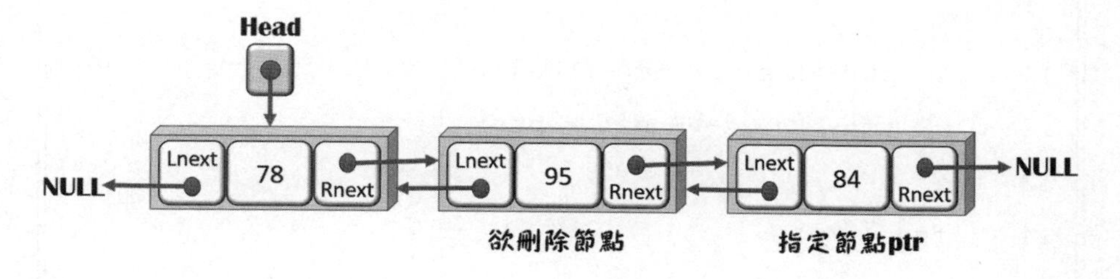

Step 2. 目前節點的左鏈結變更爲欲刪除節點的前個節點，欲刪除節點的前節點的右鏈結指向目前節點。

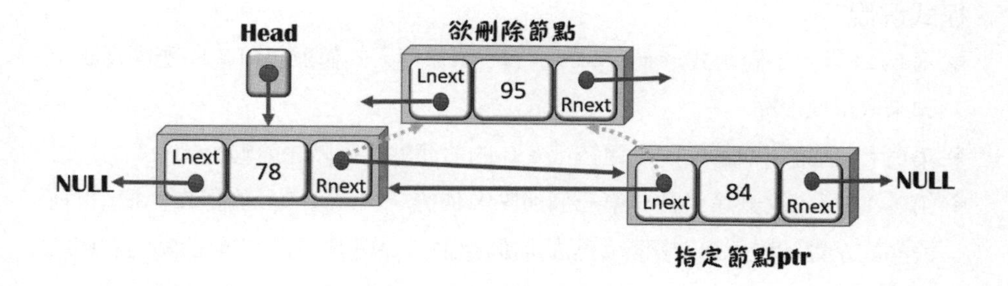

範例CH0418.c<續.>

```
01 dlink removeItem(int value)
02 {
03    dlink ptr = head;
04       while(ptr->item != value)//走訪串列找到指定節點
05       ptr = ptr->Rnext;
06    dlink tmp = ptr->Lnext;
07    if(tmp == head) //欲刪除節點是第一個節點
```

```
08        head = removeFirst();
09     else
10     {
11        ptr->Lnext = tmp->Lnext;
12        tmp->Lnext->Rnext = ptr;
13     }
14     free(tmp);
15     return head;
16 }
```

程式解說

◈ 第1~16行：定義函式removeItem()，依據傳入的值並以while迴圈走訪串列來取得此節點。

◈ 第6行：設定目前節點的左鏈結Lnext的前節點爲欲刪除節點tmp。

◈ 第9~13行：欲刪除節點非第一個節點，依據「step 2」的操作，把u目前節點的左鏈結變更爲欲刪除節點的前個節點； 欲刪除節點的前節點的右鏈結指向目前節點。

4.4.4 環狀雙向鏈結

先前介紹過環狀單向鏈結串列，更進一步來認識「雙向環狀鏈結串列」（Circular Doubly Linked List）。以下圖來說，每一個節點除了資料欄之外，同樣有左、右兩個指標，分別指向上一個和下一個節點；而最後一個節點的右鏈結會指向第一個節點，第一個節點的左鏈結則會指向最後一個節點，所以指標不會指向NULL。

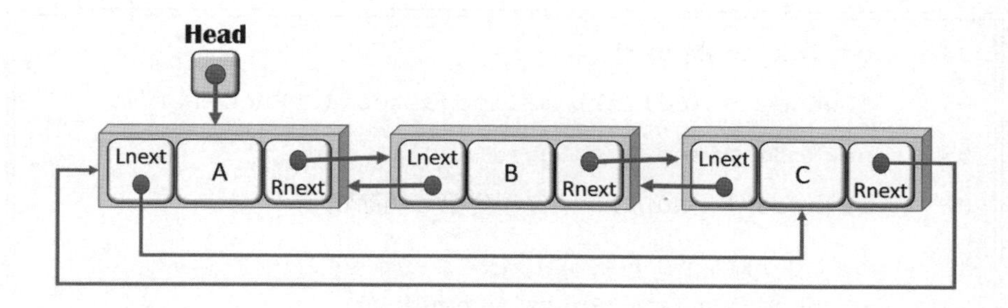

如何將新節點加到環狀雙向的鏈結串列中？

Step 1. 將新節點「A」新增到第一個節點「B」之前。

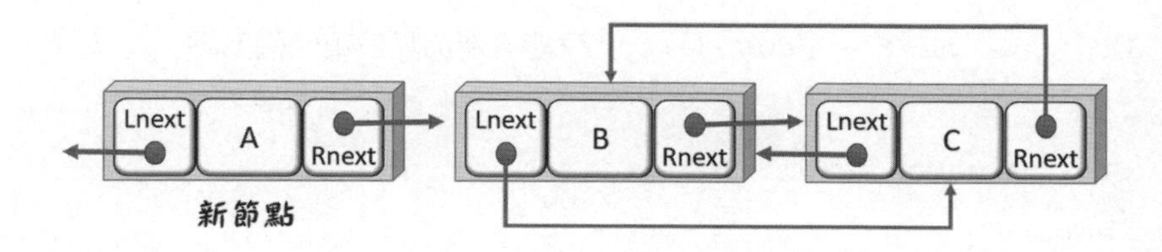

Step 2. 第一個節點的前節點，將其右鏈結指向新節點，新節點的右鏈結指向第一個節點，新節點的左鏈結指向前一個節點，第一個節點的左鏈結指向新節點。

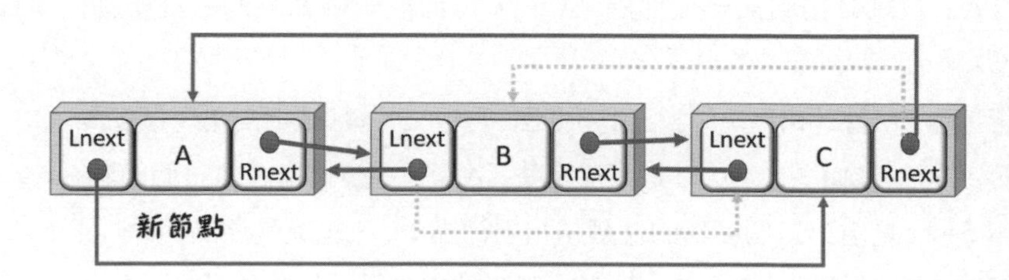

範例CH0419.c

```
01 cdlink addHead(int value)
02 {
```

```
03     cdlink newNode;
04     newNode = (cdlink) malloc(sizeof(CDBnode));
05     newNode->item = value;
06     if(head != NULL)    //產生第一個節點
07     {
08        head->Lnext->Rnext = newNode;
09        newNode->Rnext = head;
10        newNode->Lnext = head->Lnext;
11        head->Lnext = newNode;
12        head = newNode;    //變更新節點為第一個節點
13     }
14     return head;
15 }
```

程式解說

◈ 第8行：依據「step 2」，「head->Lnext->Rnext」指的是第一個節點「A」左鏈結指向前一個節點「C」，再把前一個節點的右鏈結指向新節點「A」。

◈ 第9行：依據「step 2」，把新節點「A」的右鏈結指向第一個節點「B」。

◈ 第10行：依據「step 2」，新節點「A」的左鏈結指向前一個節點（head->Lnext是由第一個節點的左鏈結指向節點C），也就是節點「C」。

◈ 第11行：依據「step 2」，第一個節點的左鏈結指向新節點。

如何從環狀雙向的鏈結串列中把最一個節點刪除？

Step 1. 將環狀鏈結串列的最後一個節點「C」予以刪除。

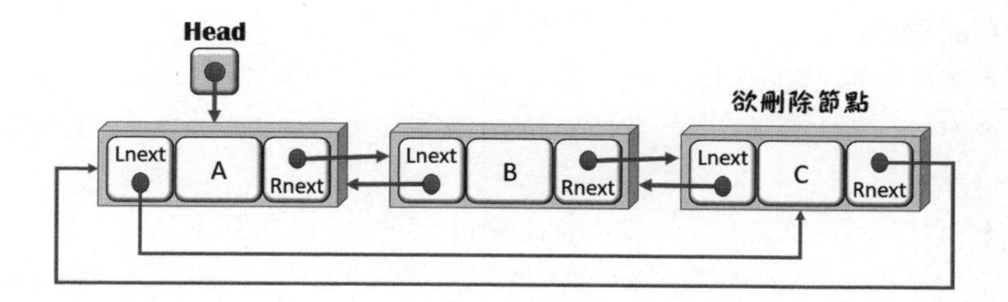

Step 2. 欲刪除節點「C」的左鏈結所指節點「B」的右鏈結指向第一個節點；第一個節點「A」的左鏈結指向欲刪除節點的前一個節點「B」。

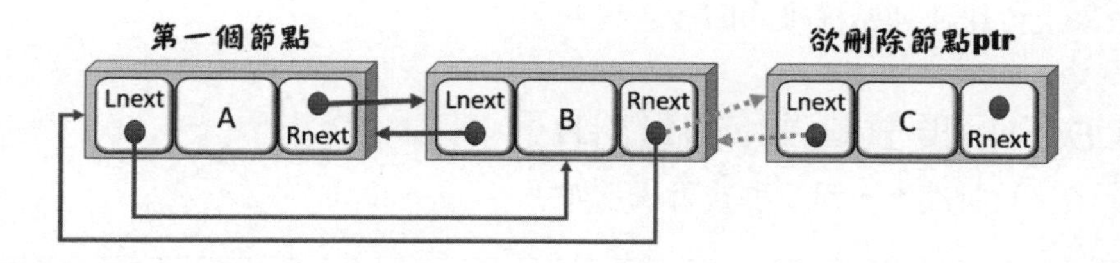

範例CH0419.c<續>

```
01 cdlink removeTail()
02 {
03    cdlink ptr = head;
04    while(ptr->Rnext != head)
05       ptr = ptr->Rnext; //走訪串列至最後節點，指標ptr指向它
06    ptr->Lnext->Rnext = head;
07    head->Lnext = ptr->Lnext;
08    free(ptr);
09    return head;
10 }
```

程式解說

◈ 第1~10行：定義函式removeTail()，刪除最後一個節點。

◈ 第6行：欲刪除節點「C」的左鏈結所指節點「B」的右鏈結指向第一個節點「A」。

◈ 第7行：第一個節點的左鏈結指向欲刪除節點的前一個節點「B」。

4.5 鏈結串列的應用

鏈結串列的最大優點是視實際需要才配置記憶體空間，可以減少浪費記憶體空間，因此多項式處理與稀疏矩陣是鏈結串列最普遍的應用範例，效果上會比陣列結構來的節省空間。

4.5.1 多項式與單向鏈結串列

一般而言，一元多項式可表示如：

$$A(x) = a_n x^n + a_{n-1} x^{n-1} + a_{n-2} x^{n-2} + \ldots + a_2 x^2 + a_1 x^1 + a_0$$

◈ a_n是第n項的係數，所以完整的多項式共有「n + 1」個係數。

一般來說，使用鏈結串列處理多項式會比用陣列處理多項式來得好，因為使用陣列會有以下兩個缺點：

- 多項式的內容若有所變動，則不論刪除或加入都不易處理。
- 必須事先於記憶體中尋找一塊夠大的空間，將此多項式存入，因而較不具彈性。

如果以鏈結串列來表示多項式的話，多項式只儲存非零項項目，其資料結構可以三個欄位表示，以C語言的結構體表示如下：

```
// 範例CH0420.c
typedef struct Node    //定義多項式
{
   int coef;              //多項式非零係數
   int exp;               //多項式指數
   struct Node *next;   //指標 next 指向下一個節點
}Pnode;
typedef Pnode *plink;   //指向節點的指標變數
```

◈ COEF：表示非零係數。

◈ EXP：表示指數。

◈ LINK：指到下一個節點的指標。

如果有m個非零項，則可以表示如下：

簡例如下：

```
A = 3X² + 2X + 1
```

使用串列來處理多項式相加的問題，原理很簡單，先來看看兩個多項式的相加：

```
A = 3X² + 2X + 1
B = X² + 3
```

採逐一比較項次，指數相同者相加，指數大者照抄，直到兩個多項式每一項都比較完畢。參考下圖的說明。

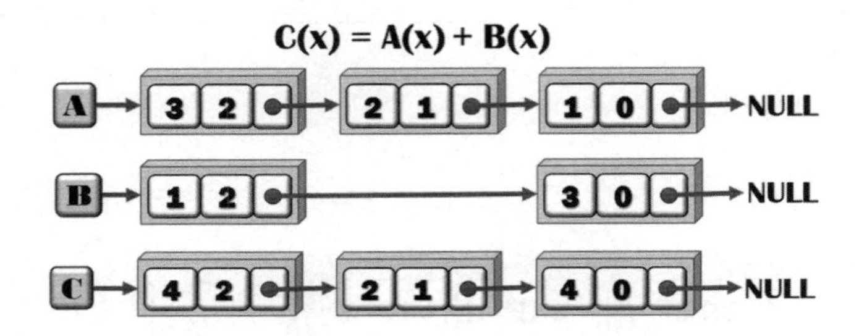

基本上，對於兩個多項式相加，採往右逐一往比較項次，比較冪次大小，當指數冪次大者，則將此節點加到C(X)，指數冪次相同者相加，若結果非零也將此節點加到C(X)，直到兩個多項式的每一項都比較完畢爲止。

範例CH0420.c

```
01 plink createItem(plink last, int cf, int num)
02 {
03     plink ptr, newNode;
04     if(head == NULL)
05     {
06         newNode = (plink)malloc(sizeof(Pnode)); //配置記憶體
```

```
07        newNode->coef = cf;     //產生係數
08        newNode->exp = num;     //取得指數
09        newNode->next = NULL; //初始化指標
10        last->next = newNode; //新節點加到最後節點之後
11        last = newNode;          //新節點成為最後節點
12     }
13     return last;
14 }
15 plink addPoly(plink item1, plink item2)
16 {
17     plink ptr, item3;
18     item3 = (plink)malloc(sizeof(Pnode));
19     ptr = item3;
20     item1 = item1->next; //指向第一個多項式的開始處
21     item2 = item2->next; //指向第二個多項式的開始處
22     while(item1 && item2) //兩個多項式非空的情形下，比較其指數
23     {
24        switch(MATCH(item1->exp, item2->exp))
25        {
26           case -1:
27              //將第2個多項式以函式轉為串列並取得係數、指數
28              ptr = createItem(ptr, item2->coef, item2->exp);
29              item2 = item2->next; //指向下一個節點
30              break;
31           case 0:
32              if((item1->coef + item2->coef) != 0)
33                 ptr = createItem(ptr, item1->coef +
```

```
34                      item2->coef, item1->exp);
35              item1 = item1->next;
36              item2 = item2->next;
37              break;
38           case 1:
39              ptr = createItem(ptr, item1->coef, item1->exp);
40              item1 = item1->next;
41              break;
42        }
43     }
44     while(item1) //多項式加入item1其他的非零項
45     {
46        ptr = createItem(ptr, item1->coef, item1->exp);
47        item1 = item1->next;
48     }
49     while(item2) //多項式加入item2其他的非零項
50     {
51        ptr = createItem(ptr, item2->coef, item2->exp);
52        item2 = item2->next;
53     }
54     return item3;
55 }
```

程式解說

◈ 第1~14行：定義函式createItem()，依據傳入的參數將多項式轉為串列。

◈ 第15~55行：定義函式addPoly()，將兩個多項式爲參數傳入並相加。

◈ 第24~42行：以switch/case來判斷兩個欲相加的多項式，比較其指數，依據相、大於或小於做不同的處理。

◈ 第26~30行：第一種情況就是多項式1（item1）指數「小於」多項式2（item2）指數，多項式2加入非零項。

◈ 第31~37行：第二種情況就是多項式1（item1）指數「等於」多項式2（item2）指數，則兩個多項式的係數就得相加。

◈ 第38~41行：第三種情況就是多項式1（item1）指數「大於」多項式2（item2）指數，多項式1加入非零項。

4.5.2 稀疏矩陣與環狀鏈結串列

我們之前曾經介紹過使用陣列結構來表示稀疏矩陣，不過當非零項目大量更動時，需要對陣列中的元素做大規模的移動，這不但費時而且麻煩。其實環狀鏈結串列也可以用來表現稀疏矩陣，而且簡單方便許多。它的資料結構如下：

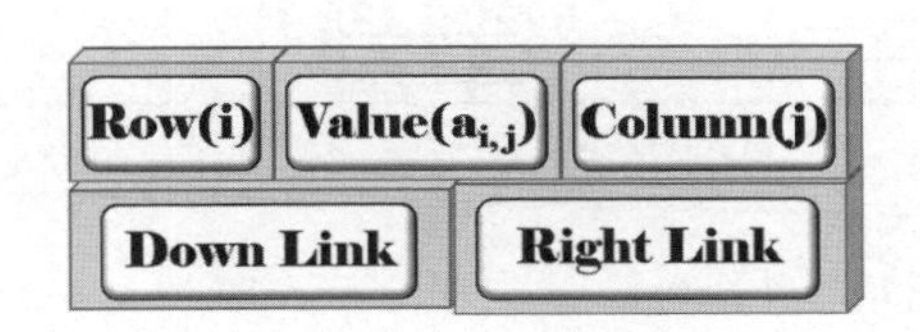

- Row：以i表示非零項元素所在列數。
- Column：以j表示非零項元素所在行數。
- Down：為指向同一行中下一個非零項元素的指標。
- Right：為指向同一列中下一個非零項元素的指標。
- Value：表示此非零項的值。

另外在此稀疏矩陣的資料結構中，每一列與每一行必須用一個環狀串列附加一個串列首來表示，請參考下方的示意圖。

$$\begin{pmatrix} 0 & 4 & 11 & 0 \\ -12 & 0 & 0 & 0 \\ 0 & -4 & 0 & 0 \\ 0 & 0 & 0 & -5 \end{pmatrix}_{4\times 4}$$

將稀疏矩陣以環狀鏈結串列表示如下。

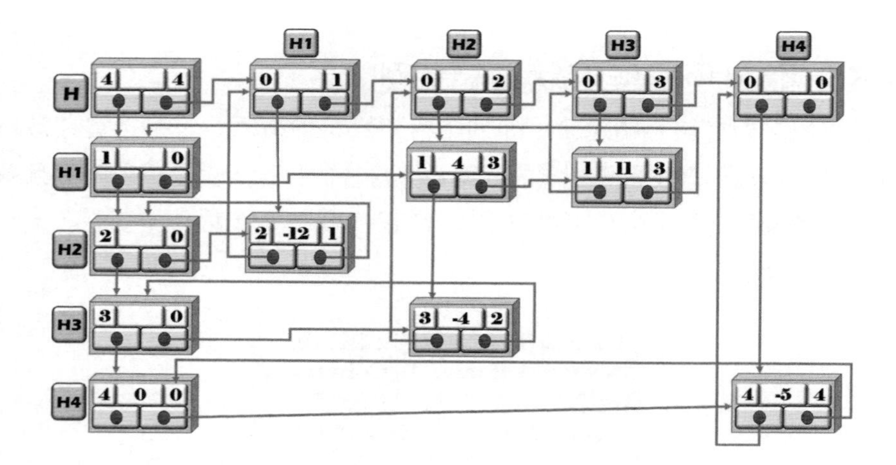

範例CH0421.c

```
01 clink createItem(int row, int colm)
02 {
03    int len;
04    if(row > colm) //取得陣列長度，以列、欄的最大值
05       len = row;
06    else
07       len = colm;
08    head = (clink)malloc(sizeof(Cnode) * len); //配置記憶體
```

```
09    if(! head)
10       return NULL;
11    head[0].row = row; //設定陣列的列、欄
12    head[0].colm = colm;
13    for(int j = 0; j < len; j++)//初始化指標，並將指標指向自己
14    {
15       head[j].right = &head[j];
16       head[j].down = &head[j];
17    }
18    return head;
19 }
20 clink insert(clink head, int row, int colm, int value)
21 {
22    clink newNode, pos;
23    newNode = (clink)malloc(sizeof(Cnode));
24    if(!newNode)
25       return NULL;
26    newNode->row = row;   //建立實際的稀疏矩陣的列
27    newNode->colm = colm; //欄
28    newNode->item = value;//值
29    pos = &head[colm];
30    while(pos->down != &head[colm] && row > pos->down->row)
31       pos = pos->down;              //移向下一個節點
32    newNode->down = pos->down; //新節點指向下一個節點
33    pos->down = newNode;            //前一個節點成為新節點
34    pos = &head[row];       //由指標right轉換為串列的列
35    while(pos->right != &head[row] &&   //走訪串列來插入欄
```

```
36            colm > pos->right->colm)
37        pos = pos->right;
38     newNode->right = pos->right; //新節點指向下一個節點
39     pos->right = newNode;           //前一個節點成為新節點
40     return head;
41 }
```

執行結果

程式解說

◈ 第1~19行：定義函式createItem()，讀取稀疏矩陣的列、欄，初始化指標right、down來產生鏈結串列。

◈ 第20~41行：定義函式insert()，把稀疏矩陣的列、欄的位置來取得其值。

◈ 第29~31行：先設由指標down所指向的位置將為串列的欄，配合while迴圈走訪串列來插入列。

課後習作

一、選擇題

1. 欲配置記憶體空間，要呼叫哪一個函式？

   (A) sizeof()函式

   (B) malloc()函式

   (C) free()函式

   (D) getchar()函式

2. 對於C語言來說，宣告結構體，要使用哪一個關鍵字？

   (A) size_t

   (B) float

   (C) struct

   (D) typedef

3. 對於C語言來說，要爲已宣告的結構體給予別名，要使用哪一個關鍵字？

   (A) size_t

   (B) float

   (C) struct

   (D) typedef

4. 對於單向鏈結串列的描述，何者有誤？

   (A) 節點只有單一方向

   (B) 鏈結欄用來指向前一個節點

   (C) 資料欄儲存資料

   (D) 新增或刪除節點，皆要透過指標的移動

5. 對於單向環狀鏈結串列的描述，何者正確？

   (A) 把串列最後一個節點的指標指向串列首

   (B) 只能從串列的第一個節點來追蹤串列的其他節點

(C) 只有第一個節點的指標指向NULL

(D) 把串列最後一個節點的指標指向串列尾

6. 對於雙向鏈結串列的描述，何者正確？

(A) 雙向鏈結串列不允許雙向走訪

(B) 由於使用雙指標，執行速度較單向鏈結慢

(C) 每個節點除了資料欄外，還包含左、右兩個鏈結欄

(D) 使用雙向鏈結串列能夠節省記憶體空間

二、實作與問答

1. 鏈結串列依據其種類，有哪三種？
2. 爲什麼單向鏈結串列要設首、尾節點的指標？
3. 在單向鏈結串列插入新的項目，請說明有哪三種方式可供選擇？
4. 試比較雙向鏈結串列與單向鏈結串列間的優缺點。
5. 利用單向鏈結串列從其前端新增節點，輸出其值並統計大小。
6. 右列名稱「Tom、Andy、Vicky、Jan」存放在雙向鏈結串列中，如何以圖形表示？
7. 請說明環狀串列的優缺點。
8. 如何使用環狀串列來表示多項式？試以$A = 2\times5 + 6\times2 + 1$說明之。如果使用環狀串列來執行多項式加法，有何優點？

第五章

堆疊和遞迴

★學習導引★

- 堆疊具有先進後出（LIFO）的特性
- 有了堆疊可以運算式由中序轉為前序或後序；或者把前序或後序轉為中序
- 利用遞迴演算法，將大問題拆解成小問題；建立遞迴關係式並找出終止條件

5.1 堆疊

堆疊（Stack）是一種資料結構，它也是有序串列的一種。那麼堆疊是什麼？可以把它想像成一堆盤子或者一個單向開口的紙箱，只能從頂部放進物品，拿出物品；堆放於最頂端的物品，可以最先被取出，具有「後進先出」（Last In，First Out, LIFO）的特性。日常生活中也隨處可以看到，例如大樓電梯、貨架上的貨品等，都是類似堆疊的資料結構原理。

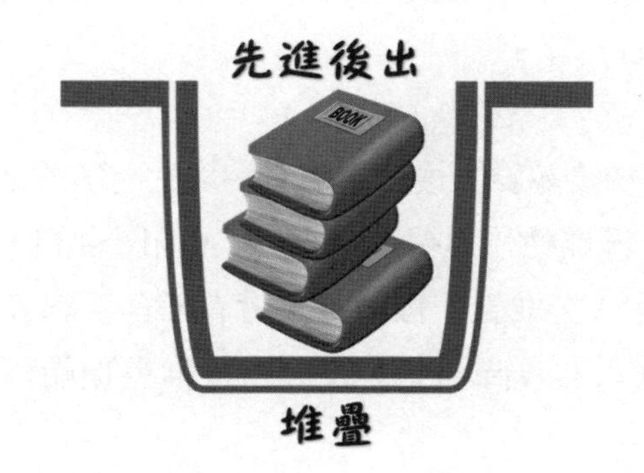

5.1.1 認識堆疊

實際上操作電腦也隨處可見堆疊的魔法。一個比較有趣的例子，當我們啓動瀏覽器，進入中央氣象局官方網站，查看天氣預報的路線可能像這樣：

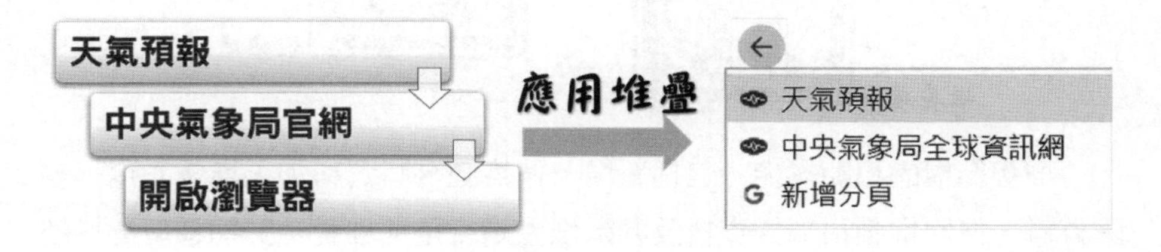

通常瀏覽器的「上一頁」或「下一頁」按鈕會記錄拜訪過的網頁，它們就是以「堆疊」結構來發揮作用。譬如進入中央氣象局官網首頁，再進

入「天氣預報」網頁；想要回到中央氣象局官方網站，會發現它最先被點擊而停留在「上一頁」的底部；若瀏覽多個網頁，可能要連按好幾次「上一頁」按鈕才能回到其官網。

另外，微軟的文書編輯軟體Word，它的「復原」（Undo）和「重複」兩個按鈕所儲存的操作動作也是以「堆疊」結構來運作。所以，堆疊結構在電腦的應用上可說是相當廣泛，例如遞迴呼叫、副程式的呼叫、CPU的中斷處理（Interrupt Handling）、中序法轉換成後序法、堆疊計算機（Stack Computer）等。

對於堆疊有了初步認識之後，順道了解與它有關的名詞。堆疊允許新增和移除的一端稱爲堆疊「頂端」（Top），而閉合的一端就是堆疊「底端」（Bottom）。「空堆疊」裡通常不會有任何資料元素。從堆疊頂端加入元素稱爲「推入」（push）；反之，從堆疊頂端移除元素稱爲「彈出」（pop）。

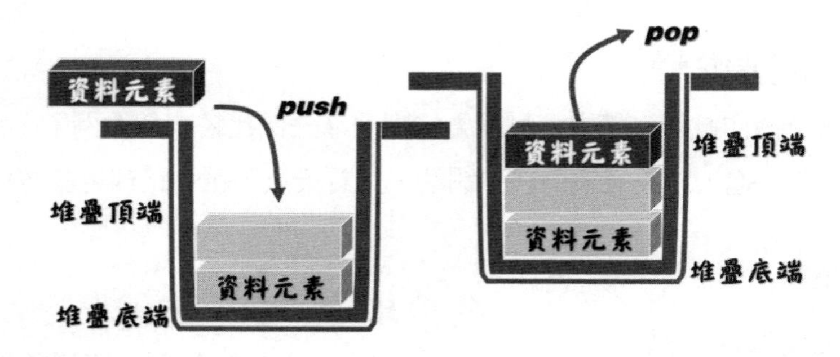

堆疊結構的相關操作，包括新增一個堆疊、將資料加入堆疊的頂、刪除資料、傳回堆疊頂端的資料及判斷堆疊是否是空堆疊；其抽象型資料結構（Abstract Data Type, ADT）如下：

只能從堆疊的頂端存取資料
資料的存取符合「後進先出」(Last In First Out, LIFO)的原則
CREATE：建立一個空堆疊
PUSH()：從頂端推入資料，並傳回新堆疊
POP()：刪除頂端資料，並傳回新堆疊
PEEK()：查看堆疊項目，回傳其值
IsEmpty()：判斷堆疊是否爲空堆疊，是則傳回true，不是則傳回false

◈ 此處要留意的地方是堆疊在非空的情況下才能一同使用方法peek()和pop()；空的堆疊當然無法移除任何項目或進一步查看其頂端的項目。

如何實作堆疊？有兩種方式：第一種是透過陣列結構；第二種則是利用鏈結串列和，只要維持堆疊後進先出與從頂端讀取資料的兩個基本原則即可。

5.1.2 以陣列結構建立堆疊

如何以陣列結構來實做堆疊？首先以陣列來存放元素時得配合堆疊結構來確認堆疊的頂、底端。雖然陣列物件具有存放順序，以push()函式加入元素，而pop()函式則能移除堆疊的元素。

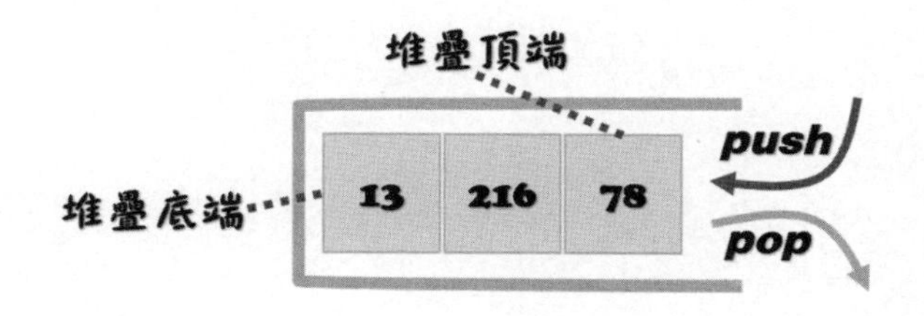

範例CH0501.c

```
01 #define MAXSTACK 100        //最大堆疊容量
02 int stack[MAXSTACK];         //以陣列來宣告堆疊
03 int ptr = 0;                 //堆疊指標
04 int push(int);
05 int pop(int*);
06 int push(int value)
07 {
08     if (ptr< MAXSTACK )
09     {
10         stack[ptr] = value;
11         ptr++;
12         return 0;
13     }
14     else
15         return -1;    //堆疊已滿
16 }
17 int pop(int *value)
18 {
19     if (ptr > 0 )
20     {
21         ptr--;
22         *value = stack[ptr];
23         return 0;
24     }
25     else
```

```
26        return -1;    //堆疊已空
27 }
28 void main()//主程式
29 {
30     int ch, num;
31     while(printf("入i或出o>"), (ch = getchar()) != EOF)
32     {
33        rewind(stdin);
34        if(ch == 'i' || ch == 'I')
35        {
36           printf("data->");
37           scanf("%d", &num);
38           rewind(stdin);
39           if(push(num) == -1)
40                printf("堆疊是滿的\n");
41        }
42        else if(ch == 'o' || ch == 'O')
43        {
44           if(pop(&num) == -1)
45              printf("堆疊是空的\n");
46           else
47              printf("堆疊資料 --> %d\n", num);
48        }
49        else
50           exit(1);
51     }
52 }
```

執行結果

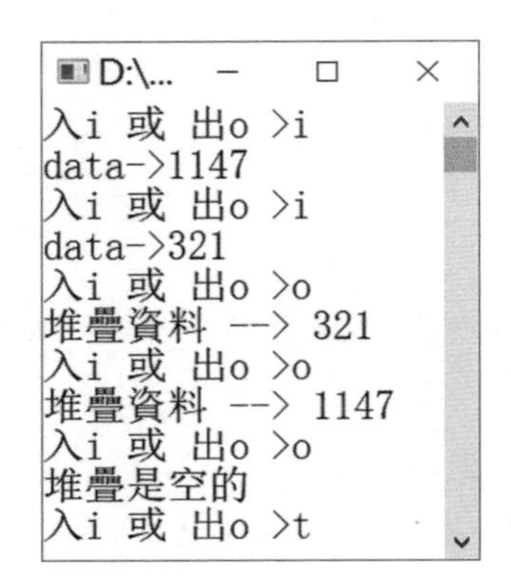

程式解說

◈ 第6~16行：定義函式push()，將資料推入堆疊裡，設定變數ptr來檢查堆疊，確認堆疊陣列有空位的話，存入其元素；若堆疊已滿，回傳「-1」。

◈ 第17~27行：定義函式pop()，將堆疊內的資料彈出；同樣以變數ptr來檢查堆疊的元素，若堆疊已空，回傳「-1」。

◈ 第31~51行：while迴圈依據取得的字元，將資料壓入堆疊或從堆疊彈出資料。

5.1.3 鏈結串列表達堆疊

實做堆疊的第二個方式就是採用單向鏈結串列（Singly Linked List）。同樣可以結構體來產生堆疊，範例如下：

```
//範例CH0502.c
typedef struct node           //結構體宣告堆疊結構
{
   int data;                    //堆疊資料
   struct node *next;         //指向下一節點
```

```
}stackNode;
typedef stackNode *link;    //串列指標新型態
link top = NULL;              //堆疊的頂端指標
```

◈ 直接以關鍵字「typedef」於宣告堆疊結構之後，給予別名「stackNode」。

◈ 以「自我參考機制」建立一個指標link。

如何把堆疊資料壓入堆疊？

Step 1. 從空的堆疊開始，並設「Top」指標；若是空的堆疊，壓入的第一個元素就成為第一個節點。

Step 2. 加入的第2、3個元素，第3個元素會在堆疊頂端，第1個元素則壓到底部。

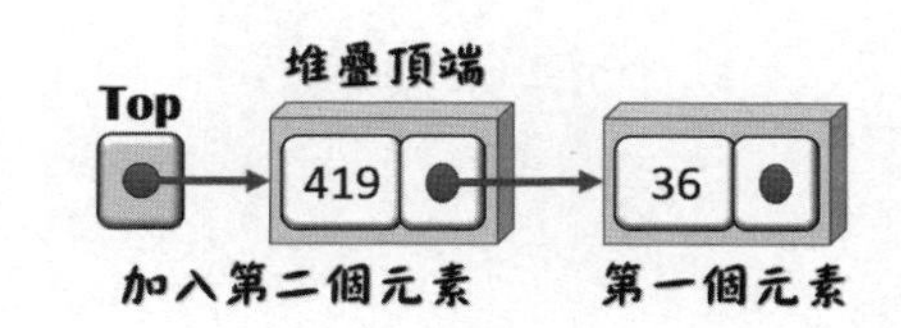

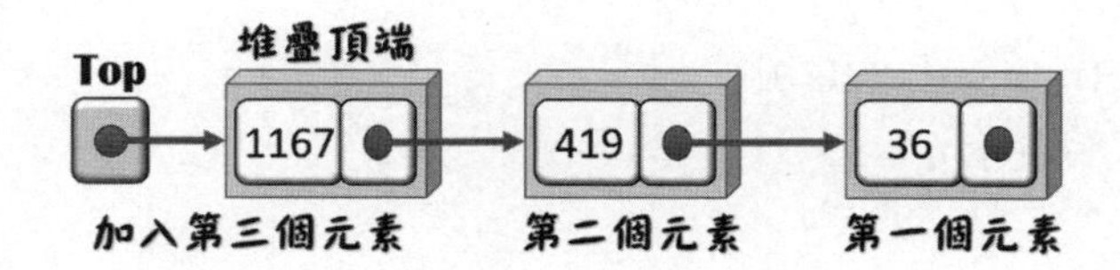

範例CH0502.c

```
01 link top = NULL; //堆疊的頂端指標
02 link push(link top, int value)
03 {
04    link newNode;
05    newNode = (link)malloc(sizeof(stackNode));
06    newNode->item = value;    //配置記憶體，建立新節點
07    if(top == NULL) //若堆疊頂端是空的，先建立第一個節點
08    {
09       newNode->next = NULL; //產生第一個節點
10       top = newNode;          //top指標移向新節點
11    }
12    else
13    {
14       newNode->next = top; //指向下一個節點
15       top = newNode;          //新節點為堆疊的開始
16    }
17    return top;
18 }
19 int peek(link top)
20 {
21    if(top == NULL)
22       return -1;
23    else
24       return top->item;
25 }
```

執行結果

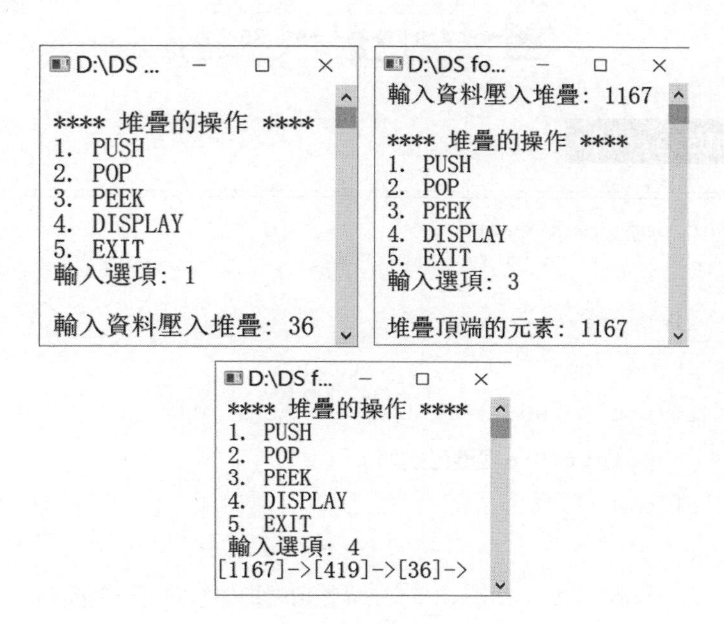

程式解說

- ◈ 第2~18行：定義函式push()，依據傳入的值壓入堆疊。
- ◈ 第7~16行：if/else敘述來判斷堆疊是空的就產生第一個節點，如果不是空的，就把新增節點繼續壓到堆疊頂端。
- ◈ 第19~25行：定義函式peek()，檢查堆疊的元素；若堆疊頂端是空的就回傳「-1」，若不是就回傳頂端的值。

如何把堆疊內的元素彈出？實際上是彈出堆疊頂端的元素。

Step 1. 移除頂端元素「1167」，將指標「Top」指向下一個節點。

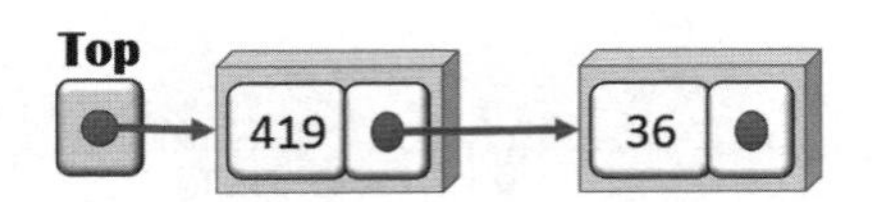

範例CH0502.c<續>

```
01 link pop(link top)
02 {
03     link ptr;
04     ptr = top;
05     if(top == NULL)
06         printf("\n堆疊已空");
07     else
08     {
09         top = top->next; //堆疊頂端指標指向下一個節點
10         printf("\n 堆疊頂端彈出的資料: %d", ptr->item);
11         free(ptr);
12     }
13     return top;
14 }
```

執行結果

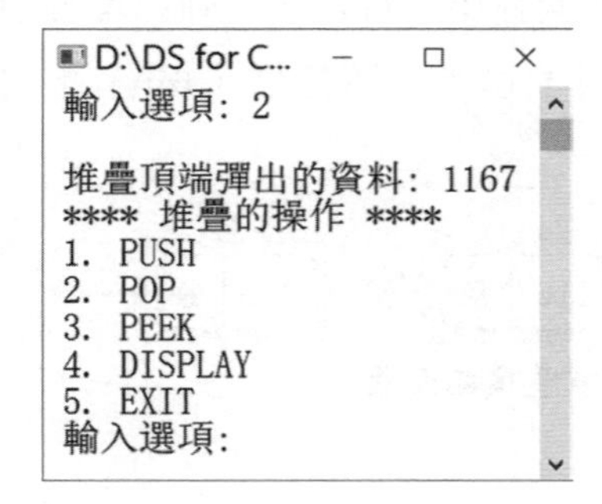

程式解說

◈ 第1~14行：定義函式pop()，依據指標top所指向的位置來彈出堆疊頂端元素，然後把top指標指向下一個元素。

5.2 堆疊應用

所謂的運算子（Operator）就是指數學運算符號，例如基本的「+」、「-」、「*」、「/」四則運算符號，而運算元（Operand）則是參與運算的資料，例如1+2中的1及2，而算術運算式則是由運算元、運算子與某些間隔符號（Delimiter）所組成，在程式語言中，可能會看到如下的運算式：

```
X = A - B *(C+D) / E
```

這是較爲常見的「中序法」，但是中序法有運算符號的優先權結合問題，再加上受複雜括號之困擾，編譯器處理上較爲複雜。由於電腦處理資料的方式是一筆一筆計算的，它不會像人類一樣懂得「先乘除後加減」的原理，因此我們就必須改變資料呈現的方式，以利電腦來運算。解決之道是將它換成後序法（較常用）或前序法。

把關注重點放在中序、後序及前序三者之間的轉換。如果依據運算子在運算式中的位置，可區分以下三種表示法：

- 中序法（Infix）：<運算元><運算子><運算元>，如A+B。例如2+3、3*5等都是中序表示法。
- 前序法（Prefix）：<運算子><運算元><運算元>，如+AB。例如中序運算式2+3，前序運算式的表示法則爲+23。
- 後序法（Postfix）：<運算元><運算元><運算子>，如AB+。例如後序運算式的表示法爲23+。

5.2.1 二元樹法

如何將中序法直接轉換成容易讓電腦進行處理的前序與後序表示法呢？第一個方式就是「二元樹法」。

使用樹狀結構進行走訪來求得前序及後序運算式。到目前章節爲止，我們還沒爲各位介紹過樹狀結構，所以二元樹法的程式寫法、及樹建立方法等詳細的說明，留待第七章樹狀結構再爲您介紹。簡單的說，二元樹法就是把中序運算式依優先權的順序，建成一棵二元樹。再依樹狀結構的特性進行前、中、後序的走訪，即可得到前、中、後序運算式。

5.2.2 括號轉換法

「括號法」就是先用括號把中序式的優先次序分別出來，再移動運算子，最後去除括號即可。我們會以實例解說幫助各位，如何利用括號轉換法來求取中序式「A-B*(C+D)/E」的前序式和後序式。

(1) 中序式轉爲前序、後序式

例一：將運算式「A － B * (C + D) / E」由中序轉爲前序（Infix→Prefix）。

例二：運算式由中序式轉爲前序式（Infix→Prefix）。

```
中序式：A - B * (C + D) / E
轉爲前序式：-A / * B + CDE
```

Step 1. 利用運算子的優先順序（Priority），將算術式依據先後次序加上括號。

中序式 A – B * (C + D) / E
對*加括號 A – (B * (C + D)) / E
對/加括號 A – ((B * (C + D)) / E)
對–加括號 (A – ((B * (C + D)) / E))

Step 2. 每個運算子找到離它最近的左括號來取代。

Step 3. 去掉所有右括號。

(A – ((B * (C + D)) / E))

– A / * B + C D E

例二：運算式「A – B * (C + D) / E」；中序→後序（infix→postfix）。

Step 1. 將算術式依據先後次序完全括號起來。

Step 2. 移動所有運算子來取代所有的右括號，以最近者爲原則。

Step 3. 去掉所有左括號。

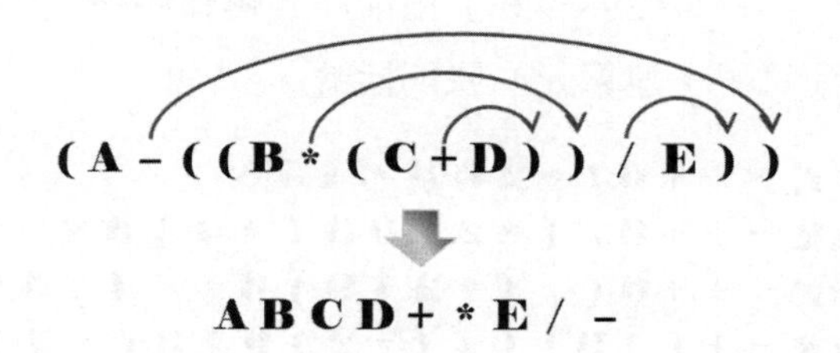

(2) 前序轉成中序式

對於中序轉換成前序或後序式的作法有了體驗之後，進一步來看看如何把前序或後序轉換成中序式呢？以括號法來反轉運算式（前序式與後序式）。如何做？若爲前序必須以「運算子 + 運算元」的方式括號，若爲後序則用「運算元 + 運算子」方式括號，最後拿掉括號即可。

例一：運算式「+*2 3*4 5」由前序轉為中序（Prefix→Infix）。

Step 1. 首先請依照「運算子＋運算元」原則括號。

前序式 + * 2 3 * 4 5
對*加括號 + (* 2) 3 (* 4) 5
對+加括號 (+ (* 2) 3) (* 4) 5

Step 2. 移動所有運算子來取代所有的右括號，以最近者為原則。

(+ (* 2) 3) (* 4) 5

((2 * 3 + (4 * 5

Step 3. 最後拿掉括號即為所求。

中序式 2 * 3 + 4 * 5

例二：把運算式「-++6/*293*458」由前序式轉為中序式。

Step 4. 依照「運算子＋運算元」原則括號。

前序式 - + + 6 / * 2 9 3 * 4 5 8
對*加括號 - + + 6 / (* 2) 9 3 (* 4) 5 8
對/加括號 - + + 6 (/ (* 2) 9) 3 (* 4) 5 8
對+加括號 - + (+ 6) (/ (* 2) 9) 3 (* 4) 5 8
對+加括號 - (+ (+ 6) (/ (* 2) 9) 3) (* 4) 5 8
對-加括號 (- (+ (+ 6) (/ (* 2) 9) 3) (* 4) 5) 8

Step 5. 移動所有運算子來取代所有的右括號，以最近者為原則。

(− (+ (+6) (/ (*2) 9) 3) (* 4) 5) 8

(((6 + ((2 * 9 / 3 + (4 * 5 − 8

Step 6. 最後拿掉括號，得「6 + 2 * 9 / 3 + 4 * 5 - 8」。

(3) 後序轉成中序式

後序轉成中序（Postfix→Infix）則依次將每個運算子，以最近為原則取代前方的左括號，最後再去掉所有右括號。例如：ABC↑ /DE*+AC*-

Step 1. 依「運算元＋運算子」原則括號。

A (B (C ↑) /) (D (E *) +) (A (C *) −)

A / B ↑ C)) + D * E)) − A * C))

Step 2. 最後拿掉括號，得「A / B↑C + D * E – A * C」。

5.2.3 堆疊法

利用堆疊將中序法轉換成前序，需要以「運算子堆疊」來協助，它依據兩個優先權：「堆疊內優先權」（In Stack Priority, ISP）和「輸入優先權」（In Coming Priority, ICP），以堆疊法求中序式「A-B*(C+D)/E」的前序法與後序法。

如何把中序轉為前序？輸入優先權（ICP）的規則如下：

❶ 由右而左讀取中序式，一次讀取一個「句元」（Token）。

❷ 若為運算元，直接輸出成前序式。

❸ 若是運算子（含左、右括號），則以ISP優先權來存放堆疊。

讀取中序式，堆疊外部的運算子如何放入堆疊內？ISP優先權依據「堆疊內存放的運算子，優先權大的壓優先順序小的」，再來細看其他的原則：

❶ 如果是「)」直接放入堆疊；它的優先權最小，任何運算子都可以壓它。

❷ 如果「(」依次輸出堆疊中的運算子，直到取出「)」為止。

❸ 其他運算子，則與堆疊頂端的運算子作優先權比較。外部運算子優先順序大於堆疊內運算子，直接壓入（PUSH）；外部運算子優先順序小於堆疊內運算子，就得不斷地彈出內部運算子，直到內部運算子的優先順較小或變成空的堆疊，再壓入外部運算子。

❹ 如果運算式已讀取完成，而堆疊中尚有運算子時，依序由頂端輸出。

❺ 若以另一個堆疊存放前序式，將它反轉輸出。

「Infix→Prefix」有了原則之後，如何將中序式「A-B*(C+D)/E」轉成前序式？相關程序解說列示如下。

讀入字元	堆疊內容	輸出（底→）	說明「參考範例CH0504.c」
None	Empty	None	
E	Empty	E	ICP(1)運算元就直接輸出
/	/	E	ICP(3)運算子加入堆疊中
)	)/	E	ICP(3)「)」在堆疊中的先權較小
D	)/	ED	ICP(1)
+	+)/	ED	ISP(1)，運算子「+」優先權高於「)」
C	+)/	EDC	ICP(1)

讀入字元	堆疊內容	輸出（底→）	說明「參考範例CH0504.c」
(	/	EDC+	ISP(2)，彈出堆疊內運算子，直到「)」爲止
*	*/	EDC+	ISP(3)，運算子「*」的優先權和「/」相等，不必彈出
B	*/	EDC+B	ICP(2)
–	–	EDC+B*/	ISP(3)，運算子「–」的優先權小於「*」，所以彈出堆疊內的運算子
A	–	EDC+B*/A	ICP(1)
None	Empty	EDC+B*/A	讀入完畢，將堆疊內的運算子彈出再把前序式反轉輸出–A/*B+CDE

CHAPTER 5

如何把中序轉爲後序？輸入優先權（ICP）的規則如下：

❶ 由左而右讀取中序式，一個讀取一個「句元」（Token），它可能是運算子或運算元。

❷ 若爲運算元直接輸出成後序式。

❸ 若是運算子，則以ISP優先權來存放堆疊。

ISP優先權依據「堆疊內存放的運算子，優先權大的壓優先順序小的」，再來細看其他的原則：

❶ 左括號「(」直接壓入（PUSH），要記住的是它的優先順序最小，任何運算子都可以壓它。

❷ 右括號「)」就依次輸出堆疊中的運算子，直到取出左括號「(」爲止。

❸ 其他運算子，則與堆疊頂端的運算子作優先權比較。外部運算子優先順序大於堆疊內運算子，直接壓入（PUSH）；外部運算子優先順序小於堆疊內運算子，就得不斷地彈出（POP）內部運算子，直到內部運算子的優先順較小或變成空的堆疊，再壓入外部運算子。

❹ 如果運算式已讀取完成，而堆疊中尚有運算子時，依序由頂端輸出。

我們把中序式「A-B*(C+D)/E」轉成後序（Infix→Postfix），從左至右讀入字元的相關解說如下：

讀入字元	堆疊內容	輸出	說明
None	Empty	None	
A	Empty	A	ICP(2)運算元直接輸出
–	–	A	ICP(3)運算子壓入（PUSH）堆疊中
B	–	AB	ICP(2)
*	*–	AB	ISP(3)，運算子「*」優於「–」壓入堆疊中
(	(*–	AB	ISP(1)規則，直接把「(」壓入堆疊內
C	(*–	ABC	ICP(2)
+	+(*–	ABC	ISP(3)，「(」在堆疊內的優先權最小
D	+(*–	ABCD	ICP(2)
)	*–	ABCD+	ISP(2)，彈出堆疊內運算子，直到「)」爲止
/	/–	ABCD+*	ISP(3)，運算子「/」優先權小於「*」，彈出「*」，壓入「/」運算子
E	/–	ABCD+*E	ICP(2)
None	Empty	ABCD+*E/–	讀入完畢，將堆疊內的運算子依序彈出

範例說明

對於運算式有了初步了解後，下述範例將中序式以字元方式讀取後，再依據ICP和ISP的原則，把它轉換爲後序式。

範例CH0503.c

```
01 void InfixtoPostfix(char *infix, char *postfix)
02 {
03     int pos = 0, k = 0;
04     char token;
05     strcpy(postfix, "");        //複製陣列
06     while(infix[pos] != '\0') //讀取運算字元
07     {
08         if(infix[pos] == '(')  //左括號壓入 STACK
09         {
10             push(stack, infix[pos]); //呼叫 堆疊的push()
11             pos++;
12         }
13         else if(infix[pos] == ')') //右括號彈出
14         {   //輸出運算子直到左括號
15             while((top != -1) && (stack[top] != '('))
16             {   //將運算式儲存到後序式的陣列
17                 postfix[k] = pop(stack);
18                 k++;
19             }
20             if(top == -1)
21             {
22                 printf("\n 運算式不正確");
23                 exit(1);
24             }
25             token = pop(stack); //移除左括號
```

```
26           pos++;
27        }
28        else if(isdigit(infix[pos]) || isalpha(infix[pos]))
29        {
30           postfix[k] = infix[pos];
31           k++;
32           pos++;
33        }
34        else if (infix[pos] == '+' || infix[pos] == '-'
35              || infix[pos] == '*' || infix[pos] == '/'
36              || infix[pos] == '%')    //判斷是否為運算子
37        {
38           while((top != -1) && (stack[top] != '(') &&
39                 (getPrior(stack[top])>getPrior(infix[pos])))
40           {   //依運算子的優先權
41              postfix[k] = pop(stack);
42              k++;
43           }
44           push(stack, infix[pos]);
45           pos++;
46        }
47        else
48        {
49           printf("\n 運算式的字元不對");
50           exit(1);
51        }
52     }//彈出堆疊內餘下的運算子
```

```
53    while((top != -1) && (stack[top] != '('))
54    {
55       postfix[k] = pop(stack);//彈出運算子
56       k++;
57    }
58    postfix[k]='\0';
59 }
```


執行結果

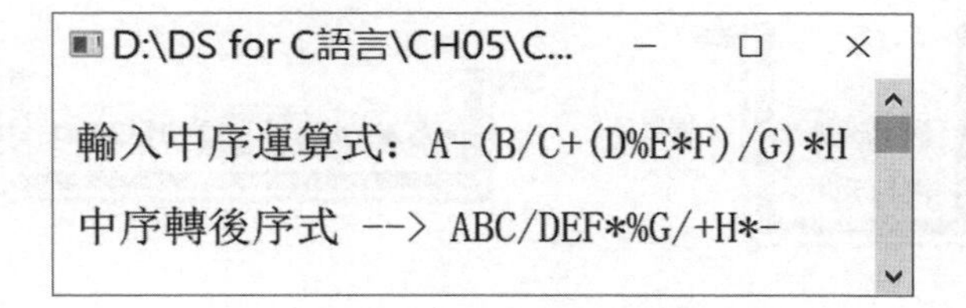

程式解說

◈ 第1~59行：定義函式InfixtoPostfix()，將中序式轉為後序式。

◈ 第6~52行：while迴圈依序讀取轉為字元的運算式，再依據ICP和ISP做判斷是否壓入堆疊或把堆疊的字元彈出。

◈ 第8~12行：由於「(」（左括號）優先權最小，呼叫push()函式壓入堆疊。

◈ 第13~27行：將「)」（右括號）從堆疊彈出前還要確認它的ISP。

◈ 第15~19行：以while迴圈配合頂端指標top來彈出「(」上方的運算子。

◈ 第38~43行：依據運算子的優先權，把彈出堆疊的運算子放入postfix的陣列。

◈ 第53~57行：將堆疊內所餘的運算子全部彈出。

前序、後序轉換為中序的反向運算做法和前面小節所陳述的堆疊法完全不同，以堆疊法來求得運算式（前序式與後序式），反轉為中序式的作法必須遵照下列規則：

	前序轉中序	後序轉中序
中序式結合方式	<運算元2>運算子<運算元1>	<運算元1>運算子<運算元2>
讀取資料	由右到左	由左到右
資料是運算元	放入堆疊	放入堆疊
資料是運算子	取出兩個字元，依中序式結合方式，將結果放入堆疊中	取出兩個字元，依中序式結合方式，將結果放入堆疊中

轉換過程中，前序和後序的中序式結合方式不太一樣：

➢ 前序式是<運算元2><運算子><運算元1>，如下圖所示。

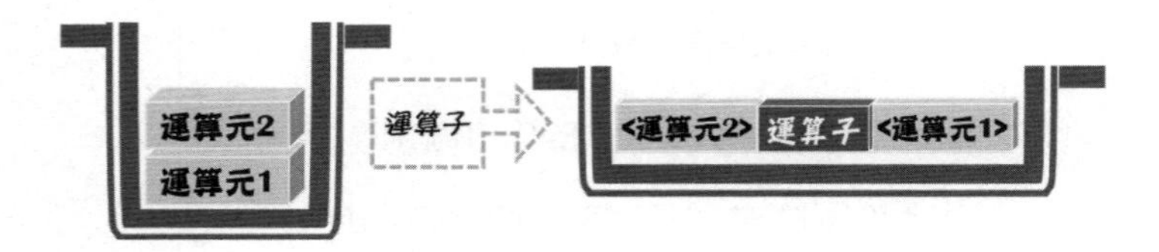

➢ 後序式<運算元1><運算子><運算元2>，如下圖所示。

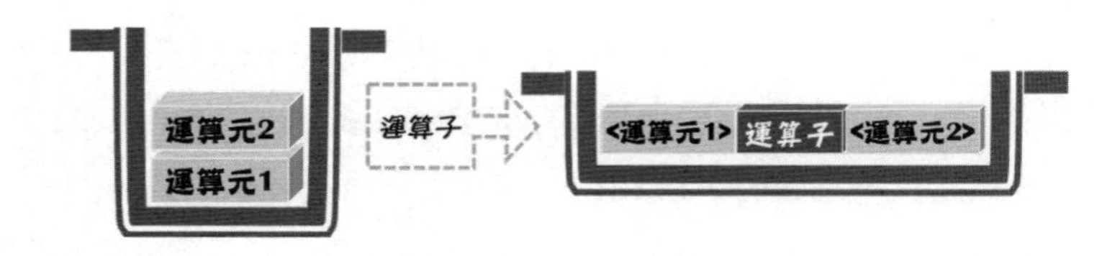

「Prefix→Infix」如何轉換？現在就利用以上的作法，詳細為各位說明前序式「+-*/ABCD//EF+GH」轉換為中序的過程。

Step 1. 首先，從右至左讀取運算元G和H，直接放入堆疊；接下來是運算子「+」，先取出兩個運算元G、H，依中序式結合「<OP2>運算子<OP1>」變成「G + H」再放入堆疊內。

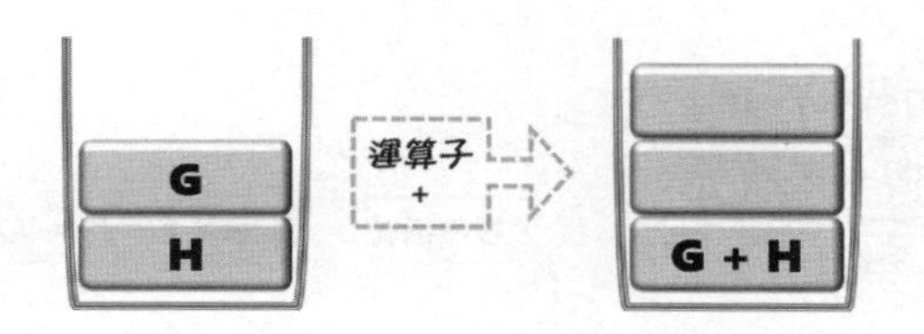

Step 2. 接著，從右至左讀取字元E和F，由於是運算元先放入堆疊；接下來是運算子「/」，先取出兩個運算元E、F，依中序式結合「<OP2>運算子<OP1>」變成「E / F」再放入堆疊內；再讀取運算子「/」，取出兩個運算式，依中序式結合變成「(E / F) / (G + H)」放入堆疊內。

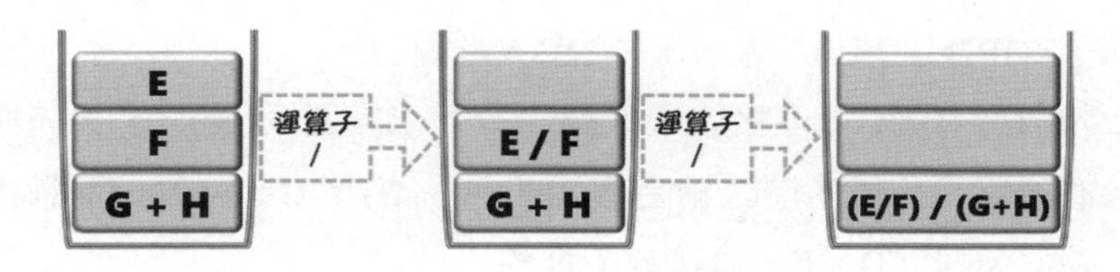

Step 3. 接著，從右至左讀取字元D、C、B、A，放入堆疊。讀取運算子「/」，先取出兩個運算元A、B，依中序式結合變成「A / B」再放入堆疊內；再讀取運算子「*」，取出兩個運算元，依中序式結合變成「(A / B) * C」放入堆疊內。

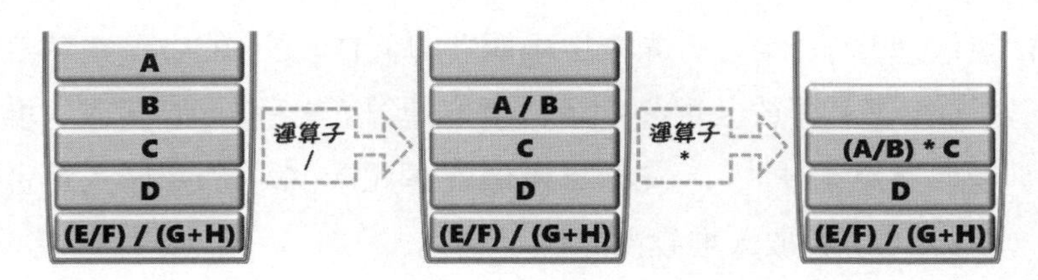

Step 4. 接著，讀取運算子「–」，取出兩個運算元，依中序式結合變成「((A / B) * C) – D」然後放入堆疊內；再讀取運算子「*」，取出兩個運算元，依中序式結合變成「(((A / B) * C) – D) + (E / F) / (G + H)」放入堆疊；最後，整理括號得「A / B * C – D + E / F / (G + H)」。

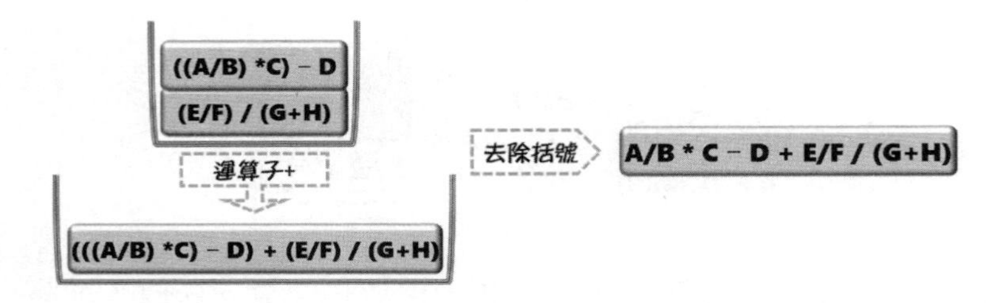

後序→中序（Postfix→Infix）：將後序式「AB + C * DE – FG +*–」轉換爲中序式的過程如下：

Step 1. 首先，從左至右讀取運算元A和B，直接放入堆疊；接下來是運算子「+」，先取出兩個運算元A、B，依中序式結合「<OP1>運算子<OP2>」變成「A + B」再放入堆疊內。

Step 2. 讀取運算元C，直接放入堆疊；接下來是運算子「*」，先取出兩個運算元，依中序式結合變成「(A + B) * C」再放入堆疊內；再讀取運算元D、E，直接放入堆疊。

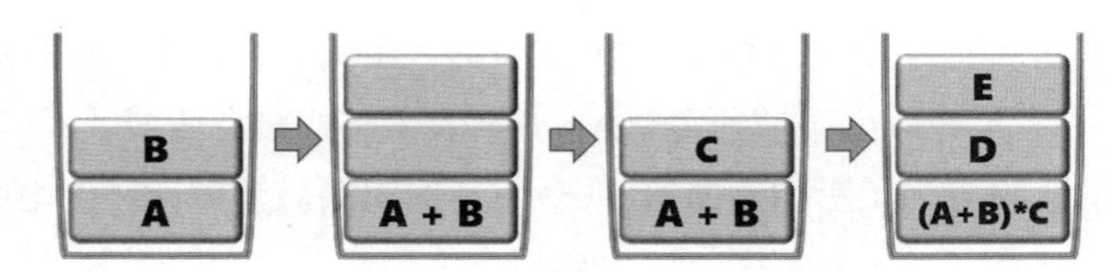

Step 3. 讀取運算子「–」，先取出兩個運算元D、E，依中序式結合變成「D – E」再放入堆疊內；再讀取運算元F、G，直接放入堆疊，讀取運算子「+」，先取出兩個運算元F、G，依中序式結合變成「F + G」再放入堆疊內。

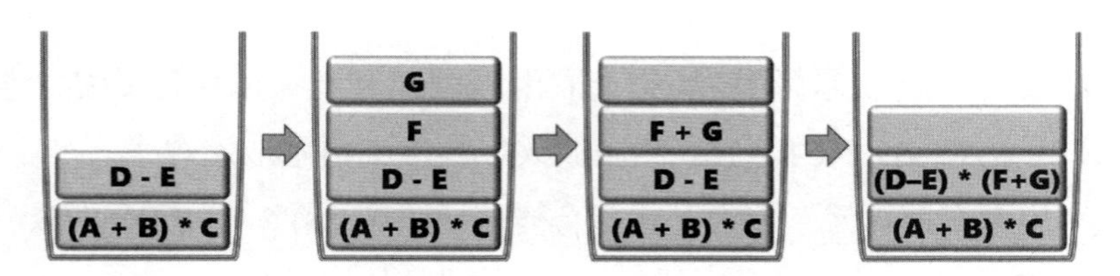

Step 4. 最後，讀取運算子「–」，先取出兩個運算元，依中序式結合變成「（（A＋B）＊C）–（（D　E）＊（F＋G））」，整理括號得「A / B * C –（D＋E）＊（F＋G）」。

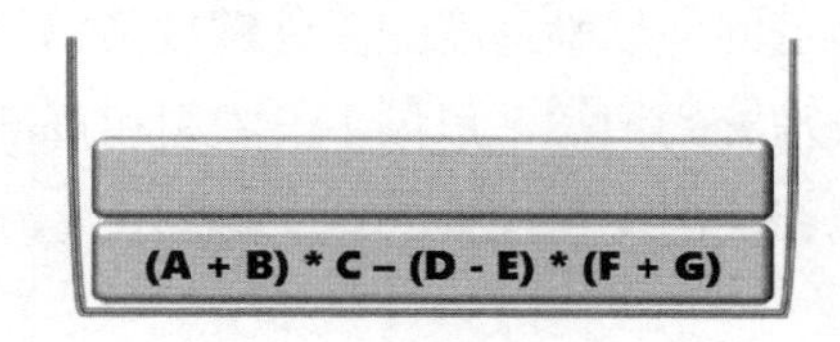

5.3 遞迴

「遞迴」（Recursion）在程式設計上是相當好用而且特殊的演算法，當然也是堆疊的一種應用。當然並非任何一種程式語言都可以提供遞迴的功能，這是因爲利用遞迴來撰寫程式時，程式會遞迴呼叫多少次，只有在執行時才能得知。所以其繫結時間（Binding Time）也須延遲至執行時才能決定。如C、C++、Pascal、Algol、Lisp、Prolog都是具備有遞迴功能的程式語言。

5.3.1 暫存堆疊的功用

雖然遞迴式可以增進結構化程式設計的可讀性。不過考量執行時間的效能，使用for或while迴路（Iteration：又稱疊代法）更能節能減時。爲何？因爲每一次呼叫遞迴而自身進入所定義的函數中，函數內的局部變數和參數會重新配置。過程中，只有最近的一組才可被引用。由函數須返回上一次所呼叫之地，配置記憶區的那一組變數才能被釋放（Release），而且重新拷貝恢復其作用。

更清楚的說，由於遞迴式並未事先定義可執行次數，程式語言就使用了「暫存堆疊」來解決這個問題。暫存堆疊由系統所控制，對使用者而言是不可見的（Invisible）。每當進入一個遞迴函數時，其相關變數的重新配置就以所謂「活動記錄表」（Activation Record）的形態拷貝於暫存堆疊頂端，引用區域變數（Local Variable）或參數都得經由暫存堆疊的頂端做控管。一旦函數返回，堆疊頂端配置就釋放其拷貝。而前一次配置的拷貝則成為目前暫存堆疊的頂端，以供下一次引用局部變數值使用。經由以上說明，可以簡單歸納出使用堆疊的優、缺點。

優點：

➢ 增加程式整體的可讀性，並且簡短易讀。

➢ 能夠解答較複雜的問題與邏輯。

缺點：

➢ 需要花費較多的執行時間。

➢ 由於利用暫存堆疊（Stack）及函數的呼叫與返回等因素，因此會增加系統記憶體的負荷。

5.3.2 遞迴的定義

定義遞迴之前，先來看看底下的小程式！

```
//範例CH0505.c
void showNum(int num)
{
    if(num > 0)
        printf("%d, ", num);
        showNum(num - 1);
}
void main()
{
    int N = 4;
    showNum(N);
}
```

◈ 定義一個函式showNum()。呼叫函式時會進入函式主體，先判斷參數num的值是否大於0，條件成立情形下才會輸出num的值。然後，再一次呼叫函式showNum()進行條件判斷，周而復始；直到輸出1之後，再一次呼叫函式，由於「0 > 0」條件不成立，停止函式的執行。

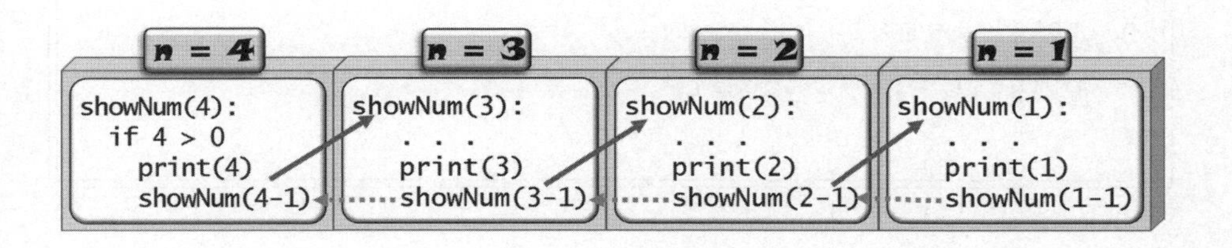

函式showNum()其實就是一個簡單的遞迴函式。因此，可以把「遞迴」視爲解決問題的方法，把大問題分解成多個子問題，再把子問題再分解爲更小問題，直到問題小到可以被解決爲止；所以，想要定義「遞迴」有三個更明確的基本原則：

➢ 要有一個基本案例（Base case）。

➢ 能夠改變它的狀態，狀態的改變是由基本案例來驗收。

➢ 能夠呼叫自己本身。

假如一個函數或副程式，是由自身所定義或呼叫的，就稱爲「遞迴」（Recursion），它至少要定義兩項條件：

➢ 遞迴關係式：找出問題的共同關係，一個可以反覆執行或呼叫的過程。

➢ 基本案例：一個能跳出執行過程的出口來結束遞迴。

那麼遞迴如何解決問題？首先，我們先來看一個經典案例「連續數值加總」！要把數值由「1 + 2 + 3 + … + N」求取結果，第一種常用方法就是「重複法」，以for迴圈配合計數器，將數值一個個相加，程式碼如下：

```
//範例CH0506.c
int total;
for(int j = 1; j < 11; j++)
{
   total += j;
   printf("%d, ", total);
}
```

變數total如何把相加的數值儲存？用最笨的方法，把數值一個再相另一個，直到完成其動作；例如「1 + 2 = 3」，「(1 + 2) + 3 = 6」，觀察它的運算過程。

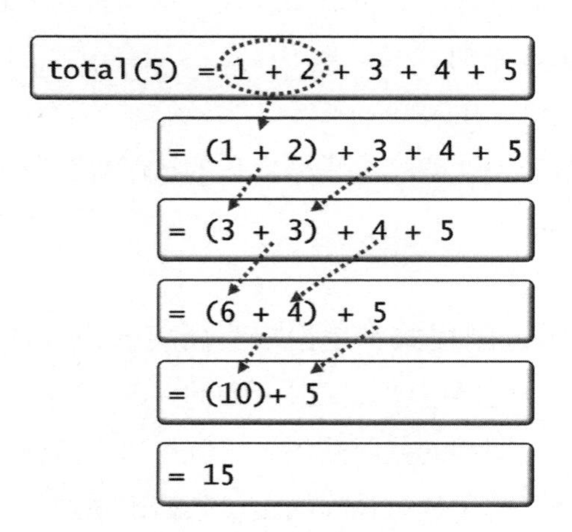

加總第二個方法就是使用等差級數公式，將「（前項 + 末項）*項數/2」放入程式碼，而不是以for迴圈，簡例如下：

```
//範例CH0507.c
int getTotal(int N1, int N2)
{
```

```
    int total;
    total = (N1 + N2) * 10 / 2;
    return total;
}
void main()    //主程式
{
    int result = getTotal(1, 10);
    printf("1 + 2 + ...10 = %d", result);
}
```

第三個方法就是以遞迴處理，依據遞迴定義：先找出遞迴關係式「total(n) = total(n – 1)」，再設定遞迴終止條件「total(n) = 1」，範例如下：

```
//範例CH0508.c
int getTotal(int num)
{
    int total;
    if(num == 1)
        total = 1;    //終止遞迴
    else
        total = getTotal(num - 1) + num;    //遞迴關係式
    return total;
}
void main()    //主程式
{
```

```
  int result = getTotal(5);
  printf("Total = %d", result);
}
```

◈ 就以參數爲「5」來了解函式getTotal(5)遞迴運作，可以觀察下圖的運作。當「getTotal(5)」可以把它分解爲「getTotal(4) + 5」，直到分解爲「getTotal(1 - 1) + 1」，表示達到遞迴終止條件，那麼「getTotal(1)」的結果就是「1」，「getTotal(2) = 3」向上回傳而得到「getTotal(5) = 15」。

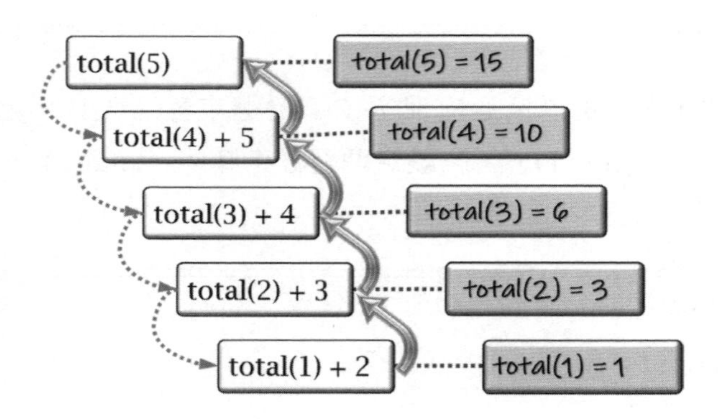

再來看另一個數學上很有名的階乘函數，以「n!」表示，其中的的「n」爲正整數：

```
當n = 0時，n! = 1
當n ≧ 1時，n!是從1到n的正整數相乘積
```

階乘函數的數學表示式：

$$n! = \begin{cases} 1 \\ n \times (n-1) \times \cdots \times 2 \times 1 \end{cases}$$

階乘函數的遞迴表示式：

$$fact(n) = n! = \begin{cases} 1 & if\ n = 0 \\ n \times (n-1) \times \cdots \times 2 \times 1 & if\ n \geq 1 \end{cases}$$

◈ n = 0是遞迴演算法的基本案例。

◈ n ≧ 1，fact（n）函式呼叫自己本身。

例一：就以C語言來撰寫一個階乘遞迴程式。

```
//範例CH0509.c
int factorial(int N)
{
   int result;       //儲存階乘計算結果
   if(N == 0)
      result = 1;    //基本案例，終止遞迴
   else               //如果階乘是2(含)以上，呼叫自己的函式
      result = N * factorial(N - 1);//呼叫自己的函式
   return result;
}
```

◈「result = 1」：遞迴的第二個條件「基本案例」，讓遞迴跳出執行的缺口。

◈ 呼叫自己的函式「N * factorial(N - 1)」：遞迴的第一個條件「遞迴關係式」，它會反覆執行。

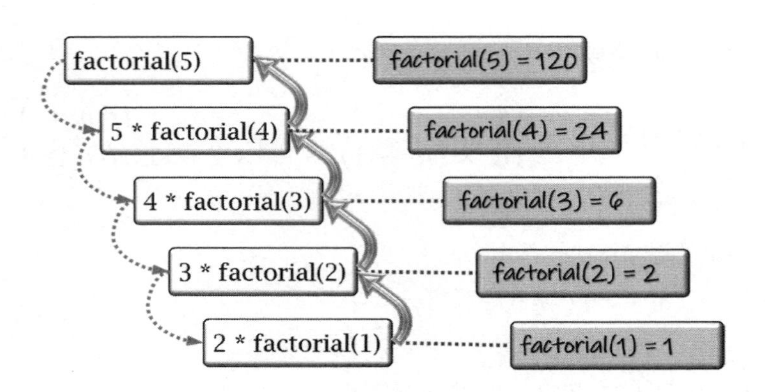

由於演算法中「N×factorial(N - 1)」就是一個反覆的過程，而N等於1時，就是遞迴式的「出口」。

補結站

其實N!的遞迴式也稱爲「尾歸遞迴」（Tail Recursion）。

- 所謂「尾歸遞迴」就是程式的最後一個指令爲遞迴呼叫，因爲每次呼叫後，再回到前一次呼叫的第一行指令（就是return指令）；所以不需要再進行任何計算工作，因此也不必保存原來的環境資訊（如參數儲存、控制權轉移）。
- 尾歸遞迴的一個重要特性，就是很容易利用疊代法來改寫，經過編譯後的執行效率可以與利用迴圈功能的疊代法相同。

例二：不知道各位還記得最大公因數（GCD）否？數學上可以使用輾轉相除法（Euclidean演算法）計算；藉由兩個數M、N之差與較小數的來找出，直到「M = N」爲止。在電腦程式的處理上，同樣可以使用遞迴來達到目的。

➢ 遞迴關係式：若「M > N」，則gcd(M, N) = gcd(M – N, N)。

➢ 遞迴關係式：若「M < N」，則gcd(M, N) = gcd(M, N – M)。

➢ 基本案例：若「M = N」，則gcd(M, N) = M，結束函數。

以數值36、28爲例。

```
gcd(36, 28)      //M > N, gcd(36-28, 28)
= gcd(8, 28)    //M < N, gcd(8, 28-8)
= gcd(8, 20)    //M < N, gcd(8, 20-8)
= gcd(8, 12)    //M < N, gcd(8, 12-8)
= gcd(8, 4)     //M > N, gcd(8-4, 4)
= gcd(4, 4) = M, GCD = 4
```

如何撰寫其程式碼，就以下述範例爲參考！

```
//範例CH0510.c
int gcd(int M, int N)
{
   //如果兩個值相同，就回傳其中一個
   if(M == N)
      return M;                  //基本案例
   else if(M > N)
      return gcd(M - N, N);    //遞迴關係式
   else
      return gcd(M, N - M);
}
```

不過上述方法可能會產生效能不彰的問題，可以把「M – N」改變爲「M % N」，則函式運作如下：

➢ 遞迴關係式：若「M ≠ N」，則gcd(M, N) = gcd(N, M % N)。

➢ 基本案例：若「N = 0」，則gcd(M, N) = M，結束函數。

同樣以數值36、28爲例。

```
gcd(36, 28)      //M ≠ N, gcd(28, 36 % 28)
= gcd(28, 8)     //M ≠ N, gcd(8, 28 % 8)
= gcd(8, 4)      //M ≠ N, gcd(4, 8 % 4)
= gcd(4, 0)      //N = 0, gcd = M
GCD = 4
```

將範例修改：

```
//範例CH0511.c
int gcd(int M, int N)
{
   if(N == 0)
      //M % N 餘數爲0，M就是最大公因數
      return M;        //基本案例, 終止遞迴
   else
      return gcd(N, M % N);   //遞迴關係式
}
```

例三：看一個很有名氣的費伯那（Fibonacci）數列，首先看看費伯那序列的基本定義：

$$F_n = \begin{cases} F_0 = 0, & \text{if } n = 0 \\ F_2 = 1, & \text{if } n = 1 \\ F_n = F_{n-1}, + F_{n-2}, & \text{if } n \geqq 2 \end{cases}$$

用口語化來說，就是一序列的第零項是0、第一項是1，其它每一個序列中項目的值是由其本身前面兩項的值相加所得。對於費伯那遞迴式，如果我們想求取第4個費伯那數Fib(4)，它的遞迴過程以圖形表示如下，從路徑圖中可以得知遞迴呼叫9次，而執行加法運算4次。

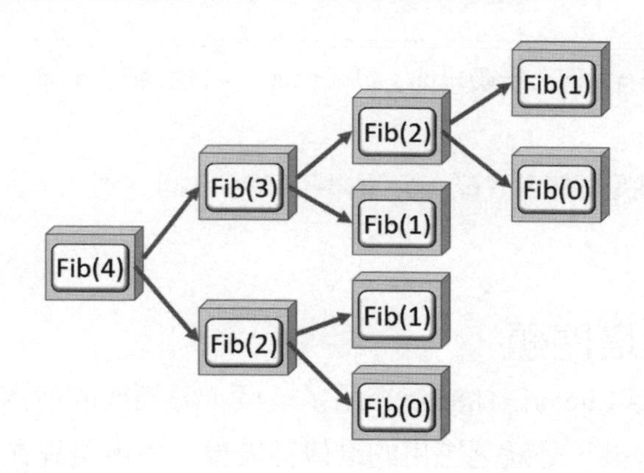

以C語言配合遞迴撰寫費氏數列。

```
//範例CH0512.c
int fibo(int num)
{
    if((num == 1) || (num == 2))
        return 1L;                              //基本案例，終止遞迴
    else
        return fibo(num - 1) + fibo(num - 2);   //遞迴關係式
}
void main() //主程式
{
    int num = 1;
    for(int n = 0; n <= 15; n++)
    {
```

```
        printf(" %2d -> %3d\n", n, fibo(num));
        num++;
    }
}
```

◈ 定義函式fibo()，傳入參數num；以「num = 1」和「num = 2」做爲終止遞迴的條件。

◈ 遞迴關係式就是呼叫函式fibo()，取得「num - 1」與「num - 2」相加之結果。

5.3.3 河內塔問題

法國數學家Lucas在1883年介紹了一個十分經典的河內塔（Tower of Hanoi）智力遊戲，是遞迴應用的最傳神表現。內容是說在古印度神廟，廟中有三根木樁，天神希望和尚們把某些數量大小不同的圓盤，由第一個木樁的圓盤全部移動到第三個木樁。不過在搬動時還必須遵守下列規則：

➢ 直徑較小的圓盤永遠置於直徑較大的套環上。

➢ 圓盤可任意地由任何一個木樁移到其他的木樁上。

➢ 每一次僅能移動一個圓盤。

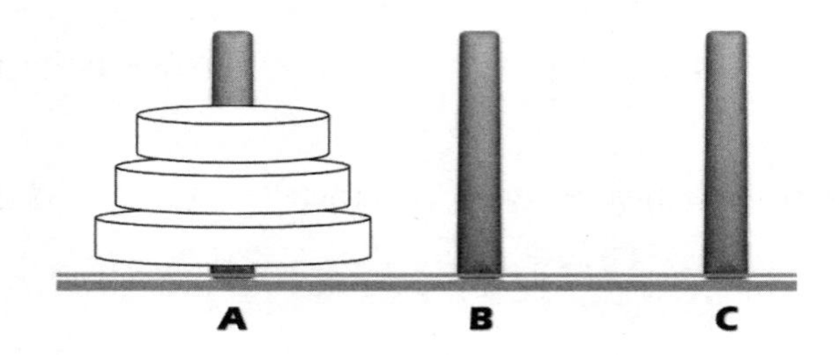

問題分析：

➢ 因爲愈大的盤子要放在愈下面，所以要先把最大的盤子移到目的地。

➢ 以遞迴作法把問題分解成數個小問題，每個問題的目的是把還沒移到目的地的盤子中，最大的盤子移向目的地。

參根柱子可視為：出發點、輔助移動、目的地。

當A柱只有一個圓盤時，直接把圓盤把A柱→B柱→C柱

當A柱有兩個圓盤時：

①圓盤1從A柱→B柱 ②圓盤2從A柱→C柱 ③圓盤1再從B柱→C柱

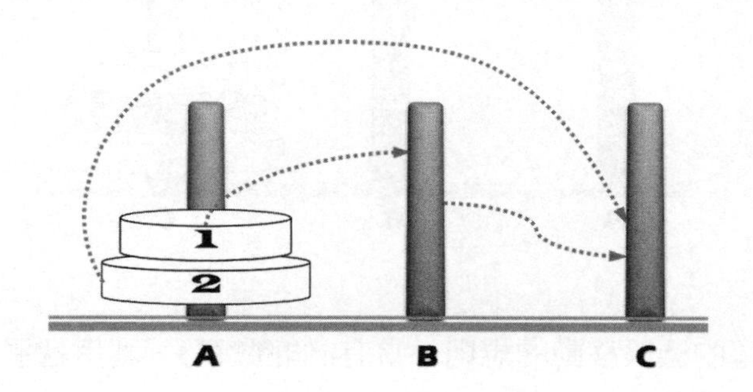

A柱有三個圓盤時：

圓盤1從A柱→C柱、圓盤2從A柱→B柱、 圓盤1再從C柱→B柱、圓盤3從A柱→C柱

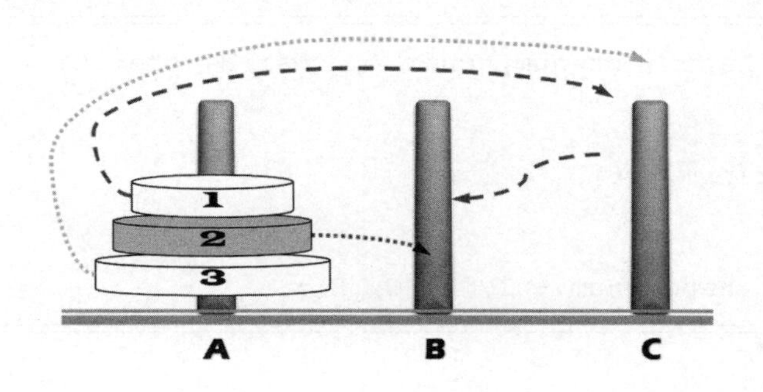

圓盤1從B柱→A柱、圓盤2從C柱→C柱、圓盤1從A柱→C柱

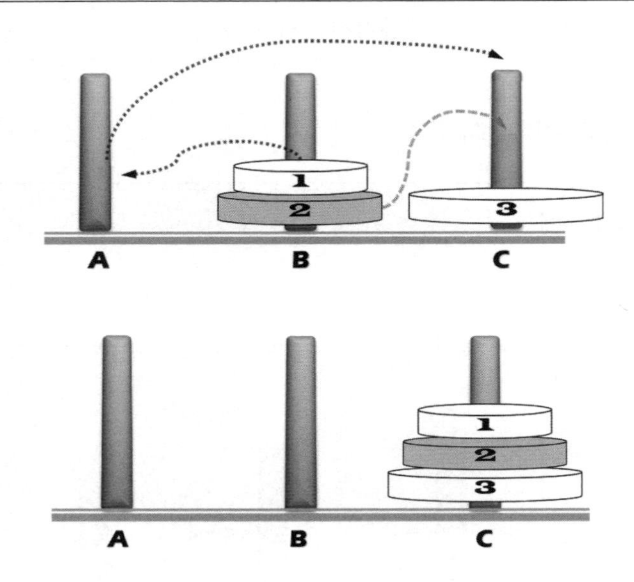

依據上述的圓盤移動的規則，當有n個圓盤時，利用遞迴演算法可以歸納出如下的操作：

- 將n-1個圓盤，從木柱A移動到木柱B。
- 將第n個最大盤子，從木柱A移動到木柱C。
- 將n-1個盤子，從木柱B移動到木柱C。

範例CH0513.c

```
01 void hanoi(int num, char A, char B, char C)
02 {
03     if(num > 0)
04     {
05         hanoi(num - 1, A, C, B);
```

```
06        printf(" 移動第 %d 圓盤, 從 %c --> %c\n", num, A,
C);
07        hanoi(num - 1, B, A, C);
08     }
09 }
10 void main()    //主程式
11 {
12    hanoi(3, 'A', 'B', 'C');
13 }
```


執行結果

```
E:\出版社書稿...
移動第 1 圓盤, 從 A --> C
移動第 2 圓盤, 從 A --> B
移動第 1 圓盤, 從 C --> B
移動第 3 圓盤, 從 A --> C
移動第 1 圓盤, 從 B --> A
移動第 2 圓盤, 從 B --> C
移動第 1 圓盤, 從 A --> C
```

程式解說

- 第1~9行：定義函式hanoi()，傳入4個參數，其中的參數2~4來表示3根柱子A、B、C，以字元表示。
- 第5行：先將「num - 1」個圓盤從A柱開始向B柱移動。
- 第7行：將「num - 1」個圓盤從B柱移向C柱。

5.3.4 老鼠走迷宮

討論一個有趣的問題，就是實驗心理學中有名的「迷宮問題」（Maze Problem）。迷宮問題的陣列就是把一隻老鼠放在一個沒有頂的大盒子入口的地方，盒子中有許多牆使得大部分的路徑都有牆擋住而無法通行。老鼠可依照嘗試錯誤（Try-Error）的方法尋找到放在出口處的一塊麵包。對迷宮問題感到興趣，就是它可以提供一種堆疊應用的思考方向。國內許多大學有所謂「電腦鼠」走迷宮的比賽，就是要設計這個利用堆疊技巧走迷宮的程式。

如果迷宮以二維陣列表示，其結構如下：

```
int maze[7][10] = {                    //迷宮的陣列
          1, 1, 1, 1, 1, 1, 1, 1, 1, 1,
          1, 0, 1, 0, 1, 0, 0, 0, 0, 1,
          1, 0, 1, 0, 1, 0, 1, 1, 0, 1,
          1, 0, 1, 0, 1, 1, 1, 0, 0, 1,
          1, 0, 1, 0, 0, 0, 0, 0, 1, 1,
          1, 0, 0, 0, 1, 1, 1, 0, 0, 1,
          1, 1, 1, 1, 1, 1, 1, 1, 1, 1 };
```

◈ 迷宮的四邊以圍牆圍住，以值「1」來表示它是圍牆；行走的路則以「0」標注。

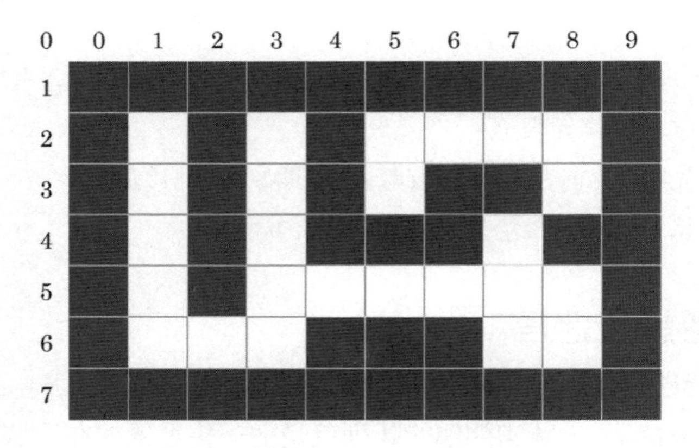

要建立一個這樣的程式，必須先來解決如何在電腦中表現一個模擬迷宮的方法，就是利用一個二維陣列MAZE[row][col]，請按照下列規則：

```
MAZE[j][k] = 1 表示[j][k]處有牆，無法通過
MAZE[j][k] = 0 表示[j][k]處無牆，可通行
MAZE[1][1]是入口，MAZE[m][n]是出口
```

假設老鼠由左上角進入，由右下角出來，則在任何時候老鼠的位置爲MAZE[j][k]。參考下圖，表示從老鼠目前所在的位置及對四周可能移動的方向。共有8個：分別爲北、東北、東、東南、南、西南、西、西北。

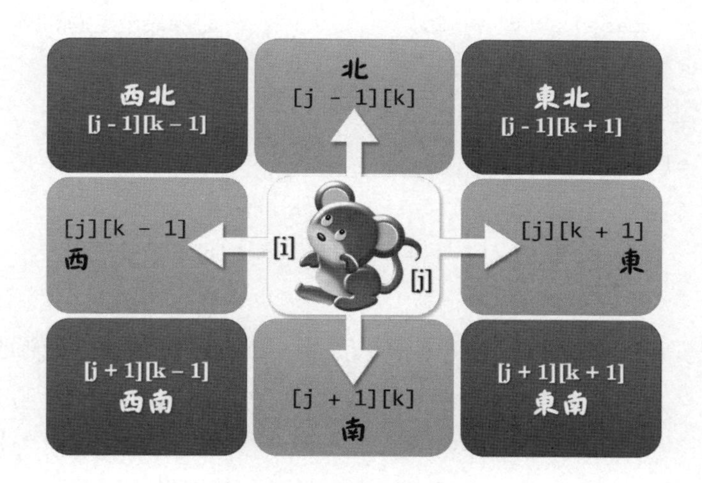

由(j, k)位置前進到下一個位置時，會嘗試以東、南、西、北四個方向來前進，找到其中一個方向就能繼續前進，反覆操作直到走出迷宮。以函式visited(j, k)來記錄走訪的位置，其演算法大致如下：

- 將(j, k)位置設爲「1」。
- 未到達迷宮出口前，必須實施如下的走法：①向上是空的，則實施「visited(x - 1, y)」；②往下是空的，則實施「visited(x + 1, y)」；

③向左是空的，則實施「visited(x, y - 1)」；④往右是空的，則實施「visited(x, y + 1)」。

➢ 若四個方向都不能走就是死路，得把值重爲零。

➢ 若能到達出口則記錄走訪過的位置(j, k)。

範例CH0514.c

```
01 int visited(int x, int y)
02 {
03    if (x == 1 && y == 1)          //是否是迷宮出口
04    {
05       maze[x][y] = 2;             //記錄最後走過的路
06       return 1;
07    }
08    else
09    {
10       if (maze[x][y] == 0)        //是不是可以走
11       {
12          maze[x][y] = 2;          //有路可以走，記錄改爲2
13            if ((visited(x - 1, y) +  visited(x + 1, y) +
14                 visited(x, y - 1) +  visited(x, y + 1)) > 0)
15             return 1;            //找到路走出迷宮
16          else
17          {
18             maze[x][y] = 0;      //此路不通陣列的值改爲0
19             return 0;
20          }
```

```
21          }
22          else
23              return 0;
24      }
25 }
```

執行結果

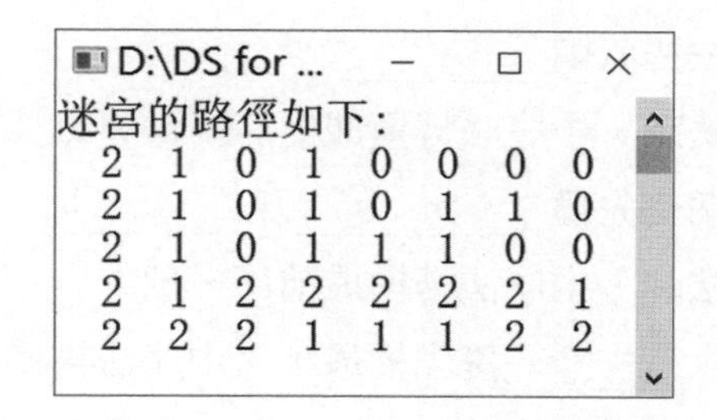

程式解說

◈ 第1~25行：定義函式visited()來記錄走訪的位置。

◈ 第13~16行：以遞迴演算法分別向東、南、西、北做走訪。

課後習作

一、填充題

1. 堆疊具有＿＿＿＿＿的特性，從堆疊頂端加入元素稱為＿＿＿＿＿；反之，從堆疊頂端移除元素稱為＿＿＿＿＿。
2. 將運算式「A-B*(C+D)/E」以前序式＿＿＿＿＿及後序式＿＿＿＿＿表示。
3. 將運算式以括號法轉換時，前序轉為中序式的依據原則＿＿＿＿＿；後序轉為中序式的依據原則＿＿＿＿＿。
4. 將運算式採堆疊法時，中序法轉換成前序，需要以「運算子堆疊」來協助，它依據哪兩個優先權？＿＿＿＿＿和＿＿＿＿＿。
5. 將運算式採堆疊法時，中序法轉換成前序，須＿＿＿＿＿讀取中序式，堆疊內，運算子＿＿＿＿＿優先權最小；中序法轉換成後序，須＿＿＿＿＿讀取中序式，堆疊內，運算子＿＿＿＿＿優先權最小。
6. 一個遞迴式A定義如下：請問A(1, 2)與A(2, 1)的值為何？＿＿＿＿＿

$$A(m, n) = \begin{cases} n+1 & if\ m=0 \\ A(m-1, 1) & if\ n=0 \\ A(m-1, A(m, n-1)) & \end{cases}$$

二、實作與問答

1. 請列舉堆疊在電腦上的5項應用。
2. 請以ADT的觀點列出堆疊的5項操作。
3. 利用堆疊的特性，撰寫一個能反轉陣列元素的程式。
4. 請將下列中序算術式利用「括號轉換法」轉為前序與後序表示式。

```
(A+B)* D + E / (F+A*D) + C
```

5. 請將下列算術式利用「括號轉換法」轉爲中序式表示式。

```
前序轉中序：-A*/+BC-DEF
```

```
後序轉中序：AB*CD+E/-
```

6. 請以堆疊法求運算式「A/B + (C+D)* E-A * C」的前序式和後序式。
7. 試述「尾歸遞迴」（Tail Recursion）的意義。
8. 請以遞迴方式將陣列的元素反轉。

```
data = {2, 5, 12, 8, 6, 7, 9};
```

```
反轉後 {9, 7, 6, 8, 12, 5, 2}
```

9. 請以遞迴方式撰寫一個冪次方，例如「5 ^ 3」就是「5 * 5 * 5」。

第六章

排隊的智慧——佇列

★學習導引★

- 以陣列結構和鏈結串列來實作佇列
- 佇列有「先進先出」的規範，操作時得從前門移除元素，後門允許加入元素
- 認識雙佇列、優先佇列的特性

6.1 認識佇列

佇列（Queue）和堆疊一樣，都屬於有序串列，也提供抽象型資料型態（ADT），它的所有加入、刪除動作發生在不同的兩端，並且符合「First In, First Out」（先進先出）的特性。佇列的觀念就好比去好市多大賣場排隊結帳，先到的人當然優先結帳，付完錢後就從前端離去，而隊伍的後端又陸續有新的顧客加入排隊。

不過有時先進先出固然是好的，有時為了加快處理，能以現金結帳的顧客優先處理，這就是含有權值的「優先佇列」。還有哪些佇列？一起來認識它們。

6.1.1 佇列概念

佇列在電腦中的應用與堆疊不同，大多屬於硬體處理流程的控制。佇列具有先進先出的特性，經常被電腦的作業系統用來安排電腦執行工作（Job）的優先順序。尤其是多人使用（Multiuser）之多工（Multitask）電腦必須安排每一位使用者都有相等的電腦使用權。由於佇列是一種抽象型資料結構（Abstract Data Type, ADT），它必須有下列兩種特性：

- 具有先進先出（FIFO）的特性。
- 擁有兩種基本動作加入與刪除，而且使用front與rear兩個指標來分別指向佇列的前端與尾端。

佇列結構的相關操作，透過抽象型資料結構（Abstract Data Type, ADT）表示如下：

```
資料的存取符合「先進先出」(First In First Out, FIFO)的原則
佇列的前端(Front)移除資料
佇列的後端(Rear)加入資料
```

```
CREATE：建立一個空堆疊
ENQUEUE()：將資料從佇列的後端加入，並傳回所加入資料
DEQUEUE()：把資料從佇列前端刪除
FRONT()：查看佇列前端項目，回傳其值
REAR()：查看佇列後端項目，回傳其值
```

6.1.2 以陣列實作佇列

與堆疊的實作一樣，各位也同樣可以使用陣列或串列來建立一個佇列。不過堆疊只需一個Top指標指向堆疊頂，而佇列是從兩端來加入、移除資料，必須使用Front和Rear兩個指標分別指向其前端和後端，如下圖所示。

佇列中的項目如何以陣列結構進行元素的新增、刪除？宣告陣列後，會從佇列後端新增元素，其運作方式可參考下圖。

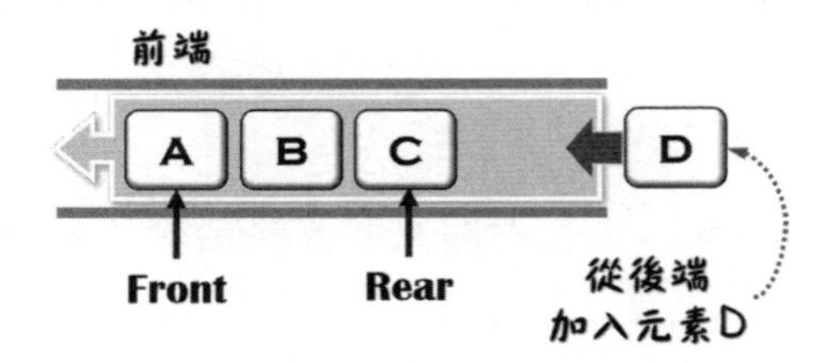

以陣列定義結構，程式碼撰寫如下：

```
//範例CH0601.c
#define MAX 10                  //佇列的最大容量
int queue[MAX];                 //佇列的陣列宣告
int front = -1;                 //佇列的前端
int rear = -1;                  //佇列的後端
```

◈ 定義MAX來儲存佇列的最大容量。

◈ 變數front、rear分別為佇列的頭和尾，設初值為「-1」，表示佇列是空的。

檢視下方圖，佇列的front指標會指向第一個元素，而rear指標則指向最後一個元素。新增元素時rear指標會隨著新增元素來變更位置，rear指標原本指向元素C（最後一個元素）；加入元素D之後，它會改變位置，重新指向元素D。所以rear指標是隨元素的新增由左向右移動。

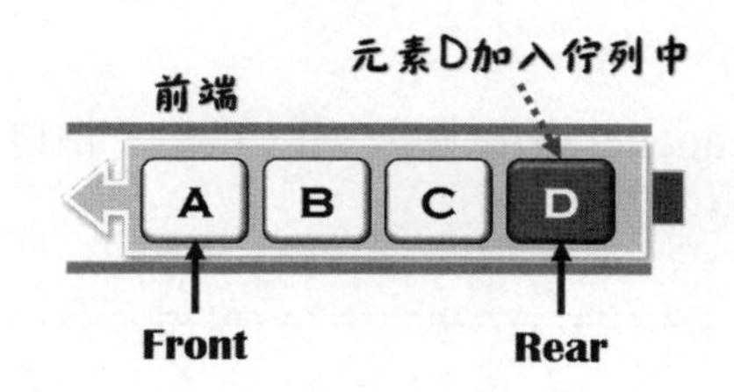

定義函式enqueue()。佇列新增元素時，是把rear指標向佇列尾端移動，新增的值則以陣列queue儲存。程式碼如下：

```
//範例CH0601.c
int enqueue(int value)
{
   if (rear >= MAX)          //檢查佇列是否全滿/
```

```
        return -1;              //無法存入
    rear++;                     //後端指標向後移
    queue[rear] = value;        //存入佇列
}
```

指標front通常指向第一個元素。從佇列前端刪除第一個元素A時，但隨著元素的刪除而調整指向，指標front原本指向A而改變位置指向B。所以，指標front恰好與rear指標相反，它會隨著前端元素的移除向後方移動。因此，當元素被刪除時，只是把front指標移動並非元素改變位置。

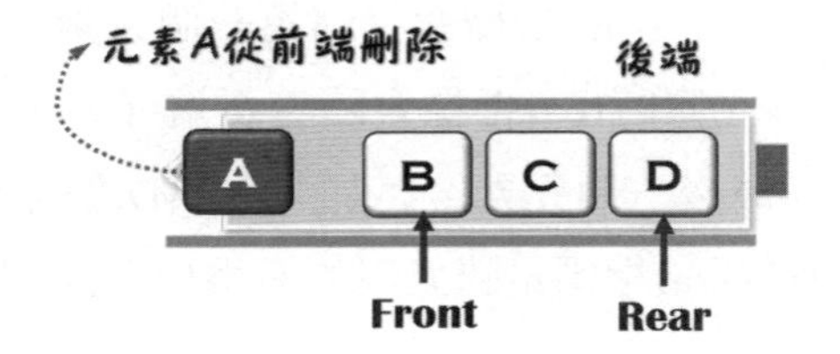

同樣定義函式dequeue()來刪除佇列的元素，指標front是隨元素的刪除而移動。範例如下：

```
//範例CH0601.c
int dequeue()
{
    if(front == rear)    //檢查佇列是否是空
        return -1;                //無法取出
    front++;                      //前端指標往前移
    return queue[front];    //佇列取出
}
```

◈ 移除佇列元素之前，先確認是否為空佇列；佇列有元素才能將元素從佇列取出。

對於佇列兩個指標front、rear的運作有了初步了解後，就以範例來說明佇列以陣列結構來新增或移除元素。

範例CH0601c.c

```
01 void display(int pos, int *store)
02 {
03    int j;
04    for(j = 0; j < pos; j++ )
05       printf("[%d]", store[j]);
06 }
07 void main() //主程式
08 {
09    int inward[100];                    //儲存輸入的元素
10    int outward[100];                   //儲存取出的元素
11    int inpos = 0, outpos = 0;//陣列inward, outward的索引
12    int loop = 1;
13    int j, select, tmp;
14    while (loop)
15    {
16       printf("1.輸入 2.取出 3.顯示內容 ==> ");
17       scanf("%d", &select);         //取得選項值
18       switch(select)
19       {
20          case 1: //輸入值後將之存入佇列
21             printf("輸入佇列的項目(%d) ==> ", inpos + 1);
22             scanf("%d", &tmp);
23             if (enqueue(tmp) == -1 )
```

```
24                  printf("佇列已滿.\n");
25               else
26                  inward[inpos++] = tmp;
27               break;
28            case 2: //取出佇列的內容 */
29               if ((tmp = dequeue()) == -1 )
30                  printf("佇列是空的.\n");
31               else
32               {
33                  printf("取出佇列元素: %d\n", tmp);
34                  outward[outpos++] = tmp;
35               }
36               break;
37            case 3: loop = 0;
38               break;
39         }
40      }
41      printf("\n 輸入佇列的元素: "); //配合for輸出結果
42      display(inpos, inward);
43      printf("\n 取出佇列的元素: ");
44      display(outpos, outward);
45      printf("\n 剩下佇列的元素: ");
46      while ((tmp = dequeue()) != -1 ) //取出剩下佇列元素
47         printf("[%d]", tmp);
48      printf("\n");
49 }
```

執行結果

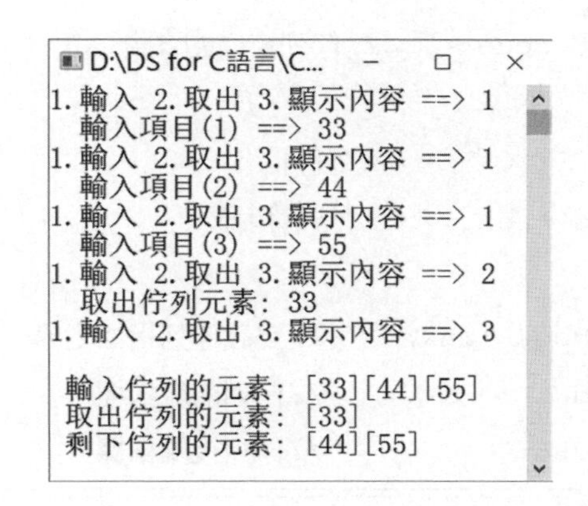

程式解說

◈ 第1~6行：定義函式display()來印出佇列內容。

◈ 第14~40行：while迴圈依據選項值，以switch/case呼叫相關函式來新增、移除項目。

補結站

想想看，當前端的元素愈刪愈多時，留下的空間能回收利用嗎？

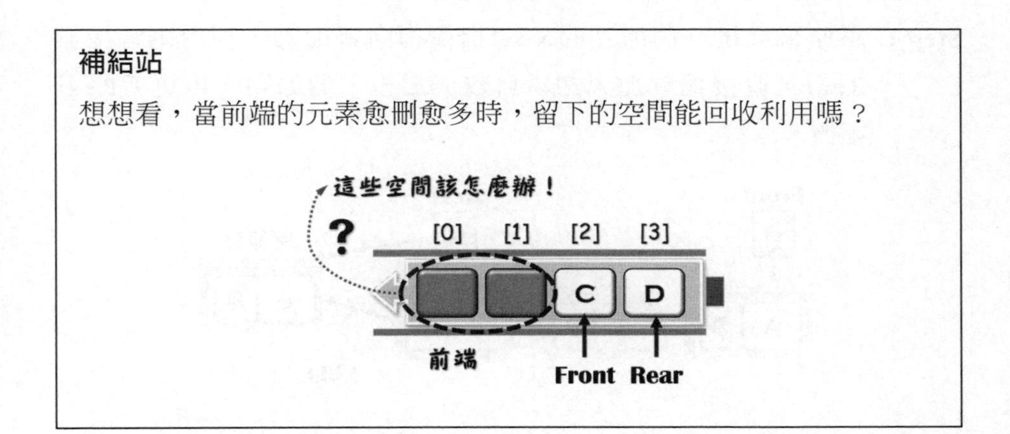

6.1.3 使用鏈結串列實作佇列

實作佇列的第二種方式就是透過鏈結串列，就從單向鏈結串列開始；同樣是以結構體來產生佇列，程式碼如下：

```
//範例CH0602.c
typedef struct node      //佇列結構的宣告
{
   int item;             //資料
   struct node *next;    //結構指標
}queueNode;
typedef queueNode link;     //定義佇列指標型態
link front = NULL;          //佇列前端指標
link rear = NULL;           //佇列後端指標
```

◈ 佇列以鏈結串列表示，以item儲存資料，next指標指向下一個節點。

◈ 同樣要有兩個指標front、rear分別指向佇列的前端和後端，初始化時以NULL表示。

當佇列由後端新增節點，可以把它想像成單向鏈結串列。

Step 1. 將原來最後一個節點的Next指標指向新節點，利用尾端指標Rear，直接把新加入的項目變成最後一個節點，再更新Rear指標。

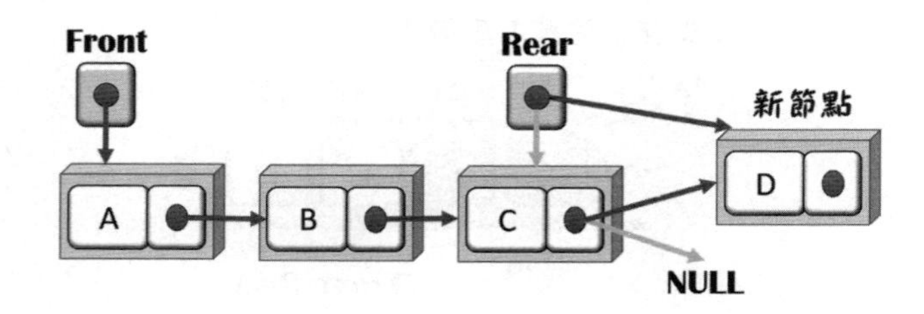

Step 2. 新節點加到佇列後端，Rear指標指向它。

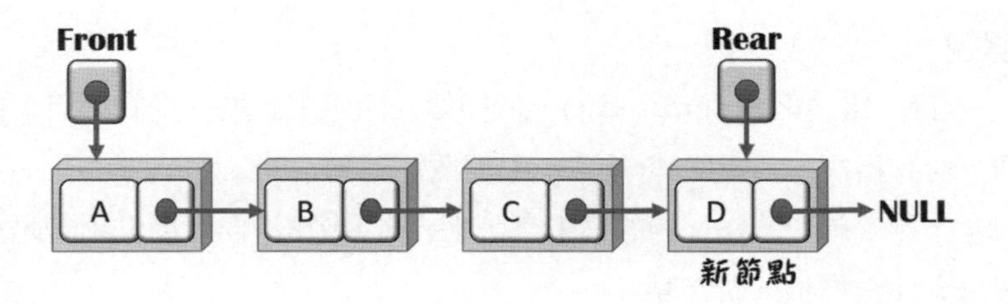

CHAPTER 6

範例CH0602.c

```
01 int enqueue(int value)
02 {
03     link newNode;
04     newNode = (link) malloc(sizeof(queueNode));
05     if (! newNode)                    //檢查記憶體配置
06     {
07         printf("記憶體配置失敗 \n");
08         return -1;                    //無法存入
09     }
10     newNode->item = value;          //存入資料於佇列
11     newNode->next = NULL;           //設定指標初值
12     if(rear == NULL)                //是否第一次存入
13         front = newNode;             //front指標指向newNode
14     else
15         rear->next = newNode;       //rear指標指向新節點
16     rear = newNode;
17 }
```

CHAPTER 6

程式解說

- 第1~17行：定義函式enqueue()，依據傳入的值來新增佇列的項目；由於是串列，含有指標，須以函式malloc()配置記憶體空間。
- 第12~15行：確認非空佇列的情形下，把rear指標指向新節點；若是空佇列就把front指標指向新節點。

刪除佇列的項目是從前端移除，如同在鏈結串列中移除首節點。

Step 1. 刪除第一個節點前，把Next指標指向NULL，Front指標指向下一個節點。

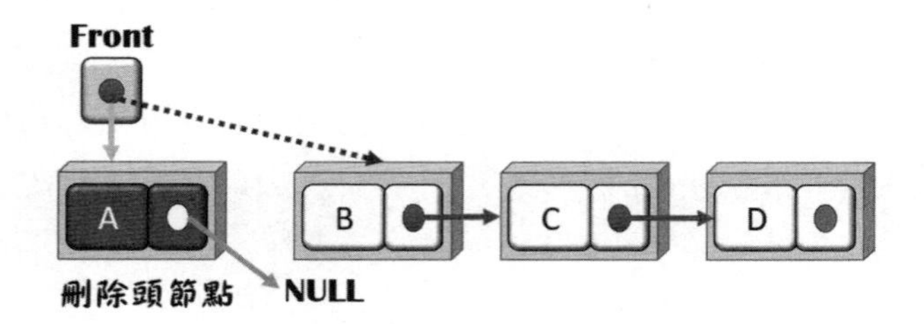

Step 2. 第一個節點被刪除後，Front指標指向節點B而成為第一個節點。

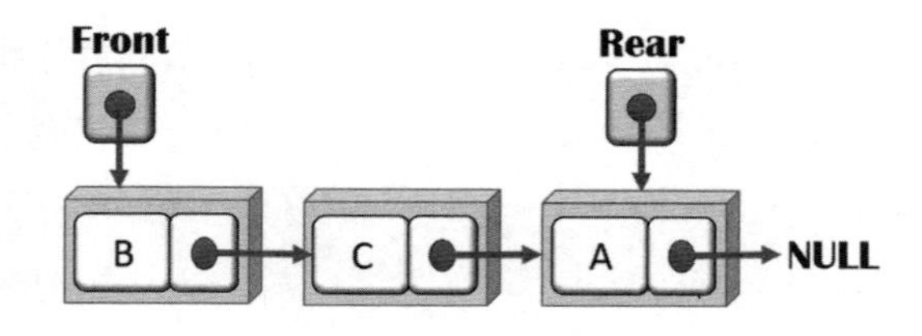

範例CH0602.c（續）

```
01 int dequeue()
02 {
03    link top;
```

```
04    int tmp;
05    if (front != NULL )              //佇列是否是空的
06    {
07       top = front;                   //top指向front
08       front = front->next;         //刪除之前節點
09       tmp = top->item;             //取出資料
10       free(top);                     //釋回記憶體
11       return tmp;                    //佇列取出
12    }
13    else
14       return -1;                     //無法取出
15 }
```


程式解說

◈ 第1~15行：定義函式dequeue()來刪除佇列的項目。

◈ 第5~12行：確認佇列有項目的情形下，移動front指標指向下一個節點，呼叫函式free()釋放被刪除點的指標。

6.2 其他常見佇列

佇列在電腦上的應用非常廣泛，舉凡CPU的排程，列表機的列印，I/O緩衝區；另一個大家較為熟知就是Windows作業中的用來播放音樂和影片的Media Player，它允設使用者建立播放清單就是佇列結構的技巧。

6.2.1 環狀佇列

無論是以陣列或鏈結串列佇列，由於佇列為線性結構，具有後進首出的特色，當前端移出元素之後，指標front和rear都是往同一個方向遞增。

如果rear指標到達一維陣列的邊界MAX（佇列最大空間），就算佇列尚有一些空間，也需要位移佇列元素，才有空間存入其它佇列元素。

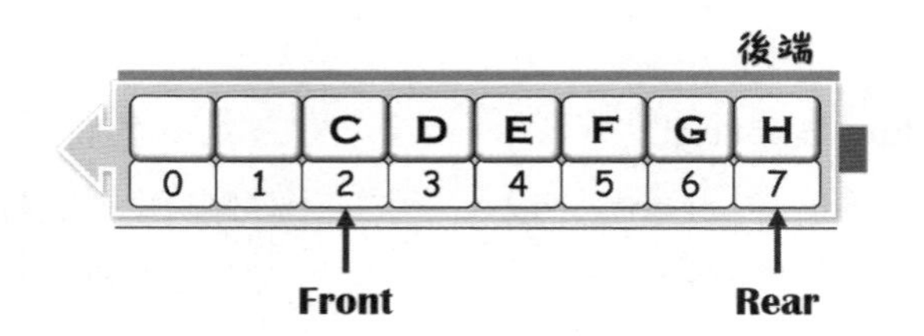

爲了改善圖上述問題，就有了「環狀佇列」（Circular Queue）的作法。事實上，環狀佇列同樣使用了一維陣列來實作的有限元素數佇列，可以將陣列視爲一個環狀結構，讓它的後端和前端接在一起；佇列的索引指標周而復始的在陣列中環狀的移動，解決佇列空間無法再使用的問題。

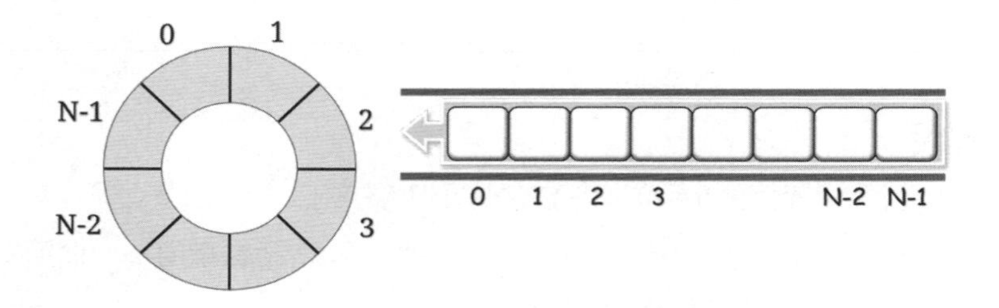

環狀佇列有幾個主要特徵：

- 環狀佇列使用「陣列」來實作，能存放N個元素，對記憶體做更有效之應用。
- 環狀佇列不須搬移資料，它有「Q[0 : N-1]」的位置可以利用。
- 環狀佇列資料被刪除後，所留下的位置可以再利用，而「Q[N-1]」的下一個元素是「零」。

想要知道環狀佇列是否已滿，可以利用指標front、rear來取得所指向的位置。

```
front = 0
rear = Max - 1
```

◈ 說明佇列為「滿」的狀態。

當環狀佇列要新增元素時，第一種情形是先確認佇列是否是滿的？若佇列是滿的，就無法再新增元素。

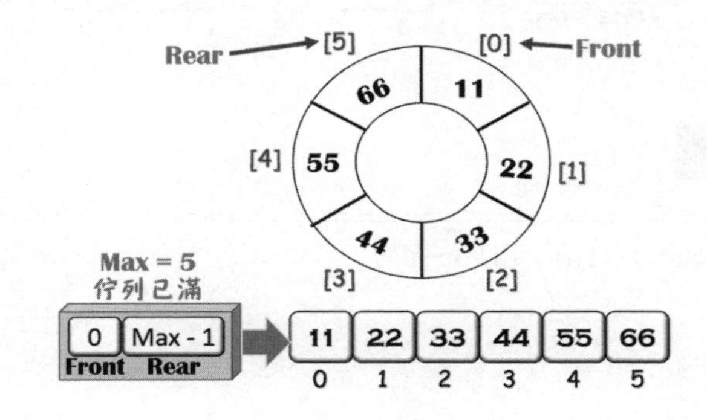

第二種情形是空的佇列，若新增了一個元素，指標front、rear會移動指向[1]的位置，環狀佇列可能是這樣：

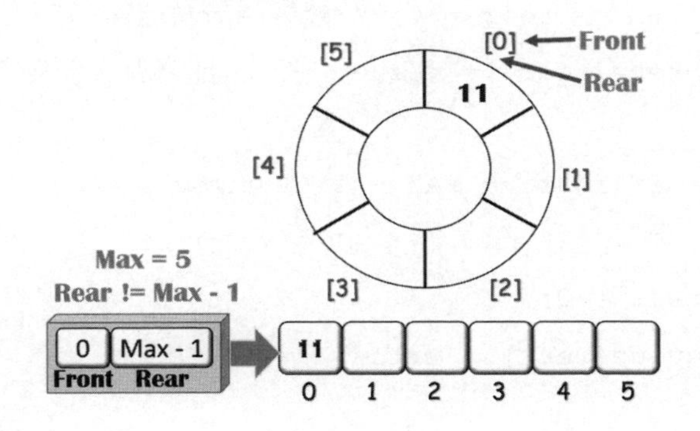

第三種情形是front指標並沒有指向第一個元素，rear指標指向位置[5]。若要新增一個元素，下一個位置就是位置[0]，此時可以把rear設為「0」，以此處來新增元素。

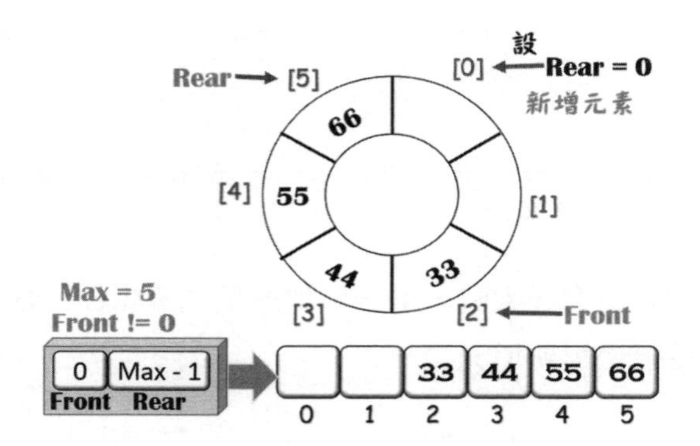

範例CH0603.c

```
01 int enqueue(int value)
02 {
03    if(front == 0 && rear == MAX - 1)
04       printf("\n 佇列已滿");
05    else if(front == -1 && rear == -1)
06    {
07       front = rear = 0; //變更rear位置為[0]
08       queue[rear] = value;    //從此處加入元素
09    }
10    else if(rear == MAX - 1 && front != 0)
11    {
12       rear = 0;
13       queue[rear] = value;
14    }
15    else
16    {
```

```
17          rear++;
18          queue[rear] = value;
19      }
20  }
```

程式解說

◈ 第1~20行：環狀佇列中，先定義函式enqueue()並以陣列結構儲存佇列所新增的元素。

◈ 第3~4行：第一種情形是判斷佇列是否已填滿元素？

◈ 第5~9行：第二種情形是空的佇列新增了一個元素，指標front、rear皆移動位置[1]。

◈ 第10~14行：第三種情形是佇列已有元素，移除元素之後，留有位置[0]和[1]，指標rear原本停留位置[5]，新增元素就會移向位置[0]。

當環狀佇列要刪除元素時，恰好與新增元素相反；第一種情形是先確認佇列是否是空的？若佇列是空的，當然無法刪除元素。

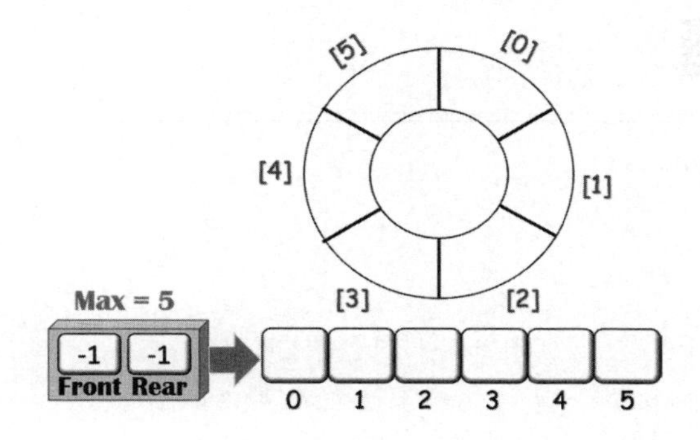

當環狀佇列要刪除元素時，第二種情形是佇列只有一個元素，刪除之後佇列就是空的。

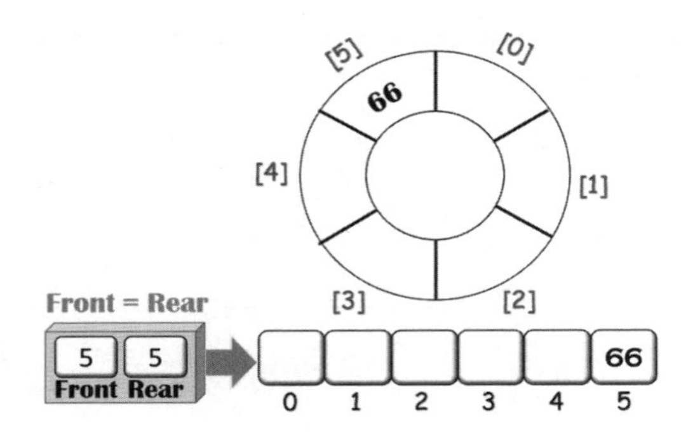

當環狀佇列要刪除元素時，第三種情形front指標指向位置[5]。

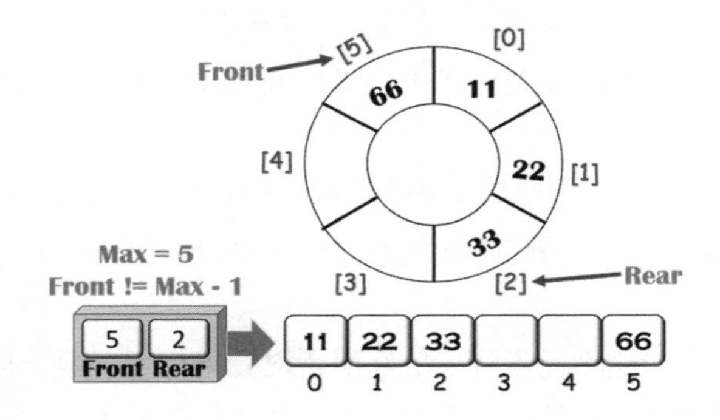

範例CH0603.c

```
01 int dequeue()
02 {
03     int value;
04     if(front == -1 && rear == -1)
05         return -1;               //無法取出
06     value = queue[front];   //從佇列取出元素
07     if(front == rear)          //兩個指標指向同一個位置
08         front = rear = -1;   //表示佇列是空的
```

```
09     else
10     {
11         if(front == MAX - 1)
12             front = 0;           //從第一個位置開始
13         else
14             front++;             //移動指標
15     }
16     return value;
17 }
```

程式解說

- ◈ 定義函式dequeue()，以三種情形來了解刪除元素的變化。
- ◈ 第4~5行：第一種情是屬於空佇列，當然無法刪除元素。
- ◈ 第7~15行：兩個指標front、rear指向同一處，可能是空的佇列；非空佇列的情形下得進一步判斷指標front是否從第一個位置開始，是否隨著元素的增加來移動指標。

補結站

環狀佇列是以一維陣列Q(0 To N-1)來表示，它只是邏輯的處理而非實際的環狀。

- ■ 指標Front永遠指向佇列前端元素的前一個位置
- ■ 指標Rear則指向佇列尾端的元素

操作上，環狀佇列還剩餘一個空間可以使用，但是這是為了判斷以下的情形而預留的，不可使用；因此最多只能使用N-1個空間，而浪費一個空間。

6.2.2 雙佇列

「雙佇列」（Deques）是「Double-ends Queues」的縮寫，通俗的說法是佇列有兩個開口，我們可以指定佇列一端來進行資料的刪除和加入。由於佇列有前端（Front）及後端（Rear），皆都允許存入或取出，如下圖所示。

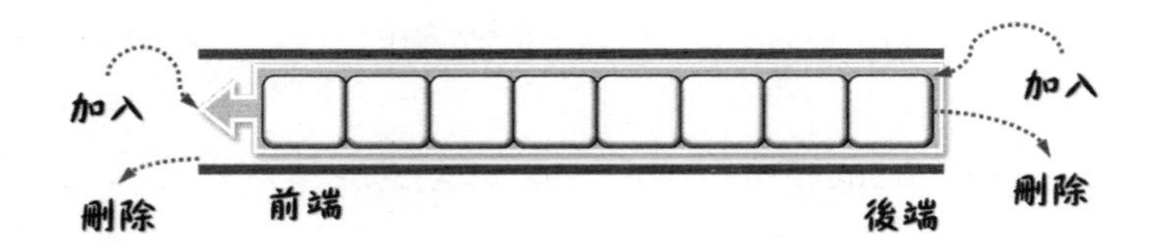

雙佇列依其應用分為多種存取方式。常見的雙佇列概分兩種：①輸入限制性雙佇列（Input Restricted Deque）和②輸出限制性雙佇列（Output Restricted Deque）。

電腦CPU的排程就是採用雙佇列。由於多項程序但都是使用同一個CPU，但CPU只能在每一段時間內執行一項工作。所以，而這些工作會集中擺在一個等待佇列，等待CPU執行完一個工作後，再從佇列取出下一個工作來執行，排定工作誰先誰後的處理稱為「工作排程」。

那麼雙佇列如何新增資料？一般會有兩對指標：其中的F1用來指向左邊佇列的頭，R1用來指向左邊佇列的尾；另一邊則以F2指向右邊佇列的頭，R2用來指向右邊佇列的尾。其中的R1、R2會隨資料的新增來移動。

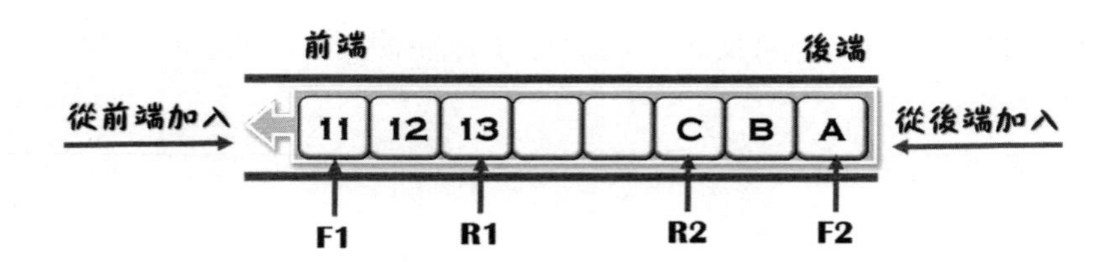

當雙佇列的資料被刪除時，則F1、F2的指標會移動位置。

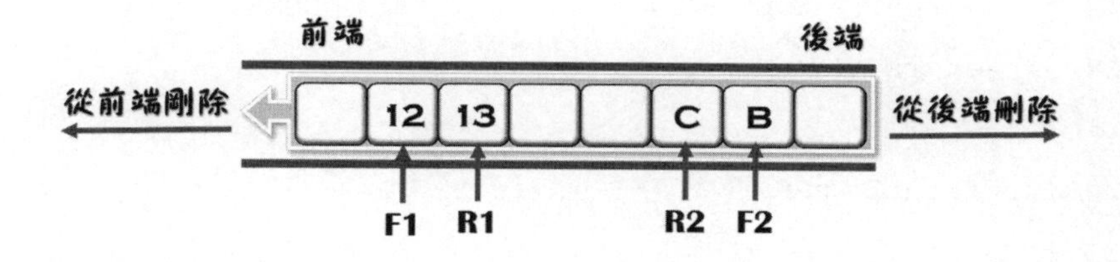

先以陣列結構來實作一個「輸入限制性雙佇列」。

範例CH0604.c

```
01 int enqueue(int value)
02 {
03    if(rear + 1 == front ||
04          (rear == (MAX - 1)  && front <= 0))
05       return -1;          //無法存入
06    rear++;                  //後端指標往前移
07    if (rear == MAX)      //是否超過界限
08       rear = 0;           //從頭開始
09    queue[rear] = value;
10 }
11 int rearDequeue()    //從佇列後端取出元素
12 {
13    int value;
14    if (front   == rear)              //檢查佇列是否是空
15       return -1;                      //無法取出
16    value = queue[rear];
17    rear--;                            //後端指標往前移
```

```
18    if (rear < 0 && front != -1 ) //是否超過界限
19       rear = MAX - 1;         //從最大值開始
20    return value;
21 }
22 int frontDequeue()
23 {
24    if(front  == rear)      //檢查佇列是否是空
25       return -1;           //無法取出
26    front++;                //前端指標往前移
27    if ( front == MAX)      //是否超過界限
28       front = 0;           //從頭開始
29    return queue[front];
30 }
```

執行結果

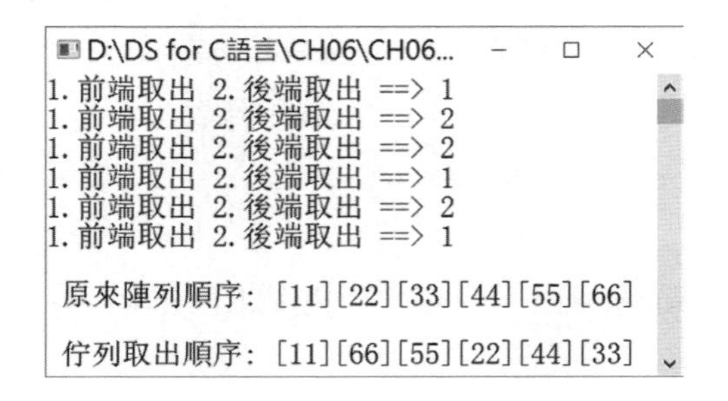

程式解說

◈ 第1~10行：定義函式enqueue()來限定雙佇列的輸入。

◈ 第3~5行：先以雙指標front、rear判斷佇列是否已滿；若佇列已滿當然無法再存入元素。

◈ 第7~8行：指標rear是否已超過佇列最大容量？若達邊界值，要把rear指標重為「零」。

◈ 第11~21行：定義函式rearDequeue()來取出佇列後端的元素；同樣要移除元素前先檢查佇列是否有元素可刪除。

◈ 第22~30行：定義函式frontDequeue()來取出佇列前端的元素；同樣要移除元素前先檢查佇列是否有元素可刪除。

輸出限制性雙向佇列表示輸入項目能兩端進行，要取出項目只能在一端，以單向鏈結串列實作佇列。由於佇列要有前、後端指標，初始化時就得列出它們。

```
//範例CH0605.c
typedef struct node       //以結構體宣告佇列
{
   int item;              //資料
   struct node *next;   //結構指標
}queueNode;
typedef queueNode *link;//定義佇列指標型態
link front = NULL;        //佇列前端指標
link rear = NULL;         //佇列後端指標
```

◈ 以單向鏈結串列表示佇列，並以指標型別來產生front、rear兩個指標。

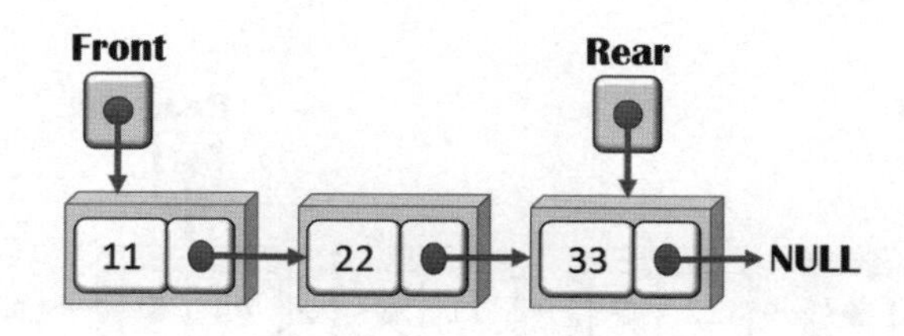

CHAPTER 6

Step 1. 新節點「33」要從佇列前端加入。

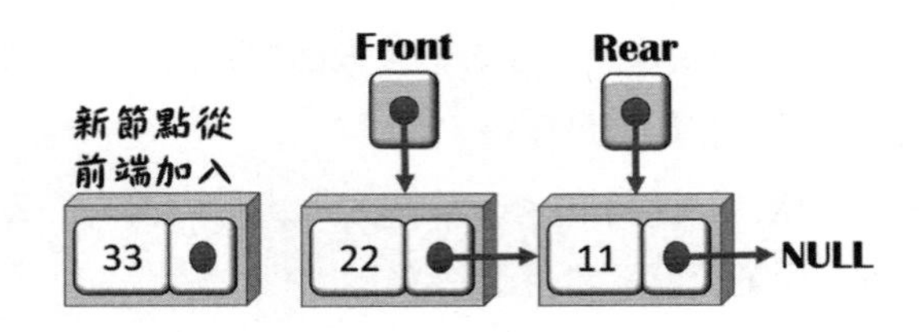

Step 2. front指標指向新節點，新節點的next指向原來的第一個節點「22」。

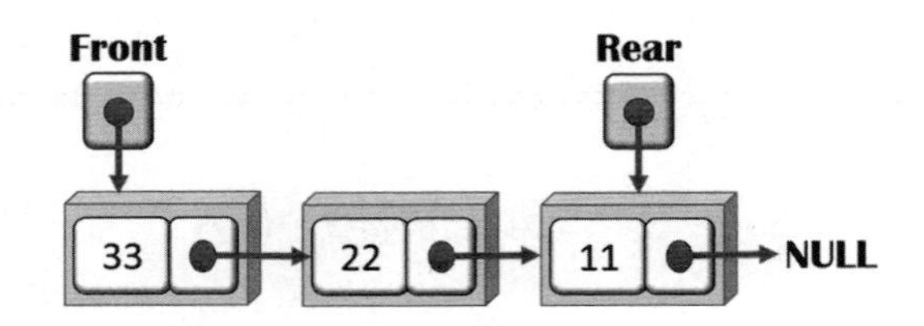

Step 3. 新節點「44」從佇列的後端加入。

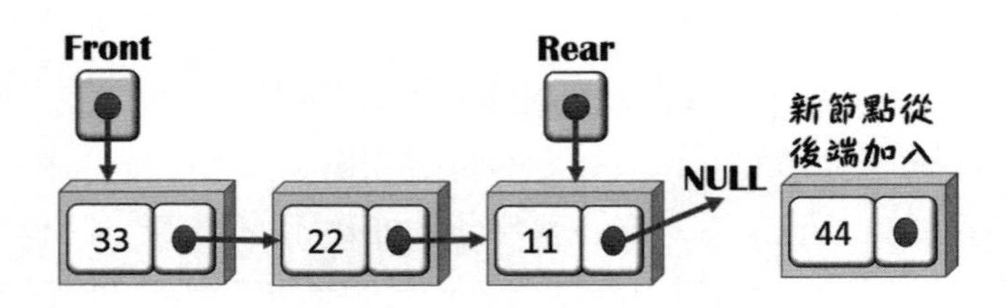

Step 4. rear指標指向新節點，原來的最後節點「11」的next指向新節點。

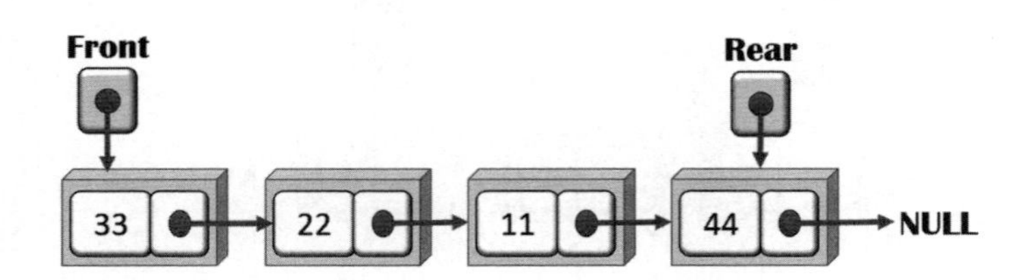

範例CH0605.c

```
01 int frontEnqueue(int value)
02 {
03    link newNode;
04    newNode = (link) malloc(sizeof(queueNode));
05    if (! newNode)
06    {
07       printf("記憶體配置失敗! \n");
08       return -1;                    //無法存入
09    }
10    newNode->item = value;          //將資料存入佇列
11    if(front == NULL)               //是否是第一次存入
12    {
13       newNode->next = NULL;
14       rear = newNode;              //rear指向新節點
15    }
16    else
17       newNode->next = front;
18    front = newNode;
19 }
20 int rearEnqueue(int value)
21 {
22    link newNode;
23    newNode = (link) malloc(sizeof(queueNode));
24    if (! newNode)
25    {
```

```
26       printf("記憶體配置失敗! \n");
27       return -1;                          //無法存入
28    }
29    newNode->item = value;          //將資料存入佇列
30    newNode->next = NULL;           //設定初值
31    if(rear == NULL)                 //是否是第一次存入
32       front = newNode;              //front指向新節點
33    else
34       rear->next = newNode;
35    rear = newNode;
36 }
```

執行結果

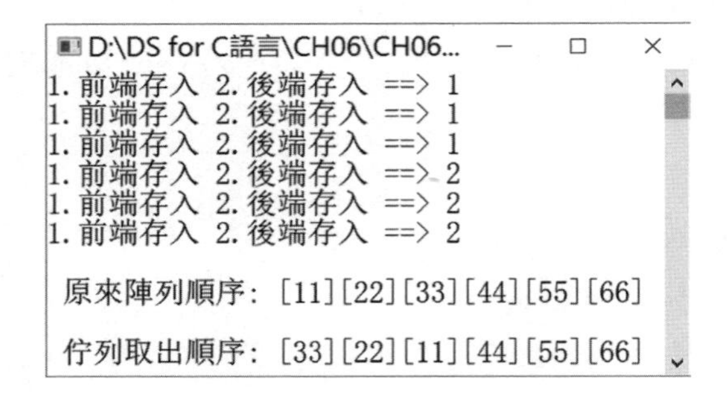

程式解說

◈ 第1~19行：定義函式frontEnqueue()，由前端加入節點：新節點完成記憶體配置之後，才把參數值value存入節點的資料欄。

◈ 第11~19行：確認是否有第一個節點，沒有的話產生第一個節點並把rear指標指向此節點。如果已有第一個節點，就把front指向新節點，新節點next指標指向原來的第一個節點。

◈ 第20~36行：定義函式rearEnqueue()，由後端加入節點；新節點完成記憶體配置之後，才把參數值value存入節點的資料欄。

◈ 第31~35行：確認是否有第一個節點，沒有的話產生第一個節點並把front指標指向此節點。如果已有第一個節點，就把rear指向新節點，新節點next指標指向原來的第一個節點。

6.2.3 優先佇列

什麼是優先佇列？一般而言，佇列具有「先進先出」的傳統美德，而「優先佇列」（Priority Queue）表示在排隊之後還要依據它的優先權，這在電腦的操作環境中，譬如：I/O設備向作業系統發出請求時，依據優先順序高者先行處理。同一間辦公室可能會共用一台列表機，當部門經理的文件也加入列印的佇列中，如果有設好優先權，那麼「經理」的文件就有可能提早完成列印。

優先佇列另外一個常見的例子就是飛機上的供餐順序，它會從頭等艙開始，然後是商務艙，最後才是經濟艙。

範例CH0606.c

```
01 link enqueue(int value, int precede)
02 {
03    link newNode, ptr;
04    newNode = (link)malloc(sizeof(queueNode));
05    if (! newNode)
06    {
07       printf("記憶體配置失敗! \n");
08    }
09    newNode->item = value;
```

```
10    newNode->prior = precede;
11    if(head == NULL || precede < head->prior)
12    {
13       newNode->next = head;
14       head = newNode;
15    }
16    else
17    {
18       ptr = head; //ptr指向第一個節點
19       while(ptr->next != NULL &&
20             ptr->next->prior <= precede)
21          ptr = ptr->next;
22       newNode->next = ptr->next;
23       ptr->next = newNode;
24    }
25    return head;
26 }
27 link dequeue(link head)
28 {
29    link ptr;
30    if(head == NULL)
31    {
32       printf("\n 佇列是空的.." );
33       return NULL;
34    }
35    else
36    {
```

```
37        ptr = head;
38        printf("\n 被移除的元素 -> %d", ptr->item);
39        head = head->next; //指向下一個節點
40        free(ptr);
41    }
42    return head;
43 }
```

執行結果

```
D:\DS for C語言\CH06\CH060...

1.存入 2.取出 3.輸出 -1-結束程式 ==> 1
輸入存入佇列的值和優先權(2) ->145, 8

1.存入 2.取出 3.輸出 -1-結束程式 ==> 1
輸入存入佇列的值和優先權(2) ->133, 4

1.存入 2.取出 3.輸出 -1-結束程式 ==> 1
輸入存入佇列的值和優先權(2) ->67, 2

1.存入 2.取出 3.輸出 -1-結束程式 ==> 1
輸入存入佇列的值和優先權(2) ->158, 7

1.存入 2.取出 3.輸出 -1-結束程式 ==> 2
 被移除的元素 -> 67
1.存入 2.取出 3.輸出 -1-結束程式 ==> 3

 優先佇列 :
 133[Priority = 4]
 158[Priority = 7]
 145[Priority = 8]
1.存入 2.取出 3.輸出 -1-結束程式 ==>
```

程式解說

- 第1~26行：定義函式engueue()依據傳入的資料和優先權來建立節點。
- 第11~15行：若是空的佇列，依配置的記憶體來產生第一個節點，並把head指標指向它。
- 第19~21行：有第一個節點後，while迴圈配合ptr指標，新增節點的優先權若大於目前節點，就往下一個節點的優先權做比較。

- 第22、23行：新節點的next指向下一個節點，目前節點的next指向新節點。
- 第27~43行：定義函式degueue()依據傳入的資料和優先權來刪除節點。
- 第30~41行：確認有第一個節點情形下，回傳被刪除節點的資料並變更指標。

6.2.4 Josephus問題

所謂的Josephus問題就是數人圍成一個圓圈，從N開始報數，數到第M人就得出列，然後繼續報數直到所有人都出列，最後輸出已出列的編號。

鏈結串列	28	67	8	31	57	100	30	73	43	54

如果從節點「3」開始報數，每間隔2就讓報數的人出列。由於它是環狀鏈結串列，所以每次完成走訪後，就會變更首節點；最後只剩節點「31」。

間隔值	1	2	3	4	5	6	7	8	9	10
	28	67	8	31	57	100	30	73	43	54
	54	28	67	31	57	30	73			
	73	54	28	31	57					
	31	57	73	54						
	54	31	57							
	31	54								
出列的數	8	100	43	67	30	28	73	57	54	

範例CH0607.c

```
01 struct node
02 {
03    int peop;
04    struct node *next;
05 };
06 struct node *first, *ptr, *newNode;
07 void main()
08 {
09    int num, k, j, count;
10    printf("\n 輸入欲參加人數 : ");
11    scanf("%d", &num);
12    printf("\n 開始報數的K值: ");
13    scanf("%d", &k);
14    first = malloc(sizeof(struct node));//配置記憶體
15    first->peop = 1; //將第一個節點的資料設為1
16    ptr = first;
17    for (j = 2; j <= num; j++)//設間隔值為2
18    {
19       newNode = malloc(sizeof(struct node));
20       ptr->next = newNode; //指向新節點
21       newNode->peop = j;    //將值存入節點的peop欄位
22       newNode->next = first; //新節點指向第一個節點
23       ptr = newNode;
24    }
25    for (count = num; count > 1; count--)
```

CHAPTER 6

```
26     {
27        for (j = 0; j < k - 1; ++j)
28           ptr = ptr->next;
29        ptr->next = ptr->next->next;
30     }
31     printf("\n 最後獲勝者 %d", ptr->peop);
32  }
```

執行結果

```
D:\DS for ...
輸入欲參加人數 : 11
開始報數的K值: 5
最後獲勝者 8
```

程式解說

◈ 第1~5行：以結構體建立鏈結串列。

◈ 第17~24行：for迴圈依據參與的人數來建立節點；從第2個節點開始，配合ptr指標來移向新節點。

◈ 第25~30行：由於有人出列，每次走訪後就依count數來變更節點數

課後習作

1. 請列舉電腦中採用佇列結構3個有關的項目。
2. 請說明佇列中指標front、rear的作用。
3. 實作「佇列」時須考慮哪些基本操作（Operation）？至少列出5項。
4. 何謂雙佇列？請說明之。
5. 現有一個環狀佇列大小爲0~7，目前「front = 3、rear = 5」，佇列內容爲（A、B、C），請寫出下列結果：

   ① dequeue()，front=？、rear=？、取出值=？

   ② enqueue(D)，enqueue(E)之後，front=？、rear=？

   ③ enqueue(F)，front=？、rear=？

   ④ dequeue()，front=？、rear=？、取出值=？

   ⑤ enqueue(G)、enqueue(H)之後，front=？、rear=？

第七章

樹狀結構

★學習導引★

- 認識樹狀結構和其相關名詞
- 開始二元樹的旅程，也認識了規格特殊的二元樹
- 以中序、前序和後序來巡行二元樹
- 介紹二元搜尋樹，亦利用它來做搜尋
- 什麼是平衡樹？它與平衡係數有什麼關係？

7.1 何謂樹？

日常生活中樹狀結構是一種應用相當廣泛的非線性結構。舉凡從企業內的組織架構、家族內的族譜，再到電腦領域中的作業系統與資料庫管理系統都是樹狀結構的衍生運用。

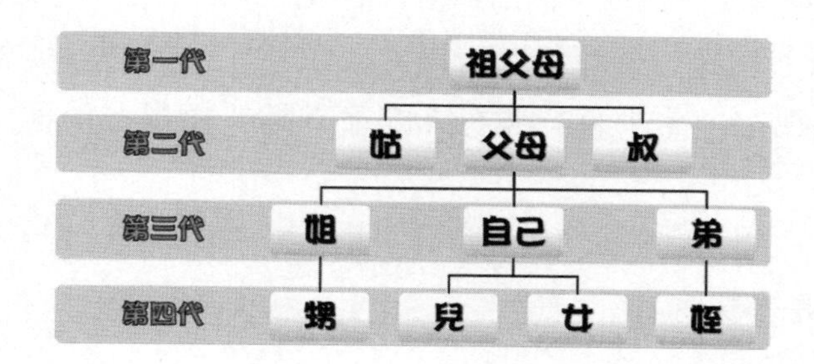

上方圖形是一個簡易的家族族譜。從祖父母的第一代開始看起，父母是第二代，自己爲第三代；我們可以發現它雖然是一個具有階層架構，但是無法像線性結構般有前後的對應關係，所以要處理這樣的資料，樹狀結構就能派上場啦！

7.1.1 「樹」的定義

一棵樹會有樹根、樹枝和樹葉；可以把樹狀結構（Tree Structure）想像成一棵倒形的樹（Tree）。此外，它還可分成不同種類，像二元樹（Binary tree）、B-Tree等，在很多領域中都被廣泛的應用。基本上，「樹」（Tree）由一個或一個以上的節點（Node）配合「關係線」（Edge）組成，如下圖所示。節點由A到H，用來儲存資料。其中的節點A是樹根，稱爲「根節點」（Root），在根節點之下是B和C兩個父節點（Parent），它們各自擁有0到n個「子節點」（Children），或稱爲樹的「分支」（Branch）。

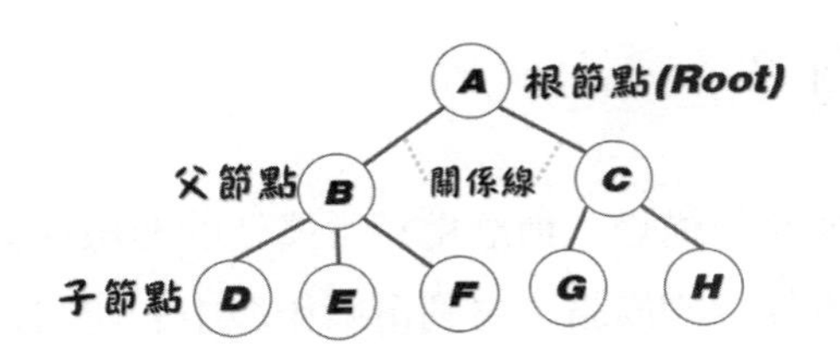

樹狀結構是由一個或多個節點組合而成的有限集合，它必須要滿足以下兩點：

- 樹不可以爲空，至少有一個特殊的節點稱「樹根」或稱「根節點」（Root）。
- 根節點之下的節點爲n≧0個互斥的子集合T_1、T_2、T_3…T_n，每一個子集合本身也是一棵樹。

樹狀結構中，除了父、子節點之外，尚有「兄弟」（Siblings）節點，觀察下圖做更多的認識。

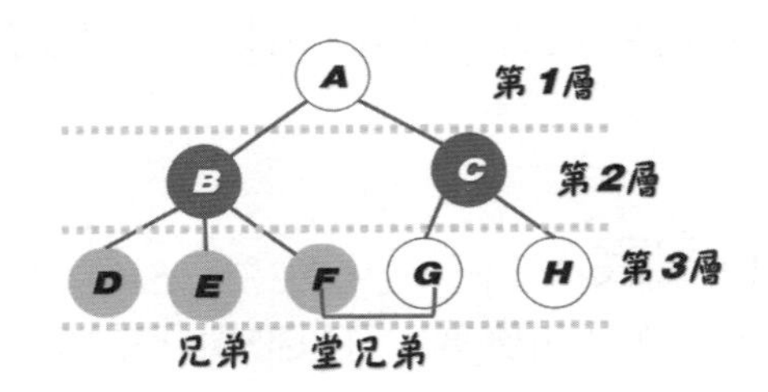

除了根節點A之外，沿著關係線來到第二層樹枝，其中的D、E和F是節點B的「子節點」，G、H是節點C的子節點。所以節點B是D、E、F的「父節點」，節點C是G和H的父節點；節點D、E、F擁有同一個父節，它們彼此之間互稱爲「兄弟節點」；同樣地，節點G和H，節點B跟C也是兄弟節點。此外，節點F和G則是「堂兄弟」。

樹狀結構具有明確的層級關係，將上方圖倒過來之後，它長得就像一棵樹；同樣地把它和上方的族譜對照，其階層關係就一目了然。所以樹狀結構具有「階層」（Level），根節點是第一層，父節點是第二層，子節點位在第三層。

7.1.2 樹的相關名詞

探討樹狀結構更多屬性之前，先認識它的一些術語。

- 節點（Node）：用來存放資料，節點A～H皆是。
- 根節點（Root）：位於最上面的節點A，一般來說，一棵樹只會有一個根節點。
- 父節點（Parent）：某節點含有子節點，節點B和C分別有子節點D、E、F和G、H，所以是它們各自的父節點。
- 子節點（Children）：某節點連接到父節點。例如：父節點B的子節點有D、E、F。
- 兄弟節點（Siblings）：同一個父節點的所有子節點互稱兄弟。例如：B、C為兄弟，D、E、F也為兄弟。
- 分支度（Degree）：每一個節點擁有的子節點數，節點B的分支度為3，而節點C的分支度為2。
- 階層（level）：樹中節點的層級數量，一代為一個階層。樹根A的階層是「1」，而子節點就是階層「3」。
- 樹高（Height）：也稱樹深（depth）：指樹的最大階層數，觀察上方圖形，它的樹高為「3」。

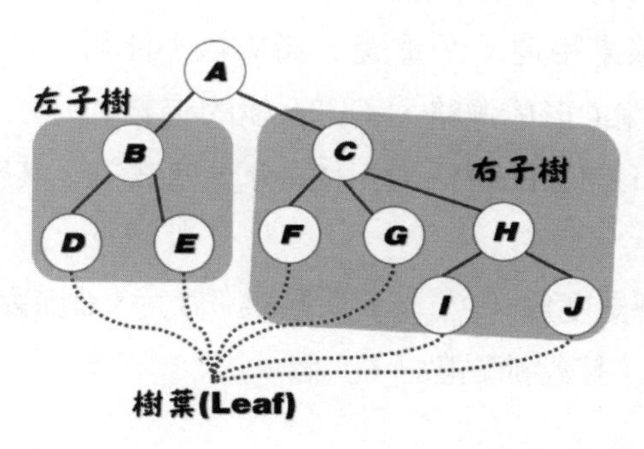

樹狀結構中，會將節點分爲兩大類，有子樹的節點和沒有子樹的節點。有子樹的節點稱爲「內部節點」（Internal node），沒有子樹的節點稱爲「外部節點」（External node），或者由下列的名詞做通盤認識。

- 樹葉（Leaf）節點：沒有子樹的節點，或稱做「終端節點」（Terminal Nodes），它的分支度爲零，如上方圖的節點D、E、F、G、I、J。
- 非終端節點（Nonterminal Nodes）：有子樹的節點，如A、B、C、H等。
- 祖先（Ancestor）：所謂祖先是指從樹根到該節點路徑上所有包含的節點。例如：J節點的祖先爲A、C、H節點，E節點的祖先爲A、B節點。
- 子孫（Descendant）：爲該節點的子樹中所包含任一節點。例如：節點C的子孫爲F、G、H、I、J等。
- 子樹（Sub-tree）：本身是樹，其節點能形成後代，以上圖來說，節點A以下有兩棵子樹，左子樹以節點B開始，右子樹由節點C開始。
- 樹林：是由n個互斥樹所組合成的，移去樹根即爲樹林，上圖移除了節點A，則包含兩棵樹，即樹根爲B、C的樹林。

例一：下圖中，哪一種才是樹（Tree）？

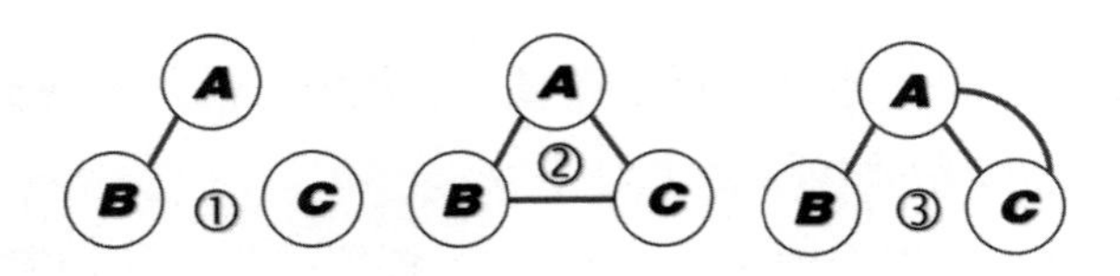

《Ans》①、②、③皆不符合樹的定義。圖①不相連，節點A和B沒有使用關係線來相連。②重邊，關係線不能再一次連接節點B和C。③節點A和C形成迴路，不符合樹的定義。

例二：參考上圖，節點B、C、G、H的分支度爲少？其終端節點數有多少個？

《Ans》B節點分支度爲「2」、C節點爲「3」、G節點爲「0」、H節點爲「2」；終端節點數「6」個。

7.1.3 樹的儲存方式

如何表達一棵樹？鏈結串列（Linked List）存放樹的節點，並使用鏈結來表達樹的有向邊。由於每個節點分支度不一樣，儲存的欄位長度也是變動的情形下，須採用固定長度來達到儲存所有節點。因此，會依據此棵樹某一節點所擁有的最多子節點數來做決定，資料結構如下圖所示。

參考下圖，假設有一棵樹的分支度為k，總共有n個節點，那麼它需要：

```
需要的LINK欄位n*k = 6*3 = 18個
有用的LINK欄位n-1 = 6-1 = 5個
浪費的LINK欄位n*k-(n-1) = 18 - 5 = 13個
```

如此看來，估計約有三分之二的鏈結空間都是空的，為了改善記憶體空間浪費的缺點，將樹化為二元樹（Binary Tree）有其必要性。

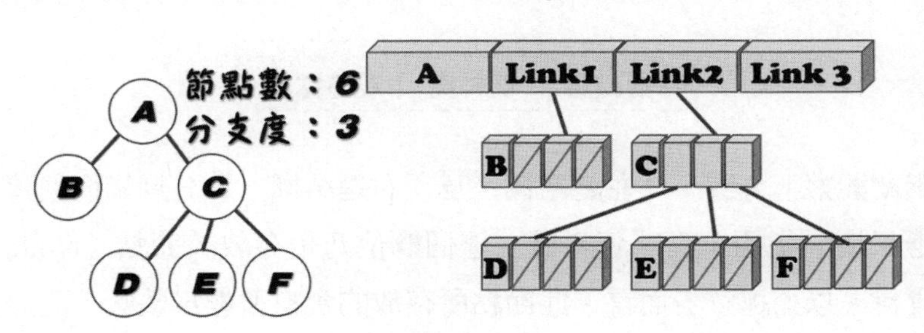

7.2 二元樹

樹依據分支度的不同可以有多種形式，而資料結構中使用最廣泛的樹狀結構就是「二元樹」（Binary Tree）。所謂的二元樹是指樹中的每個「節點」（Nodes）最多只能擁有2個子節點，即分支度小於或等於2。二元樹的定義如下：

> 二元樹的節點個數是一個有限集合，或是沒有節點的空集合
> 二元樹的節點可以分成兩個沒有交集的子樹，稱為「左子樹」(Left Subtree)和「右子樹」(Right Subtree)
> 每個節點左子樹的讀序優於右子樹的順序

7.2.1 二元樹的特色

二元樹（又稱Knuth樹），它由一個樹根及左右兩個子樹所組成，因為左、右有次序之分，也稱為「有序樹」（Ordered Tree）。簡單的說，二元樹最多只能有左、右兩個子節點，就是分支度小於或等於2，資料結構示意圖參考如下：

繼續觀察上方圖，「左鏈結欄」及「右鏈結欄」會分別指向左邊子樹和右邊子樹的指標，而「資料欄」這個欄位乃是存放該節點（Node）的基本資料。以上述宣告而言，此節點所存放的資料型態為整數。至於二元樹和一般樹有何不同？歸納如下：

- 樹不可為空集合，但是二元樹可以。
- 樹的分支度為d≧0，但二元樹的節點分友度為「0 ≦ d ≦2」。
- 樹的子樹間沒有次序關係，二元樹則有。

藉由下圖來實地了解一棵實際的二元樹。由根節點A開始，它包含了以B、C爲父節點的兩棵互斥的左子樹與右子樹。其中的左子樹和右子樹都有順序，不能任意顛倒。

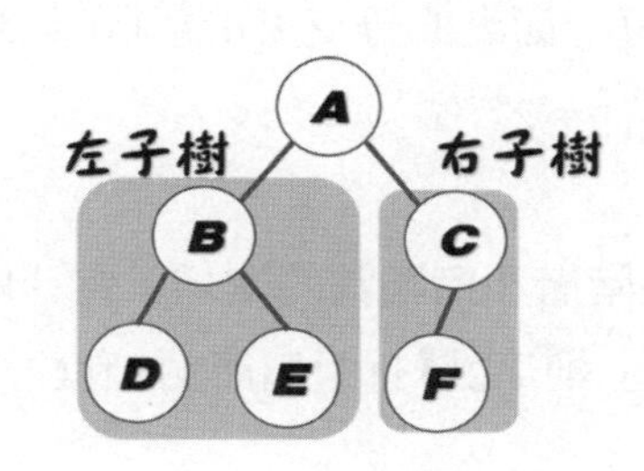

一般來說，下列五種形式皆是二元樹。

- 空二元樹。
- 只有一個根節點，參考圖T2。
- 根節點只有左子樹，參考圖T3。
- 根節點只有右節點，參考圖T4。
- 根節點下，分別含有左子樹和右子樹，參考圖T5

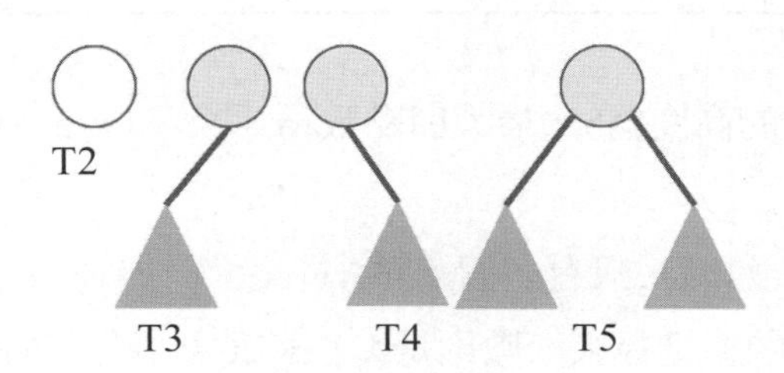

7.2.2 特殊二元樹

通常二元樹與階層、分支度和節點數皆習習相關；假設二元樹的第K階層中，最大節點數爲「2^{k-1}，k >= 1」；利用數學歸納法證明，步驟如下：

Step 1. 當階層「$i = 1$」時，「$2^{1-1} = 2^0 = 1$」，只有樹根一個節點。

Step 2. 假設階層爲i，「$i = j$」，且「$0 \le j < k$」時，節點數最多爲2^{j-1}。

Step 3. 因此得到「$i = k - 1$」，節點數爲「2k – 2」。

Step 4. 由於二元樹中每一節點的分支度d爲「$0 \le d \le 2$」；所以，階度k的節點數爲$2*2^{k-2} = 2^{k-1}$個。

以一個簡例來解析階層和節點數的關係：當「$k = 1$」表示第1層只有一個節點A；而「$k = 2$」則第2層有兩個節點B和C，依此類推。

二元樹	第k階層	2^{k-1}
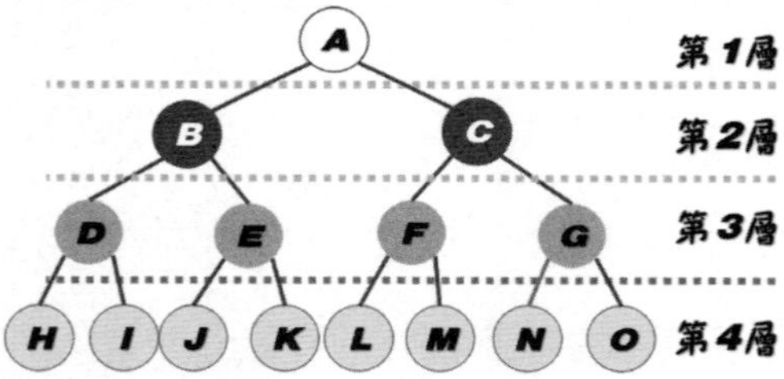 第1層：A	$k = 1$	$2^{1-1} = 2^0 = 1$
第2層：B、C	$k = 2$	$2^{2-1} = 2^1 = 2$
第3層：D、E、F、G	$k = 3$	$2^{3-1} = 2^2 = 4$
第4層：H、I、J、K、L、M、N、O	$k = 4$	$2^{4-1} = 2^3 = 8$

假設二元樹的高度爲h，最大節點數爲「$2^h - 1$，$h >= 1$」，解析步驟如下：

Step 1. 當樹高h爲1時，只有一個節點A。

Step 2. 樹高爲「2」則最大節數則是A、B和C共3個，依此類推。

二元樹	高度h	$2^h - 1$
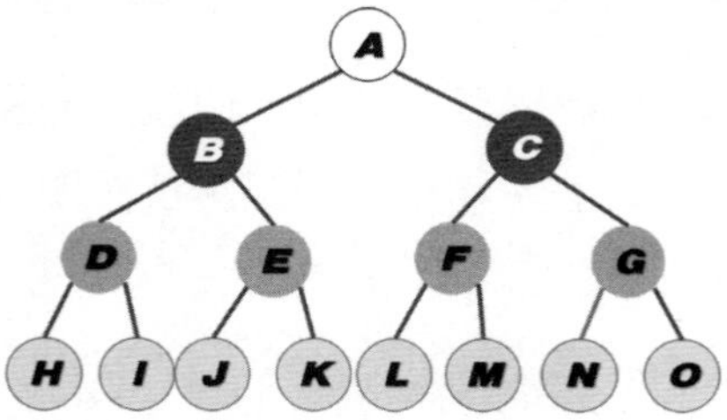 A	$k = 1$	$2^1 - 1 = 1$
B、C	$k = 2$	$2^2 - 1 = 3$
D、E、F、G	$k = 3$	$2^3 - 1 = 7$
H、I、J、K、L、M、N、O	$k = 4$	$2^4 - 1 = 15$

完滿二元樹（Full Binary Tree）是指分支節點都含有左、右子樹，而其樹葉節點都在位於相同階層中；其定義如下：

有一棵階層爲k的二元樹，k ≥ 0的情形下，有2^k-1個節點

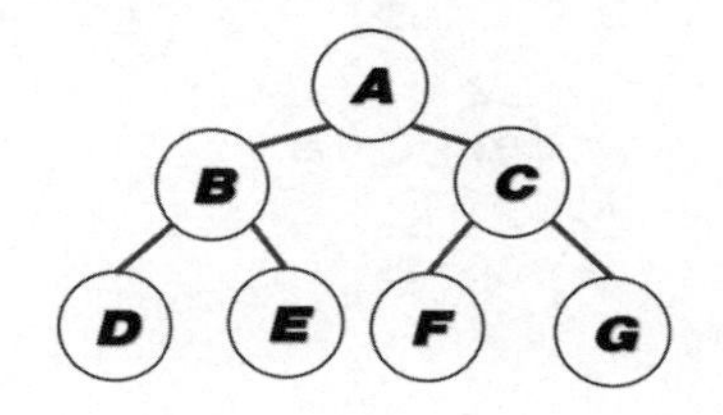

由上圖得知，若樹高爲「3」，此棵樹會有「$2^h - 1$」，節點數爲「$2^3 - 1 = 7$」。

完全二元樹（Complete Binary Tree）是指除了最後一個階層外，其他各階層節點完全被填滿，且最後一層節點全部靠左，其定義如下：

一棵二元樹的高度爲h，節點數爲n 所含節點數介於「$2^{h-1}-1< n < 2^h-1$」個

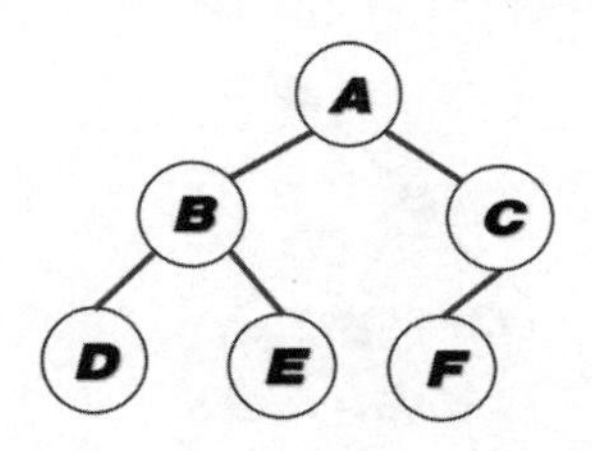

將完滿二元樹和完全二元樹對照，節點A～F要完全相符。所以當二元樹的樹高爲「3」，節點數爲「$2^2 - 1 < n < 2^3 - 1$」，也就是節點數至少爲「6」。

嚴格二元樹（Strictly Binary Tree）是指二元樹中的每一個非終端節點均有非空的左右子樹，如下圖所示：

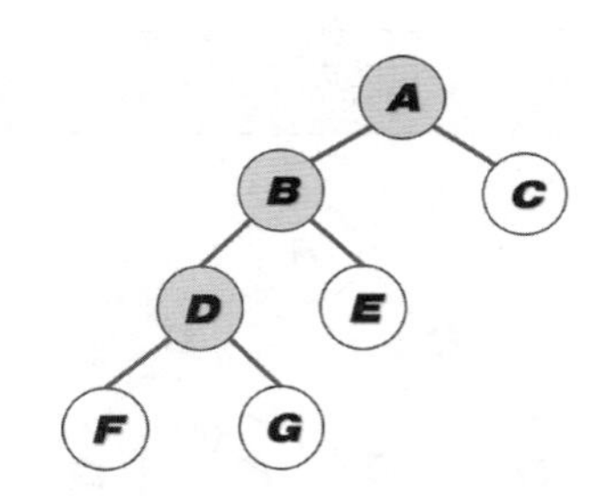

由上述不同型式的二元樹得知：

完整二元樹並不一定是完滿二元樹； 但是，完滿二元樹則必定是完整二元樹

經由「嚴格二元樹」、「完滿二元樹」及「完全二元樹」的三種定義，可以歸納它們的關係如下：

「完滿二元樹」≧「完全二元樹」≧「嚴格二元樹」

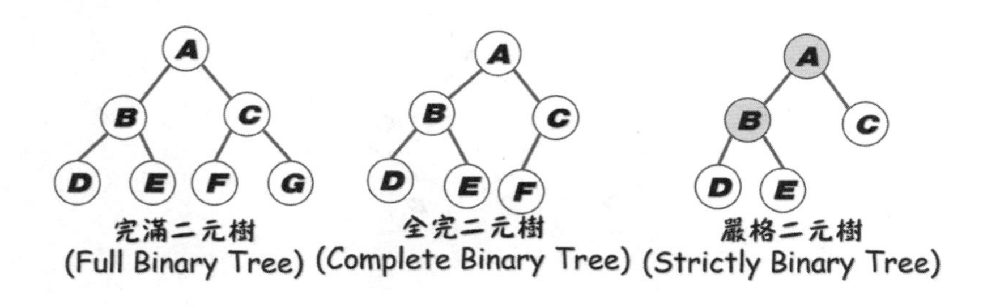

當一棵二元樹沒有右節點或左節點時，稱爲歪斜樹（Skewed Tree），可分成兩種：

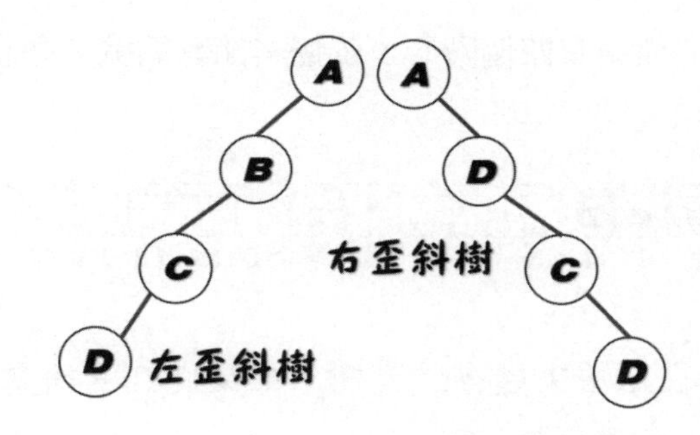

- 左歪斜（Left-skewed）二元樹：表示二元樹沒有右子樹，參考上方左側圖。
- 右歪斜（Right-skewed）二元樹：表示此二元樹沒有左子樹，參考上方右側圖。

7.2.3 二元樹以陣列表示

前文提及要處理樹狀結構，大多使用鏈結串列來處理，變更鏈結串列的指標即可。此外，陣列也能使用連續的記憶體空間來表達二元樹。那麼它們各有哪些利弊，一起來探討之。

如果要使用一維陣列來儲存二元樹，首先將二元樹想像成一個完滿二元樹，而且第k個階層具有2^{k-1}個節點，並且依序存放在一維陣列中。首先來看看使用一維陣列建立二元樹的表示方法及索引值的配置。

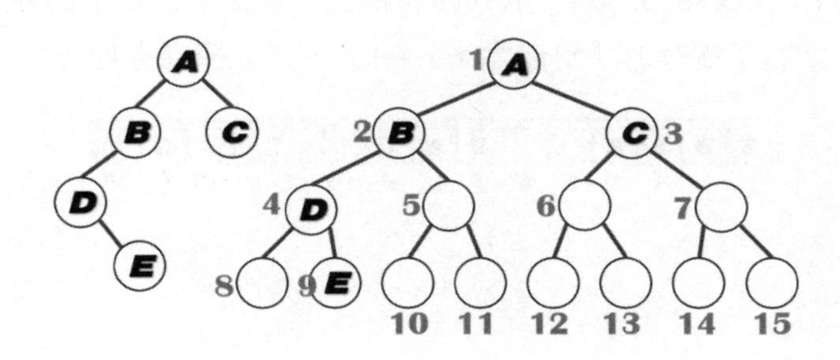

上圖完滿二元樹共有四個階層，依據其節點編號，把它們以一維陣列表示，如下圖所示。

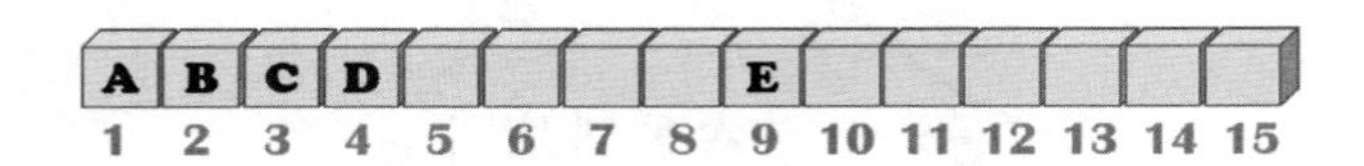

通常以陣列表示法來儲存二元樹，如果此二元樹愈接近完滿二元樹，愈節省空間，如果是歪斜樹（Skewed Binary Tree）則最浪費空間。另外，樹的中間節點做插入與刪除時，可能要大量移動來反應節點的變動。

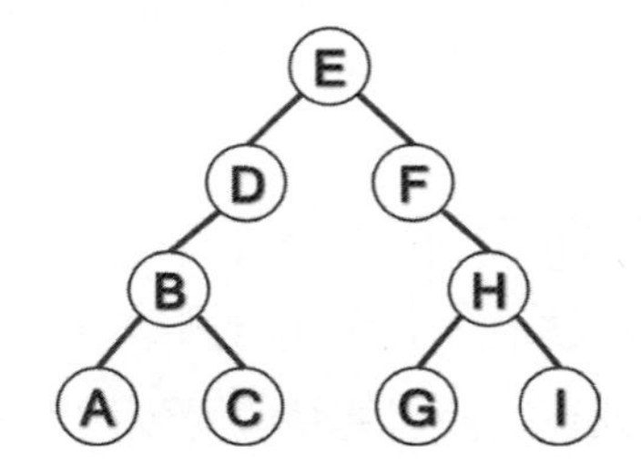

依上方二元樹圖，其輸入順序：

```
E、D、F、B、H、A、C、G、I
```

依完滿二元樹轉為陣列，依其節點編號，並採取①左子樹等於「父節點 * 2」，②右子樹等於「父節點 * 2 + 1」，二元樹儲存如下：

範例CH0701.c

```
01 void createBTree(char *btree, char *fbt, int len)
02 {
03     int j, level;                       //樹的階層
04     btree[1] = fbt[1];                  //產生根節點
05     for(j = 2; j <= len; j++ )      //建立其它節點
06     {
07         level = 1;                       //從階層1開始
08         while(btree[level] != 0)    //是否有子樹
09         {
10             if(fbt[j] > btree[level]) //是左或右子樹
11                 level = level * 2 + 1;  //右子樹
12             else
13                 level = level * 2;        //左子樹
14         }
15         btree[level] = fbt[j];          //存入節點資料
16     }
17 }
18 void main()    //主程式
19 {
20     char fbtree[16]; //陣列以完滿二元樹儲存
21     char ary[10] = {' ',
22             'E', 'D', 'F', 'B', 'H', 'A', 'C', 'G', 'I'};
23     int j;
24     for(j = 1; j < 16; j++ )          //清除二元樹陣列
25         fbtree[j] = 0;
```

```
26    createBTree(fbtree, ary, 9);   //建立二元樹
27    for(j = 1; j < 16; j++ )
28       printf("[%c] ", fbtree[j]);
29    printf("\n");
30    for(j = 1; j < 16; j++ )
31       printf("|%-3d", j);
```

執行結果

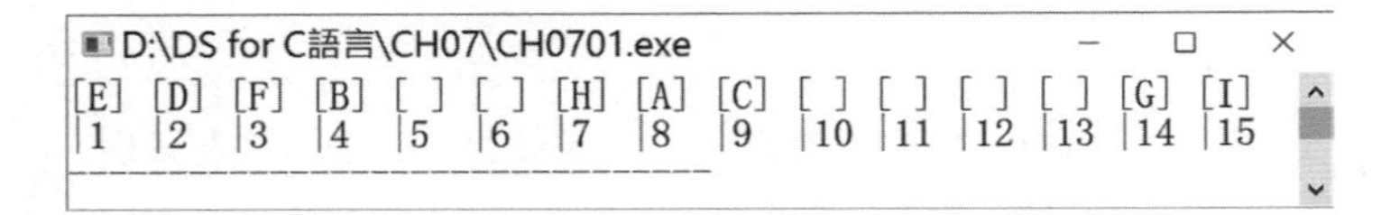

程式解說

- 第1~17行：定義函式createBTree()來建立二元樹，依據傳入的陣列元素，再依據完滿二元樹存入fbt陣列。
- 第24~25行：確認陣列fbtree是空的陣列。
- 第26~28行：呼叫函式來儲存二元樹並以for迴圈輸出陣列fbtree內容。

7.2.4 鏈結串列表示法

所謂二元樹的串列表示法，就是利用鏈結串列來儲存二元樹，使用鏈結串列來表示二元樹的好處是對於節點的增加與刪除相當容易，缺點是很難找到父節點，除非在每一節點多增加一個父欄位。

```
//範例CH0702.c
typedef struct tree                    //鏈結串列表示二元樹
{
```

```
   char item;                    //節點資料
   struct tree *left;            //指向左子樹
   struct tree *right;           //指向右子樹
}treeNode;
typedef treeNode *bitTree;      //宣告樹的指標
bitTree root = NULL;            //樹的根節點
```

◈ 以typedef配合結構體來宣告鏈結串列，它含有一個資料欄，分別指向左、右子樹的指標left、right。

◈ 依串列宣告指標bitTree，並把根節點root初始化。

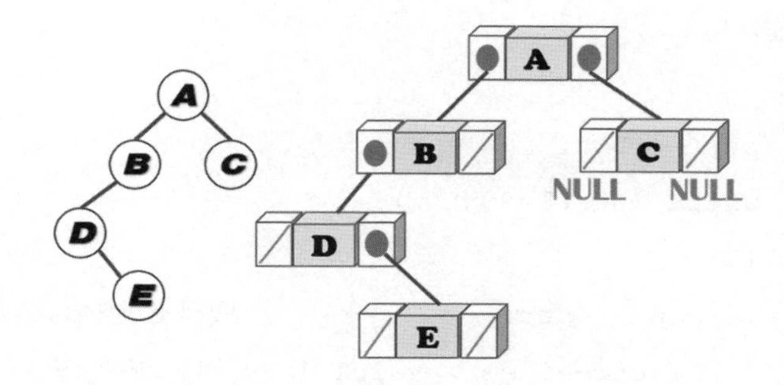

二元樹如何以鏈結串列實作，透過範例來了解。

範例CH0702.c

```
01 bitTree createBTree(char *ary, int len)
02 {
03    int j;
04    for(j = 0; j < len; j++)     //建立節點
05       root = append(root, ary[j]);
06    return root;
```

```
07 }
08 bitTree append(bitTree root, char value)
09 {
10    bitTree newNode, ptr, papa;
11    newNode = (bitTree)malloc(sizeof(treeNode));
12    newNode->item = value; //初始化二元樹的資料欄和左、右樹指標
13    newNode->left = NULL;
14    newNode->right = NULL;
15    if(root == NULL)
16       return newNode;
17    else
18    {
19       ptr = root;
20       while (ptr != NULL )
21       {
22          papa = ptr;               //取得父節點papa指標
23          if(ptr->item > value )    //比較節點的值
24             ptr = ptr->left;       //指向左子樹
25          else
26             ptr = ptr->right;      //指向右子樹
27       }
28       if (papa->item > value )    //串起父、子的鏈結
29          papa->left = newNode;
30       else
31          papa->right = newNode;32      }
33    return root;
34 }
```

程式解說

- ◈ 第1~7行：定義函式createBTree()，依傳入的陣列元素呼叫append()方法來產生節點。
- ◈ 第8~34行：定義函式append()，依據參數root和值並呼叫malloc()函式初始化新節點「newNode」並插入二元樹的其它節點。
- ◈ 第15~32行：無根節點就先建立根節點；然後配合ptr指標，依據傳入的值來建立左、右子樹的節點。

7.3 走訪二元樹

走訪二元樹（Binary Tree Traversal）最簡單的說法就是「從根節點出發，依照某種順序拜訪樹中所有節點，每個節點只拜訪一次」；走訪後，將樹中的資料轉化爲線性關係。其實二元樹的走訪，並非像線性資料結構般單純，就以下一個簡單的二元樹節點而言，每個節點都可區分爲左右兩個分支：所以，有ABC、ACB、BAC、BCA、CAB、CBA等6種走訪方法。

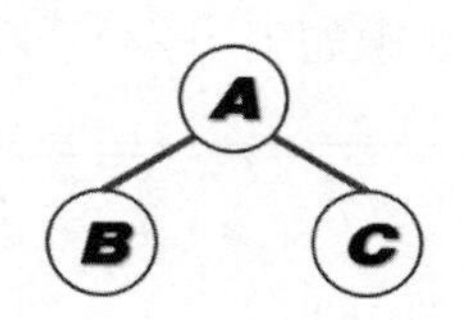

如果是依照二元樹特性，一律由左向右，那會只剩下三種走訪方式，分別是BAC、ABC、BCA三種。把這三種方式的命名與規則列示如下：

前序走訪(ABC)：樹根→左子樹→右子樹
中序走訪(BAC)：左子樹→樹根→右子樹
後序走訪(BCA)：左子樹→右子樹→樹根

對於這三種走訪方式，各位讀者只需要記得樹根的位置就不會前中後序給搞混。也就是說，將整棵二元樹的資料讀取與走訪過程為一種遞迴之過程。

7.3.1 中序走訪

中序走訪順序：「左子樹→樹根→右子樹」。

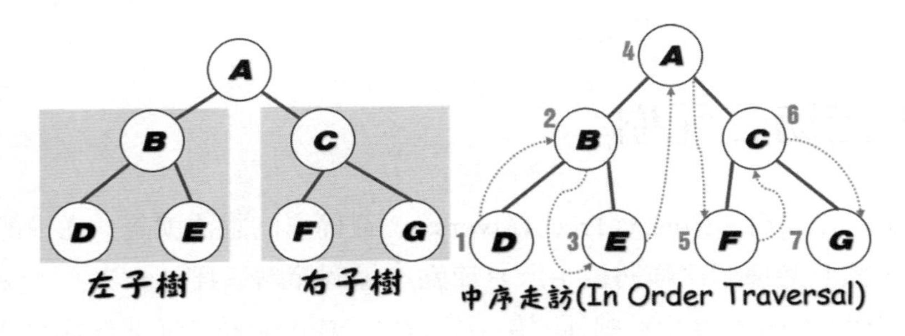

就是沿著樹的左子樹一直往下，直到無法前進後退回父節點，再往右子樹一直往下。如果右子樹也走完了就退回上層的左節點，再重覆左、中、右的順序走訪。參考上圖，中序走訪節點順序為「DBEAFCG」。二元樹的中序走訪，其相關程式碼如下：

```
//範例CH0703.c
void inorder(bitTree tree)
{
   if(tree != NULL)
   {
      inorder(tree->left);              //1.先走訪左子樹
      printf("[%2c]->", tree->item);   //2.樹根
      inorder(tree->right);             //3.再走訪右子樹
   }
}
```

◈ 定義函式inOrder()，以遞迴呼叫方式，依照中序走訪的方式從左子樹開始，然後根節點，最後走訪右子樹。

7.3.2 前序走訪

前序走訪的順序爲：「樹根→左子樹→右子樹」。

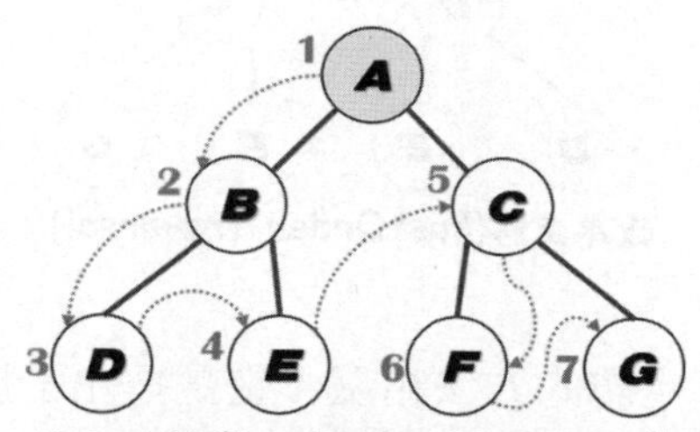

前序走訪(PreOrder Traversal)

前序走訪就是從根節點開始處理，根節點處理完往左子樹走，直到無法前進再處理右子樹；其走訪的節點可參考圖，前序走訪節點順序爲「ABDECFG」。二元樹的前序走訪，相關程式碼如下：

```
//範例CH0703.c
void preorder(btree ptr)
{
   if(ptr != NULL)
   {
      printf("[%c]->", ptr->item);     //1.先走訪樹根
      preorder(ptr->left);             //2.再走訪左子樹
      preorder(ptr->right);            //3.最後走訪右子樹
   }
}
```

◈ 定義函式preOrder()，以遞迴呼叫方式，依照前序走訪的方式從樹根開始，然後左子樹，最後走訪右子樹。

7.3.3 後序走訪

後序走訪的順序為：「左子樹→右子樹→樹根」。

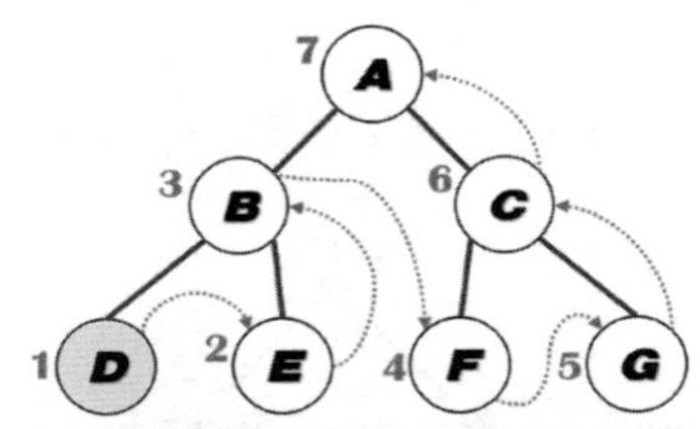

後序走訪(PostOrder Traversal)

後序走訪和前序走訪的方法相反，它是把左子樹的節點和右子樹的節點都處理完了才處理樹根。參考上方圖了解其節點的走訪，後序走訪「DEBFGCA」。二元樹的後序走訪，其相關程式碼如下：

```
/* 範例CH0703.c */
void postorder(btree root)
{
   if(root != NULL)
   {
      postorder(root->left);            //1.先走訪左子樹
      postorder(root->right);           //2.然後走訪右子樹
      printf("[%c]->", root->item);     //3.最後是樹根
   }
}
```

◈ 定義函式postorder()，以遞迴呼叫方式，依照後序走訪方式從左子樹開始，然後走訪右子樹，最後才是根節點。

7.3.4 二元運算樹

對於一般的數學算術式而言，各位也可以轉換成二元運算樹的方式，轉換規則如下：

- 考慮運算子的優先權與結合性，再適當的加以括號。
- 由內層的括號逐次向外，且運算子當樹根，左邊運算元當左子樹，右邊運算元當右子樹。

例如：將下述運算式轉換為二元運算樹，它的作法很簡單，首先請將此運算式加上括號，再依照以上的兩點規則逐次展開。

```
A/B*C+D*E-A*C → ((A/B*C)+((D*E))-(A*C)))
```

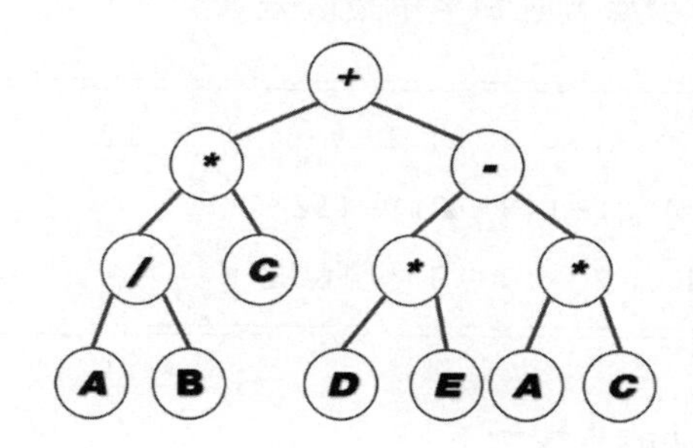

中序表示法（Infix）：

```
(A/B*C)+((D*E))-(A*C))
```

前序表示法（Prefix）：

```
-*/ABC-*DE*AC
```

CHAPTER

後序表示法（Postfix）：

```
AB/C*DE*AC*-+
```

將原有的中序轉成後序時，它的好處是：

- 表示法轉換時不需要處理運算子的先後順序問題。
- 利用「堆疊」做計算即可。

如何以後序表示法來處理？

Step 1. 由字串開始讀取，「ABC+…」。

Step 2. 遇到運算元就放入堆疊中，遇到運算子就做計算。

Step 3. 重複前兩項步驟，直到字串讀取完畢。

```
假設 A = 16, B = 4, C = 2, D = 8, E = 10
中序表示法：(16/4*2)+((8*10))-(16*2))
後序表示法：16 4 / 2 * 8 10 * 16 2 * - +
```

使用後序表示法的步驟如下：

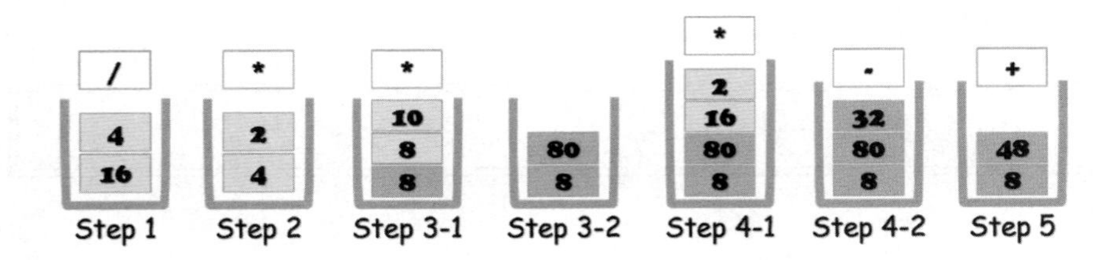

Step 1. 將數值16和4放入堆疊中，遇到運算子「/」就將兩個運算元以pop方式彈出來做運算，再將結果「4」存回堆疊中。

Step 2. 遇到運算子「*」和運算元「2」，同樣把數值4彈出來運算再存回結果於堆疊。

Step 3. 將數值8和10放入堆疊，遇到運算子「*」就將運算元8和10做運算，其結果存回堆疊。

Step 4. 將數值16和2放入堆疊，遇到運算子「*」就將運算元16和2做運算，其結果存回堆疊，碰到運算子「-」，將數值80和32相減。

Step 5. 最後碰到運算子「+」，彈出運算元並把它們相加再存回堆疊。

二元樹的走訪練習！以二元樹的不同範例，來讓大家進行中序、前序與後序走訪的練習。請把握以下走訪的三個原則：

- 中序走訪（BAC）：左子樹→樹根→右子樹
- 前序走訪（ABC）：樹根→左子樹→右子樹
- 後序走訪（BCA）：左子樹→右子樹→樹根

<table>
<tr><td>例一：請利用後序走訪將下圖二元樹的走訪結果依節點的值列示出來。</td><td rowspan="2">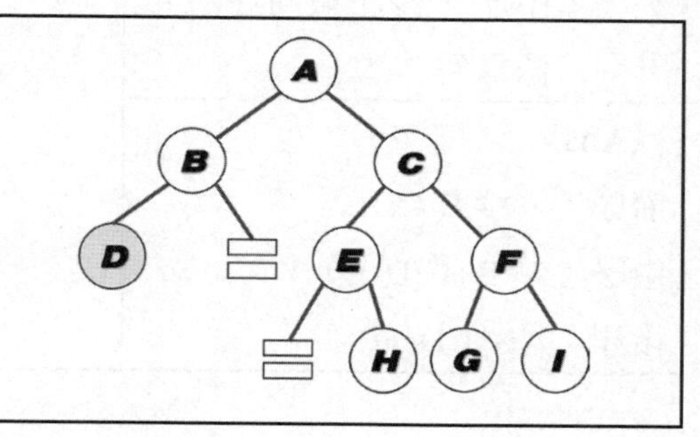
</td></tr>
<tr><td>《解答》把握左子樹→右子樹→樹根的原則，可得DBHEGIFCA。</td></tr>
</table>

<table>
<tr><td>例二：請問下列二元樹的中序、前序及後序走訪的結果為何？</td><td rowspan="2">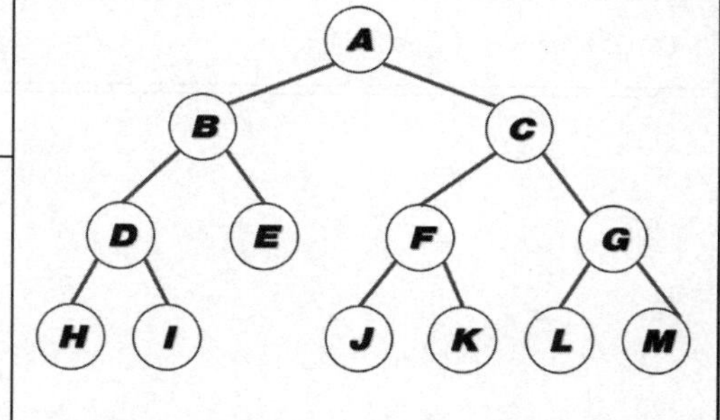
</td></tr>
<tr><td>《Ans》
前序：ABDHIECFJKGLM
中序：HDIBEAJFKCLGM
後序：HIDEBJKFLMGCA</td></tr>
</table>

例三： 一棵樹表示成A(B(CD)E(F(G)H(I(JK)L(MNO))))，請畫出後序與前序走訪的結果。	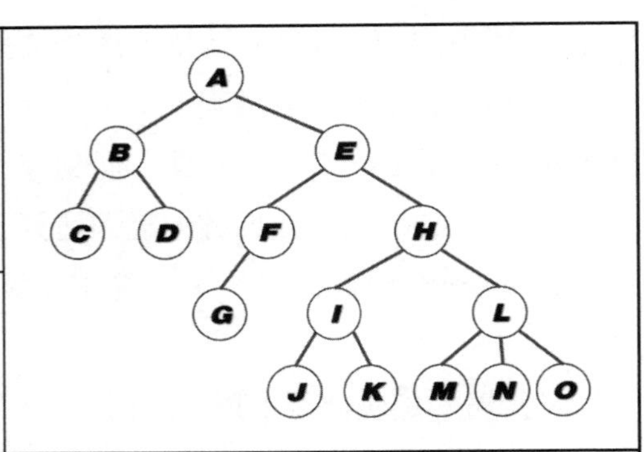
《Ans》 後序走訪： CDBGFJKIMNOLHEA	
前序走訪： ABCDEFGHIJKLMNO	

例四： 請問以下二元運算樹的中序、後序與前序表示法爲何？	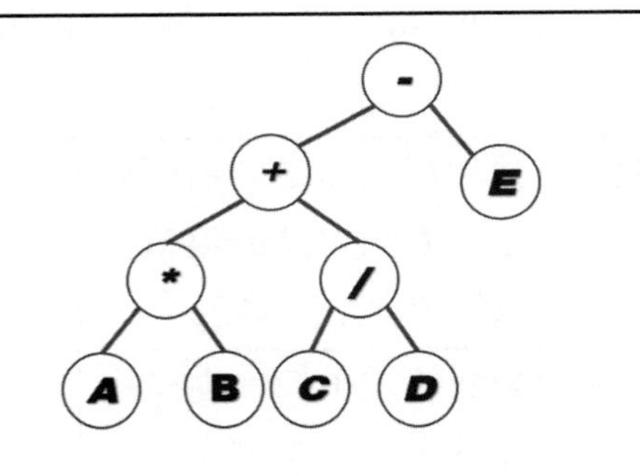
《Ans》 前序：-+*AB/CDE 中序：A*B+C/D-E 後序：AB*CD/+E-	

例五： 寫出下列算術式的二元運算樹與後序表示法。

```
(a+b)*d+e/(f+a*d)+c
```

《Ans》

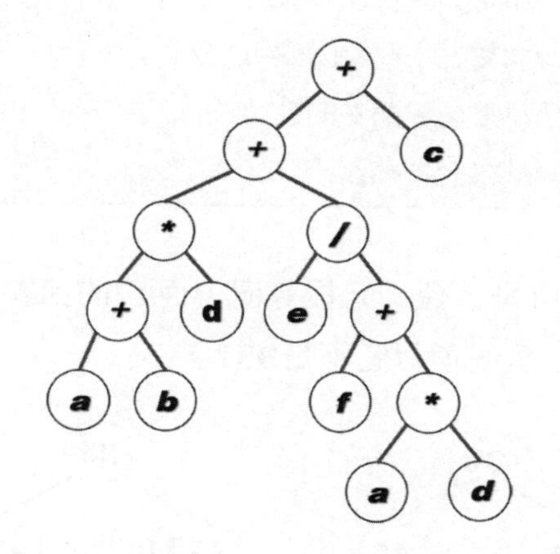

例六：求下圖樹林的中序、前序與後序走訪結果。	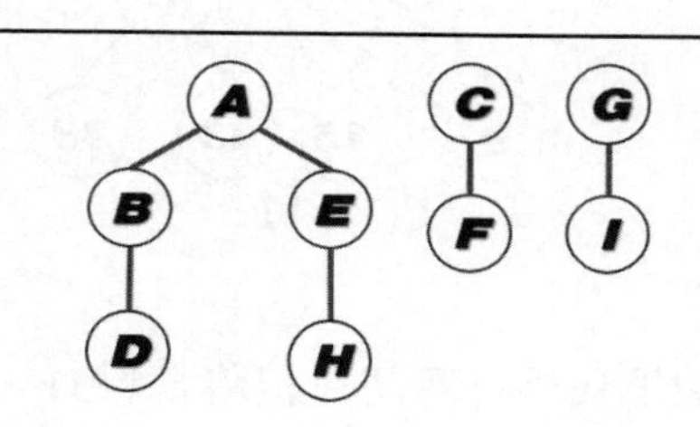
《Ans》 中序走訪：DBHEAFCIG 前序走訪：ABDEHCFGI 後序走訪：DHEBFIGCA	

7.4 二元搜尋樹

「二元搜尋樹」（Binary Search Tree，簡稱BST）本身就是二元樹，每一節點都會儲存一個值，或者稱爲「鍵值」。既然稱爲二元搜尋樹，表示它支援搜尋；如何定義二元搜尋樹，一同來學習之。

7.4.1 認識二元搜尋樹

二元搜尋樹T是一棵二元樹；可能是空集合或者一個節點包含一個值，稱爲鍵值，且滿足以下條件：

整棵二元樹中的每一個節點都擁有不同值
T的每一個節點的鍵值大於左子節點的鍵值
T的每一個節點的鍵值小於右子節點的鍵值
T的左、右子樹也是一個二元搜尋樹

以下圖來說，T1是一棵二元搜尋樹，而T2的節點「34」違反規則，其鍵值比節點「15」大，所以它不是BST。

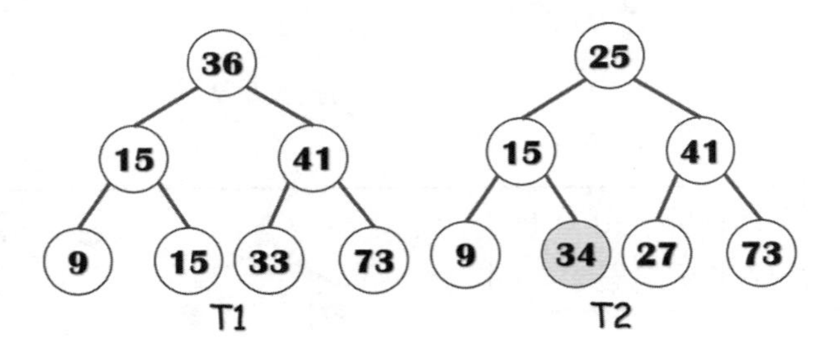

如果我們打算將一組將資料31、28、16、40、55、66、14、38依照字母順序建立一棵二元搜尋樹。輸入字母的資料相同，但是順序不同就會出現不同的搜尋樹。請看底下的詳細建立規則：

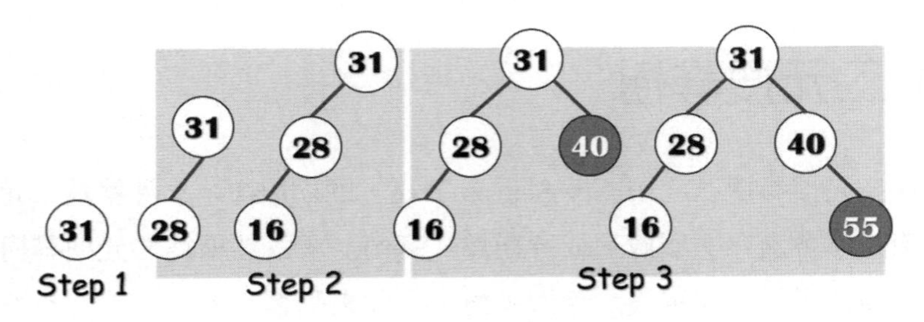

Step 1. 先設根節點31為其鍵值。

Step 2. 數值28比根節點小，所以設為左子節點，數值16比28小，設為左子樹28的左子節點。

Step 3. 數值40比根節點大，就設為右子節點；數值55比右子樹的40大，設成右子樹的右節點。

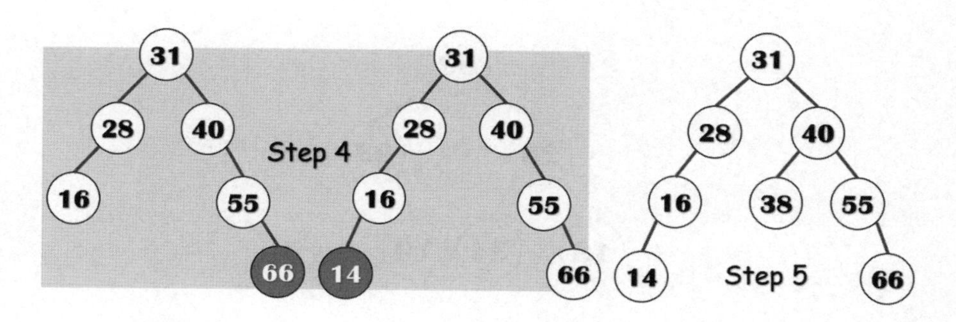

Step 4. 數值66設爲節點55的右子節點，數值14設爲節點16的左子節點。

Step 5. 最後，數值35設爲節點40的左子節點。

例一：請依照「7, 4, 1, 5, 13, 8, 11, 12, 15, 9, 2」順序，建立的二元搜尋樹。

《Ans》

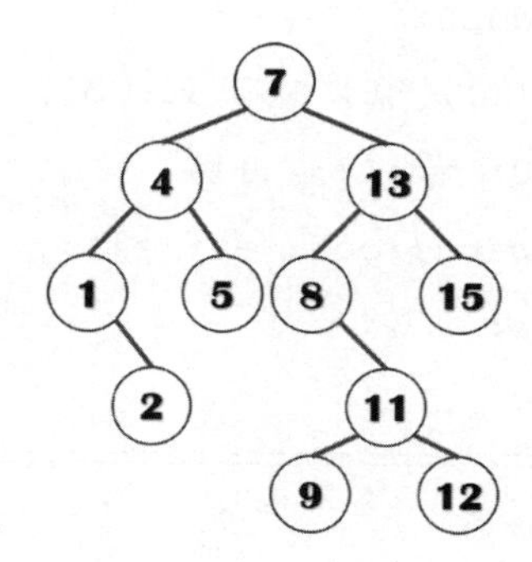

7.4.2 產生二元搜尋樹

輸入一連串的數字再把它轉換爲二元搜尋樹的作法有了初步體驗之後，透過下述範例並配合鏈結串列，以插入節點方式來建立一棵二元搜尋樹；輸入的值「60、25、93、34、18、79」。

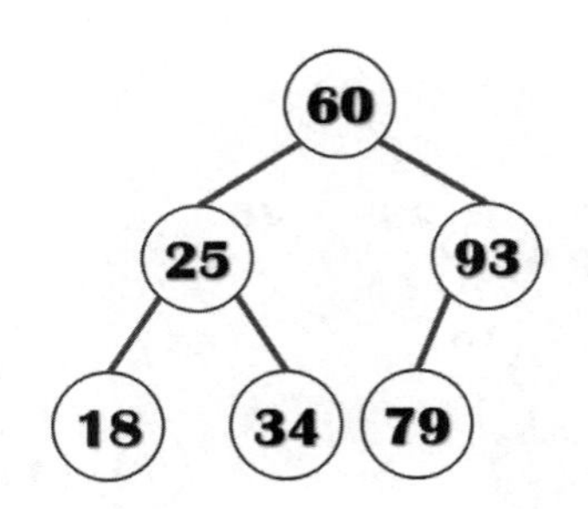

範例CH0704.c

```
01 void main()
02 {
03     btree root = NULL;
04     btree ptr = NULL;
05     int ary[] = {31, 28, 16, 40, 55, 66, 14, 38};
06     for(int j = 0; j < 8; j++)
07         root = append(root, ary[j]);
08     inorder(root);
09 }
```

執行結果

```
D:\DS for C語言\CH07\C...
[18]->[25]->[34]->[60]->[79]->[93]->
--------------------------------
```

程式解說

◈ 第7行：呼叫函式append()來產生節點，相關程式碼請參考範例CH0702.c的append()函式。

◈ 第8行：以中序走訪輸出結果，相關程式碼請參考範例CH0703.c的inorder()函式。

7.4.3 找尋二元搜尋樹的節點

要找出二元搜尋樹的某個鍵值十分簡單，依據下述原則走訪二元樹，就可找到打算搜尋的值。

> 左子樹鍵值 ≦ 父節點鍵值 ≦右子樹鍵值

因為右子節點的鍵值一定大於左子節鍵值，所以只需從根節點開始做比較，就能知道其欲搜尋鍵值是位在右子樹或左子樹。例如從範例CH0704找出BST的鍵值「18」。

Step 1. 從根節點60開始做比較，18比根節點小，往左子樹方向。

Step 2. 由於比父節點25小，所以再與左子樹的左子節點做比對，鍵值相同就找到了。

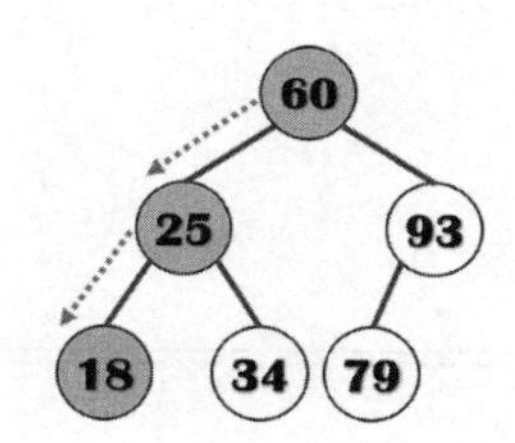

Step 3. 如果欲搜尋的值比根節點「60」要大，就往右子樹查找，直到找不到為止。

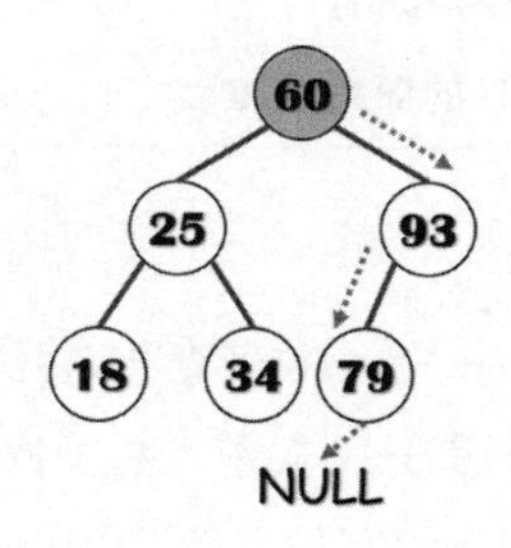

範例CH0704.c

```
01 btree btreefind(btree ptr, int value)
02 {
03     while(ptr != NULL )              //走訪二元搜尋樹
04     {
05         if (ptr->item == value ) //找到了就回傳此節點的值
06             return ptr;
07         else
08             if (ptr->item > value) //節點的資料與傳入的值比較
09                 ptr = ptr->left;     //左子樹
10             else
11                 ptr = ptr->right;    //右子樹
12     }
13     return NULL;                     //沒有找到
14 }
```

執行結果

```
D:\DS for C語言\CH...
請輸入找尋節點資料(1 - 6) ==> 79

找到 BST 的節點 [79]
```

程式解說

◈ 第1~14行：定義函式btreeFind()來查訪二元搜尋樹的節點，while迴圈配合指標ptr依據傳入的值與分別與左、右子樹的節點做比較。有找到就回傳ptr所指向此節點的資料，沒有找到就以NULL回傳。

7.4.4 刪除二元搜尋樹的節點

通常刪除BST的節點有三種做考量：

➢ 刪除葉節點，表示它沒有左、右節點可直接做刪除。下圖的葉節點「18」只要移除指標，就能直接刪除它。

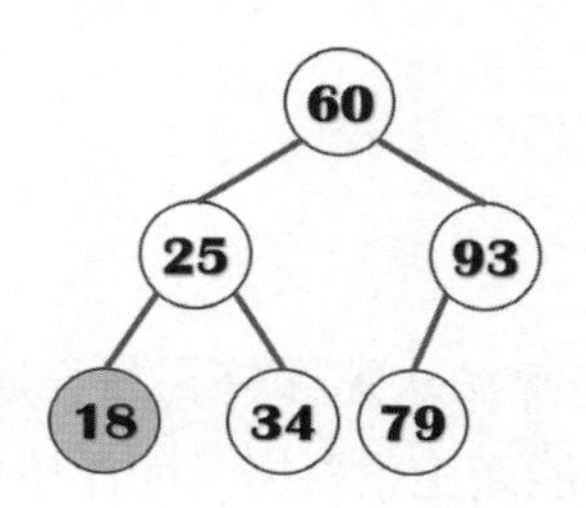

➢ 刪除的節點含有一個子節點；刪除此節點之後，要將後代節點取代成原有被刪除的節點。下圖的節點「93」含有一個子節點，所以當它被刪除後，其後代節點「79」比根節點的值大，所以取代了被刪除節點。

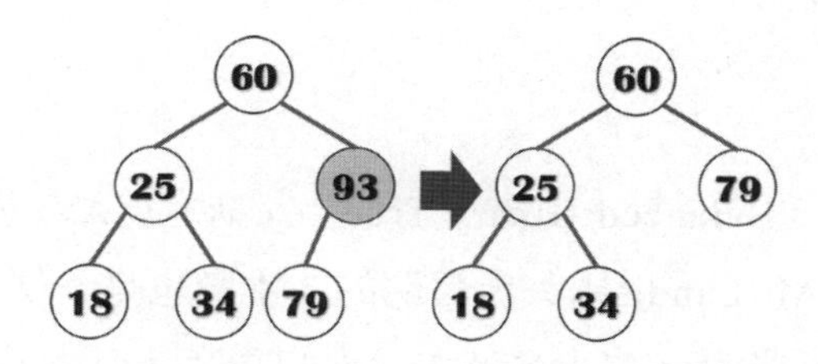

➢ 刪除的節點含有左、右兩個子節點會比較麻煩；它的作法：先找出能變成葉節點的「中序前繼者S」，再先複製「中序前繼者S」與「欲刪除節點者N」再行互換，然後才刪除節點N。

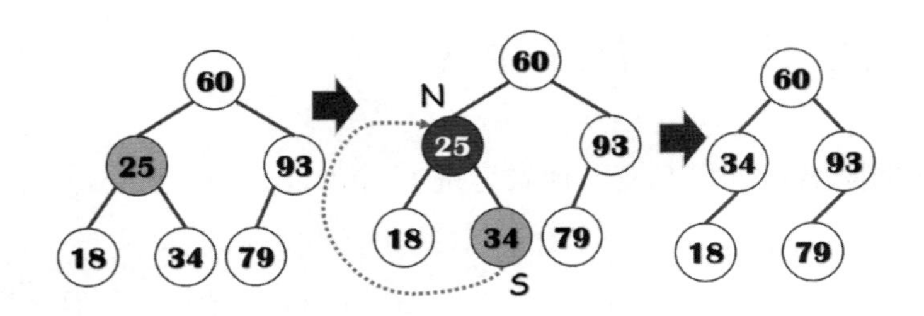

參考範例CH0706.c。

7.5 平衡樹

二元搜尋樹的缺點是無法永遠保持在最佳狀態。當輸入之資料部分已排序的情況下，極有可能產生歪斜樹，因而使樹的高度增加，導致搜尋效率降低。為了能夠儘量降低搜尋所需要的時間，讓我們在搜尋時能很快找到所要的鍵值，或者很快知道目前的樹中沒有所要的鍵值，則必須讓樹的高度愈低愈好。所以二元搜尋樹較不利於資料的經常變動（加入或刪除），相對地比較適合不會變動的資料，像是程式語言中的「保留字」等。

所謂平衡樹（Balanced Binary Tree）又稱之為AVL樹，它是由Adelson-Velskii和Y. M. Landis兩人所發明的，本身也是一棵二元搜尋樹，但是當資料加入或刪除時，先會檢查二元樹的高度是否「平衡」，如果不平衡就設法調整為平衡樹。適用於經常異動的動態資料，像編譯器（Compiler）裡的符號表（Symbol Table）等。

7.5.1 平衡樹的定義

由於AVL樹也是一棵二元搜尋樹。所以，要在二元平衡樹中加入或刪除節點做諸如此類的運算，其效率的好壞，往往與樹的高度有很大的關連性。因此，沒有適當的控制樹高，經過一段時間的插入與刪除等動態維護工作，會造成存取上效率的降低。

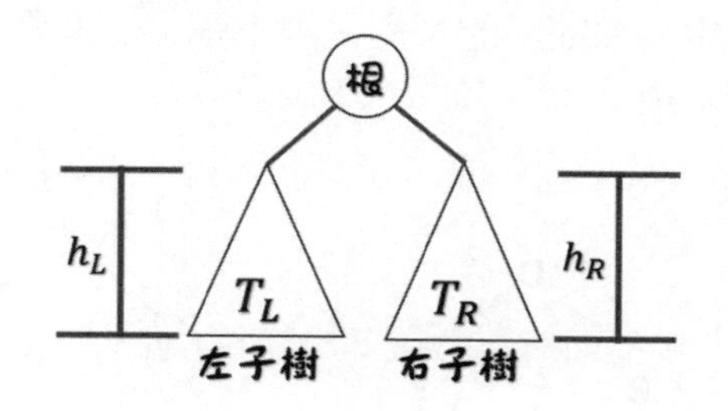

為了提高效率，AVL樹在每次插入和刪除資料後，必要時會對二元樹作一些高度的調整動作，讓二元搜尋樹的高度隨時維持平衡。以下說明平衡樹的正式定義：

T是一個非空的二元樹，左子樹T_L、右子樹T_R分別都是高度平衡樹

◈ $|h_L - h_R| \leqq 1$，h_L及h_R分別為T_L與T_R的高度。

AVL樹中，所有內部節點的左、右子樹的高度差，必須小於或等於1。

7.5.2 AVL的平衡係數

依據上方圖給結論：T_1為平衡樹，而T_2非平衡樹。說明原因之前，首先認識平衡樹中使用的專有名詞「平衡係數」（Balance Factor, BF）。要判斷一個節點的平衡係數，是指將該節點的左子樹高度減去右子樹高度，例如：

左子樹高度為3，右子樹高度為2，節點的平衡係數：3 - 2 = 1
左子樹高度為3，右子樹高度為3，節點的平衡係數：3 - 3 = 0
左子樹高度為3，右子樹高度為4，則這個節點的平衡係數為3 - 4 = -1

這意味含節點的左、右子樹具有高度差，必須「≦ 1」以符合平衡樹的定義。任意節點的平衡係數只有三種情況會出現，即-1、0、1。也就是說，當如果找到樹中內部節點的平衡係數不是這三個數字，就可以推斷出該樹並非是一顆平衡樹。

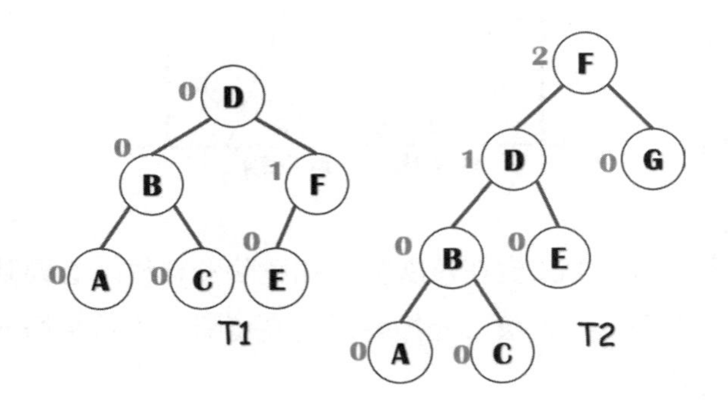

參考上方示意圖的T1，每個節點旁邊的數字爲該節點的平衡係數，如何取得？

Step 1. 一開始節點A、C、E都是「0」。

Step 2. 由依左子樹樹高減右子樹樹高的原則，而節點A、C的樹高爲「1」，所以節點B的平衡係數是「1 – 1 = 0」；而節點E的樹高（左子樹）爲「1」，右子樹的樹高是「0」；因此節點F的平衡係數是「1 – 0 = 1」。

Step 3. 節點D的平衡係數則是「2 – 2 = 0」（節點B、F的樹高爲2）。

我們得知T1所有節點的平衡係數的絕對值均小於或等於1，所以T1是一棵平衡樹。那麼T2呢？就直接來看根節點F，它的平衡係數是「3 – 1 = 2」（左樹高3，右樹高1）而違反其中一個原則，其平衡係數非-1、0、1這三個數字，所以T2就不是一棵AVL樹。

7.5.3 調整為AVL樹

如何調整二元搜尋樹成為一平衡樹？首先得先找出「不平衡點」，再依據AVL樹提供的LL型、LR型、RR型、RL型之四種，重新調整其左右子樹的高度。

➤ LL型：新加入節點C形成左子樹節點B的左子節點，造成節點A的平衡係數為「2」而失去平衡。調整時，值小的節點C放在左子樹，節點B向上提，節點A以順時針方向旋轉，確保所有節點中左、右子樹的高度差小於或等於1。

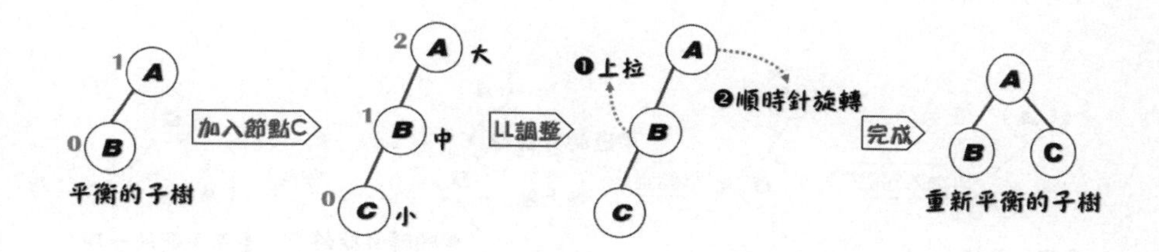

➤ LR型：新加入節點C形成左子樹節點B的右子節點，造成節點A的平衡係數為「2」而失去平衡。調整時，將節點C向上提，值小的節點B放在左子樹，值大的節點A放在右子樹，確保所有節點中左、右子樹的高度差小於或等於1。

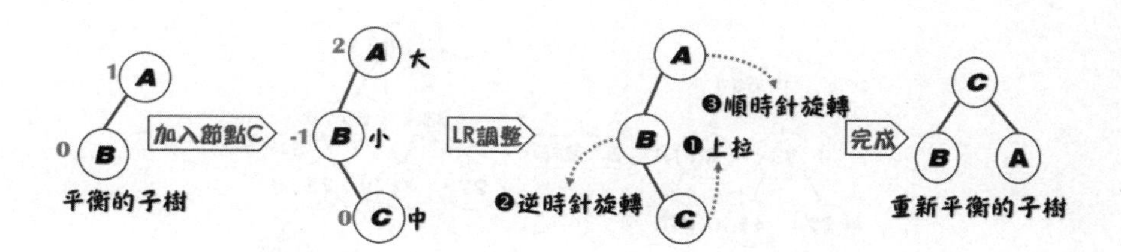

➤ RR型：新加入節點C形成右子樹節點B的右子節點，造成節點A的平衡係數為「-2」而失去平衡。調整時，將節點B向上提，值小的節點A逆時針方向旋轉後放在左子樹，值大的節點C放在右子樹，確保所有節點中左、右子樹的高度差小於或等於1。

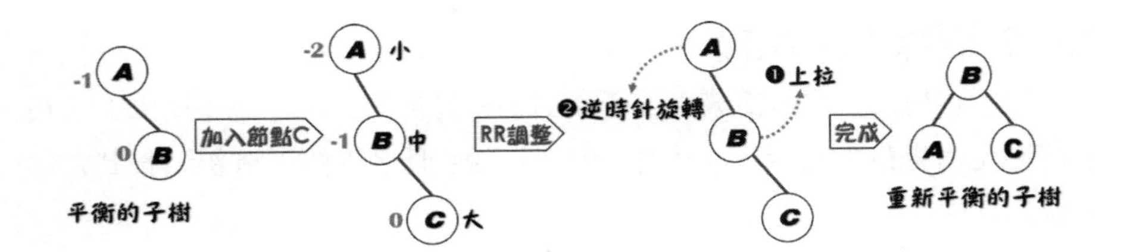

➢ RL型：新加入節點C形成右子樹節點B的右子節點，造成節點A的平衡係數為「-2」而失去平衡。調整時，節點C向上提，值小的節點A放在左子樹，值大的節點B放在右子樹，確保所有節點中左、右子樹的高度差小於或等於1。

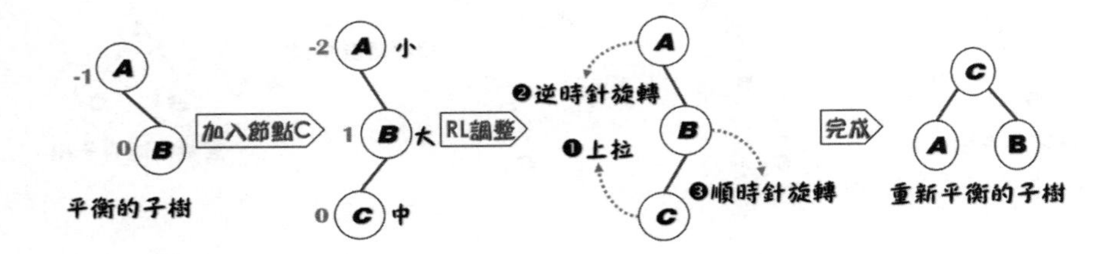

例一：實作一個BST範例，加入鍵值「98」後，試繪出其圖形。

Step 1. BST圖形。

Step 2. 加入節點98

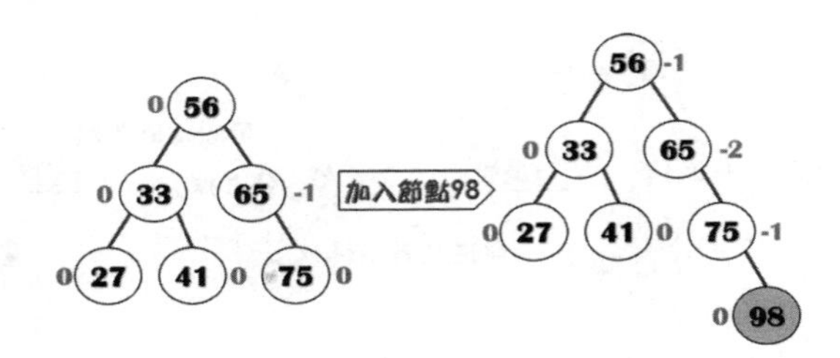

Step 3. 調整爲平衡樹。

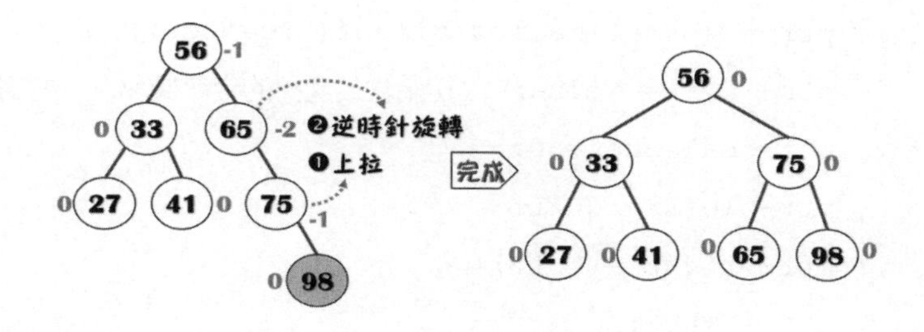

如何實作AVL樹的程式碼？同樣先以結構體來產生二元樹。

```
//範例CH0707.c
typedef struct tree          //鏈結串列表示二元樹
{
   int item;                 //節點資料
   int balance;              //平衡係數
   struct tree *left;       //指向左子樹
   struct tree *right;      //指向右子樹
}treeNode;
typedef treeNode *btree;     //宣告樹的指標
```

◈ 節點除了item欄位儲存的資料外，尚有balance是AVL樹的平衡係數。

範例CH0707.c

```
01 btree append(btree ptr, int value, bool *ht)
02 {
03    btree pivot, crucial;
04    if(ptr == NULL)
```

```
05    {
06       ptr = (btree)malloc(sizeof(treeNode));
07       ptr->item = value; //初始化二元樹的資料欄和左、右樹指標
08       ptr->balance = 0;
09       ptr->left = NULL;
10       ptr->right = NULL;
11       *ht = TRUE;
12       return ptr;
13    }
14    if(value < ptr->item) //輸入的值 < 目前節點的資料
15    {
16       ptr->left = append(ptr->left, value, ht);
17       if(*ht == TRUE)
18       {
19          switch(ptr->balance)
20          {
21             case -1: //右子樹重
22                ptr->balance = 0;
23                *ht = FALSE;
24                break;
25             case 0:   //平衡
26                ptr->balance = 1;
27                break;
28             case 1:   //左子樹重
29                crucial = ptr->left; //調整左子樹
30                if(crucial->balance == 1)
31                {
```

```
32                  printf("進行LL型調整\n");
33                  ptr->left = crucial->right;
34                  crucial->right = ptr; //將ptr指向調整後節點
35                  ptr->balance = 0;
36                  crucial->balance = 0;
37                  ptr = crucial;
38              }
39              else
40              {
41                  printf("進行LR型調整\n");
42                  pivot = crucial->right;
43                  crucial->right = pivot->left;
44                  pivot->left = crucial;
45                  ptr->left = pivot->right;
46                  pivot->right = ptr;
47                  if(pivot->balance == 1)
48                      ptr->balance = -1;
49                  else
50                      ptr->balance = 0;
51                  if(pivot->balance == -1)
52                      crucial->balance = 1;
53                  else
54                      crucial->balance = 0;
55                  pivot->balance = 0;
56                  ptr = pivot;
57              }
58              *ht = FALSE;
```

```
59                  break;
60            }
61         }
62      }
63      //省略部分程式碼
64      return ptr;
65 }
```

程式解說

◈ 第1~65行：定義函式append()，依據輸入的值做判斷，值小於目前節點的值就加入到左子樹；值大於目前節點的值就加入到右子樹。

◈ 第16行：遞迴呼叫append()函式插入節點到左子樹。

◈ 第19~60行：switch/case敘述依據AVL樹的balance係數來判斷，若爲「-1」表示插入的節點會讓左子樹不平衡；若爲「1」表示插入的節點會讓右子樹不平衡；若爲「0」表示插入的節點讓左、右子樹平衡就不做調整。

◈ 第30~38行：若「balance = 1」則以「LL型」調整左子樹，也就是新插入節點會造成左子樹不平衡，所以將目前節點的左子樹調整爲依值之大小來變更爲右子樹。

◈ 第39~57行：若「balance」高於1則以「LR型」調整左子樹，將關鍵節點crucial的右子樹做旋轉，將關鍵節點的左子樹旋轉爲右子樹。

課後習作

一、填充題

1. 請依下圖樹的結構，填入相關名詞；根節點＿＿＿＿＿＿，父節點＿＿＿＿＿＿，節點B的子節點有＿＿＿＿＿＿，節點D、E、F是＿＿＿＿＿＿，節點F、G是＿＿＿＿＿＿，節點H的祖先是＿＿＿＿＿＿，節點A的子孫是＿＿＿＿＿＿。

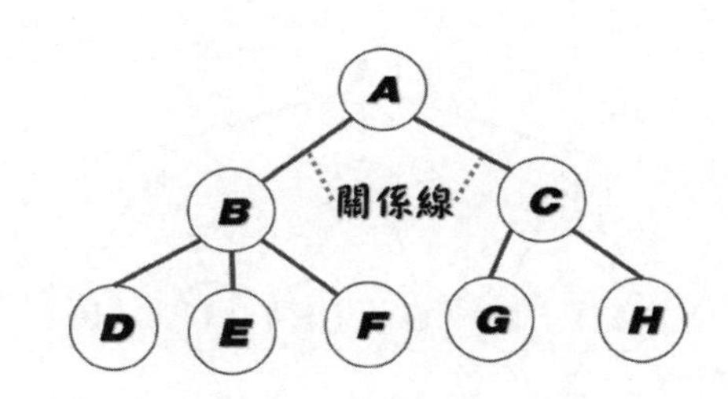

2. 對於樹（tree）的描述何者不正確？＿＿＿＿＿＿
   (A)一個節點；(B)環狀串列；(C)一個沒有迴路的連通圖（connected graph）；(D)一個邊數比點數少1的連通圖。
3. 一棵二元樹，又稱＿＿＿＿＿＿樹，它最多只能有左、右＿＿＿＿＿＿個節點。
4. 一棵二元樹，分支節點都含有左、右子樹，稱爲＿＿＿＿＿＿，當二元樹沒有左節點或右節點，稱爲＿＿＿＿＿＿。
5. 關於二元搜尋樹（binary search tree）的敘述，何者爲非？＿＿＿＿＿＿
   (A)二元搜尋樹是一棵完整二元樹（complete binary tree）
   (B) 可以是歪斜樹（skewed binary tree）
   (C) 一節點最多只有兩個子節點（child node）
   (D)一節點的左子節點的鍵值不會大於右節點的鍵值。
6. 填寫二元樹和一般樹的不同；①樹不可爲＿＿＿＿＿＿，但是二元樹可以；②樹的分支度爲d≧0，但二元樹的節點分支度爲__________；③樹的子樹間__________，二元樹則有。

7. 二元搜尋樹刪除節點時，有三種考量：①__________直接刪除；②刪除的節點含有__________；③刪除的節點含有__________。

二、實作與問答

1. 下圖是否爲合法的樹狀結構？試說明之。

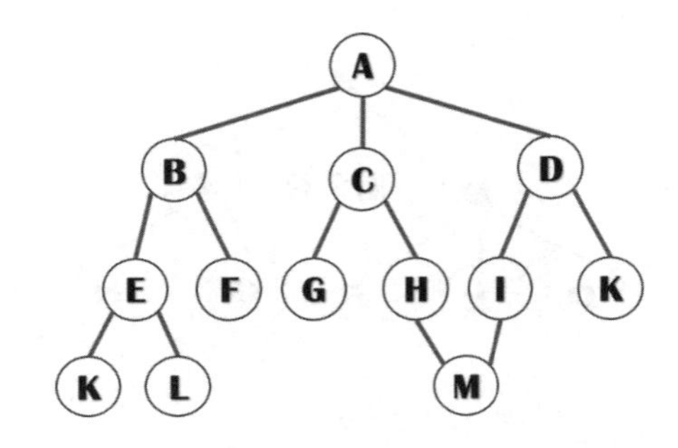

2. 將數列繪製成二元搜尋樹並找出最小值。

```
63, 24, 90, 37, 12, 84, 41, 29, 23, 103, 7, 71
```

3. 對於任何非空二元樹T，如果n_0爲樹葉節點數，且分支度爲2的節點數是n_2，試證明$n_0 = n_2 + 1$。

4. 在二元樹中，階度（level）爲i的節點數最多是2^{i-1}（i≧0），試證明之。

5. 請問以下二元樹的中序、後序以及前序表示法爲何？

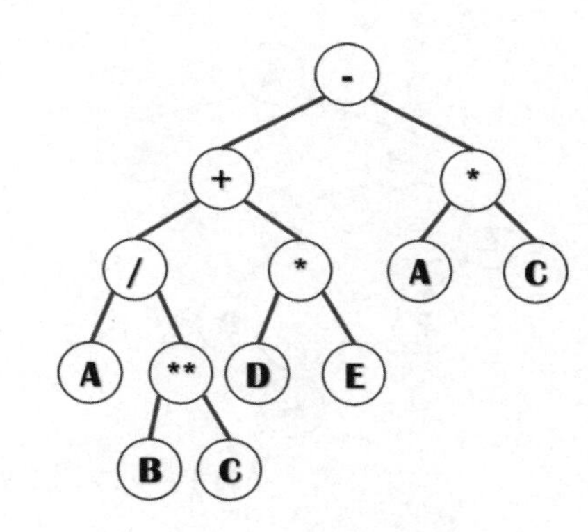

6. 請問以下二元樹的中序、前序以及後序表示法爲何？

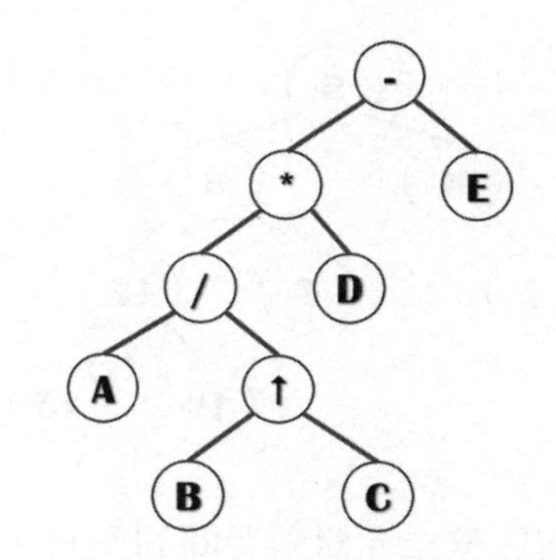

7. 請找出下列樹林的中序、前序與後序走訪結果。

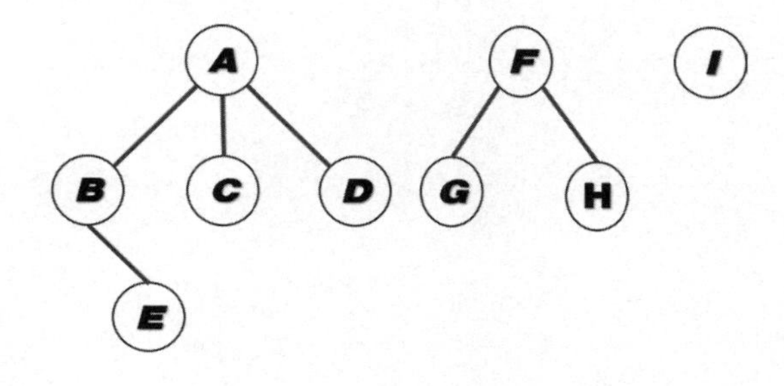

8. 將下列二元樹轉換成樹。

CHAPTER

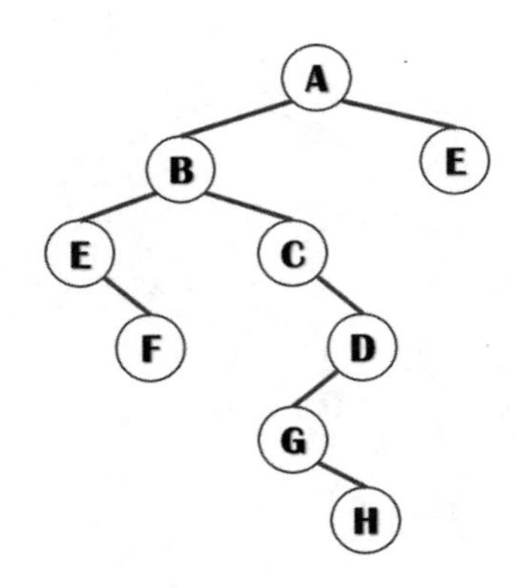

9. 在下圖平衡二元樹中，加入節點11後，重新調整後的平衡樹爲何？

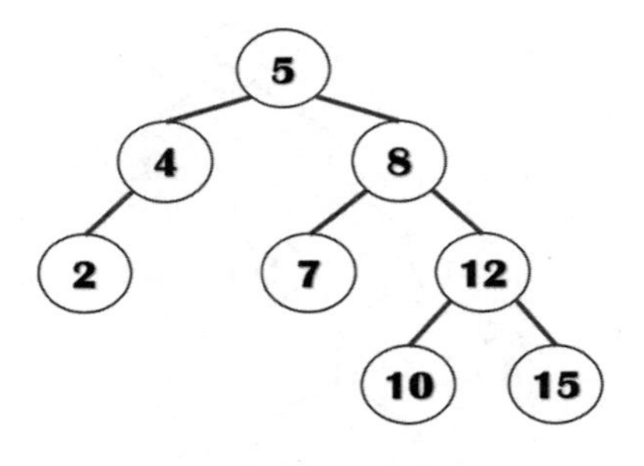

10. 請比較完滿二元樹與完整二元樹兩者間的不同？

第八章

圖形結構

★學習導引★

- 從肯尼斯堡的七座橋談圖形，了解圖形的相關名詞
- 以相鄰矩陣法、相鄰串接法表達圖形結構
- 追蹤圖形有BFS和DFS
- 要找出最低成本擴張樹有Prim's演算法和Kruskal's演算法

8.1 認識圖形和其定義

假如從高雄出發要去參觀台南的奇美博物館，開車的話有那些道路可供選擇？拜網路發達所賜，很多人可能去看了看谷歌大神的地圖，或者使用手機上提供的導航軟體；這些都來自圖形的應用。手上有了地圖指南之後，可能還有些想法！走那條道路可以快速抵達（最短路徑問題）？或者想加入美食熱點，如何走才能不錯過它們（路徑的搜尋問題）。

所謂的「圖形」（Graph）就是由頂點（美食熱點）和邊線（道路）所組成；此處的「圖形」或「圖」並非我們日常所見的圖片。

8.1.1 圖形的故事

圖形（Graph）理論是起源於西元1736年，有一位數學家尤拉（Eular）為了解決「肯尼茲堡七橋問題」（Koenigshberg Seven Bridge Problem）而想出的一種資料結構理論。尤拉當時就知道利用頂點（Vertices）表示每塊土地，所以有A、B、C、D四塊區域；邊（Edge）代表每一座橋樑，所以編號1～7座橋樑；定義與頂點所連接的邊的個數為分支度；例如編號1的橋樑就連接A、B兩塊區域。

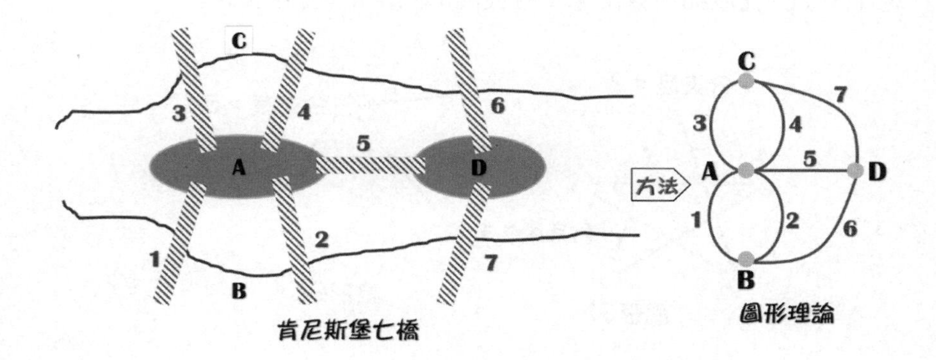

尤拉（Eular）針對「肯尼斯堡七橋」問題所找出的規則是「如果每一個頂點的分支度皆為偶數時，才能從某一個頂點出發，經過每一個邊後，再回到出發的頂點」。而肯尼斯堡七橋的情況為：四個頂點的分支度都是奇數。

A的分支度為5，B的分支度為3，C的分支度為3，D的分支度為3

得到的結論：人們不可能走過所有的橋樑，所以問題無解。不過經由尤拉提供的規則，定義了尤拉路徑：

由某一個頂點出發，經由所有邊線再回到原頂點

如何判斷某張無向圖形具有「尤拉路徑」？也有人稱它是「一筆畫」，也就是圖形能一筆完成，而且所有頂點皆具有偶數分支度。檢視下方的圖形G1，除了能一筆完成並回到原頂點之外，某個頂點的分支度為偶數，所以它具有尤拉路徑。圖形G2它不是尤拉路徑；雖然能一筆畫完但是未回到原頂點，而且某一個頂點的分支度為3，非偶數。那麼頂點究竟是什麼？分支度如何算出來？就從圖形的基本定義開始吧！

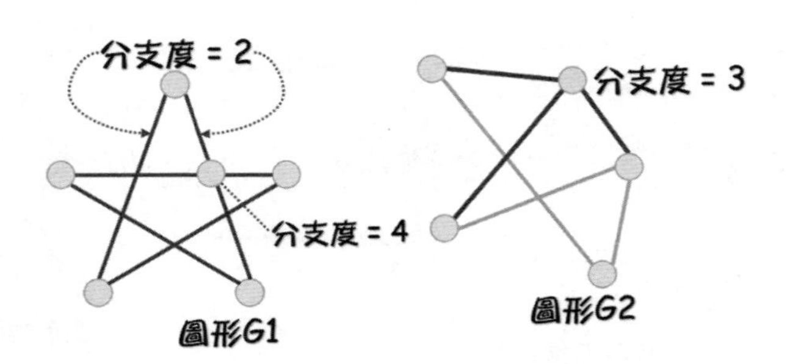

8.1.2 圖形的基本定義

圖形結構是一種探討兩個頂點間是否相連的一種關係圖，與樹狀結構的最大不同是樹狀結構用來描述節點與節點間的層次關係。如何表示圖形？前面章節中會以節點（Node）來儲存資料，來到了圖形世界，依然會以圓圈代表頂點（Vertices，或稱點、節點），它是儲存資料或元素的所在。頂點之間的連線是邊線（Edges，或稱邊）。圖形由有限的點和邊線集合所組成，圖形G是由V和E兩個集合組成其定義，表示如下：

```
G = (V, E)
```

◈ V：頂點（Vertices）組成的有限非空集合。

◈ E：邊線（Edges）組成的有限集合，這是成對的點集合。

依據邊線是否具有方向性，圖形結構概分無向圖形與有向圖形兩種；先來認識它們的不同之處。

邊線表達資料間的關係，下方是一張「無向圖形」（Undirected Graph），頂點A與頂點B能去能回，意味著它的邊線無方向性，頂點A到頂點B以邊線(A, B)或邊線(B, A)是相同的。

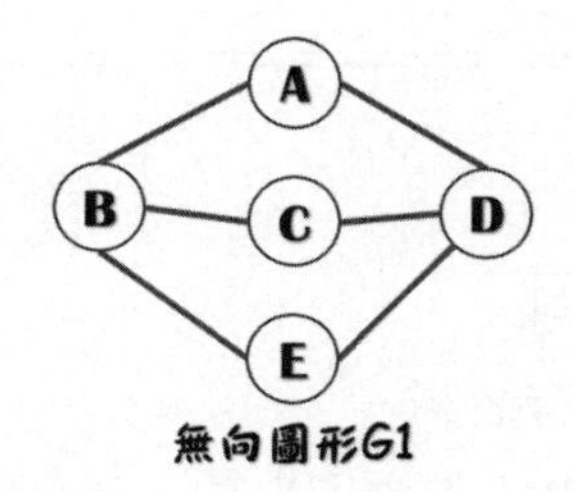

無向圖形G1

進一步來看，G1圖形擁有A、B、C、D、E五個頂點，若V(G1)是圖形G1的點集合，表示如下：

```
V(G1) = {A, B, C, D, E}
E(G1) = {(A, B),(A, E),(B, C),(B, D),(C, D),(C, E),(D, E)}
|V| = 5, |E| = 6
```

◈ 無方向性的邊線以括號( )表示。

下方G2圖形是「有向圖形」（Directed Graph）。表示它的每邊都是有方向性，邊線<A, B>中，A爲頭（Head），B爲尾（Tail），方向爲「A→B」。

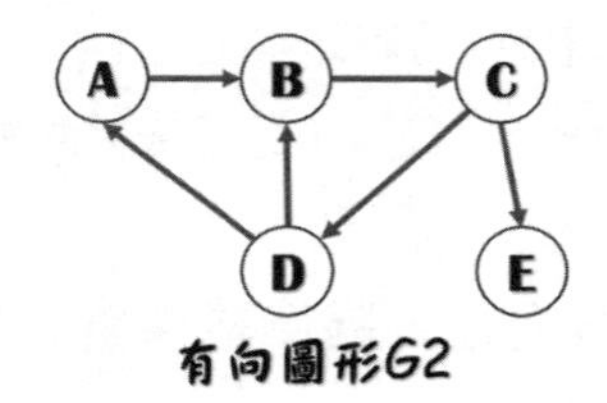

有向圖形G2

G2圖形有A、B、C、D、E五個頂點，V(G2)是圖形G2，如下所示：

```
V(G2) = {A, B, C, D, E}
E(G2) = {<A, B>, <B, C>, <C, D>, <C, E>, <E, D>, <D, B>}
|V| = 5, |E| = 6
```

◈ 有方向性的邊線以<>表示。

8.1.3 圖形相關名詞

認識跟圖形有關的專有名詞。

➢ 完整圖形：含有N個頂點的無向圖形中，正好有「N(N-1)/2」邊線，稱爲「完整圖形」。所以，「N=5, E=5(5-1)/2」得邊線爲「10」，可以進一步查看下方的完整無向圖G1是否有10條邊。完整有向圖形必須有N(N-1)個邊線，當「N=4, E=4(4-1)」得邊線「12」。細審下方右側的有向圖G2，是否有12條邊？

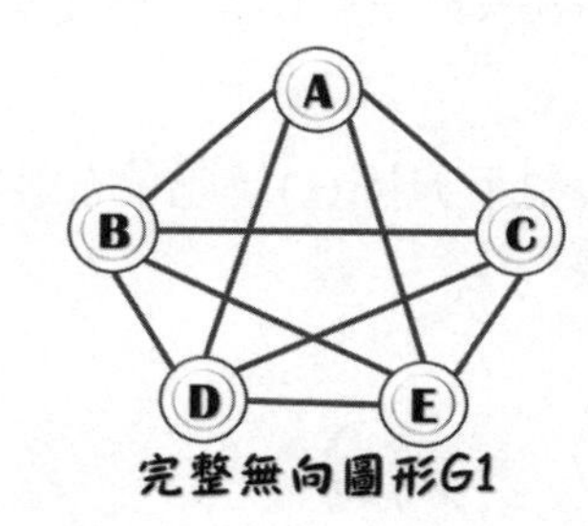

完整無向圖形G1

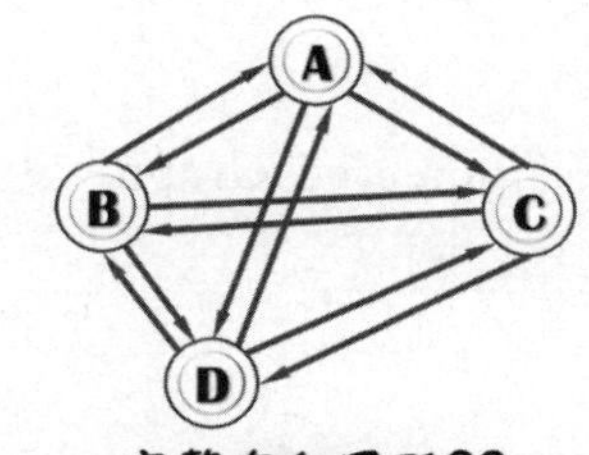

完整有向圖形G2

➢ 相鄰（Adjacent）：無論是無向圖或有向圖，A、B是相異的兩個頂點，它們具有邊線來連接，因此稱頂點A與B相鄰。

➢ 子圖（Sub-graph）：當G'和G"兩個集合能滿足「V(G' ⊆ V(G)且E(G') ⊆ E(G)）」，「V(G" ⊆ V(G)且E(G") ⊆ E(G))」，稱G'和G"為G的子圖，如下圖所示。

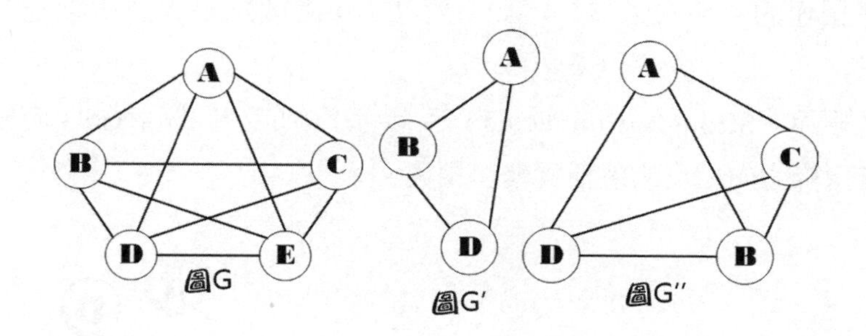

➢ 路徑（Path）：兩個不同頂點間所經過的邊線稱為路徑，檢視上方的G圖形，頂點A到E的路徑有「{(A, B)、(B, E)}及{(A, B)、(B, C)、(C, D)、(D, E)}」等。

➢ 路徑長度（Length）：路徑上所包含邊的總數為路徑長度。

➢ 循環（Cycle）：起始點及終止點為同一個點的簡單路徑稱為循環。檢視上方的G圖形，{(A, B), (B, D), (D, E), (E, C), (C, A)}起點及終點都是A，所以是一個循環路徑。

➢ 相連（Connected）：在無向圖形中，若頂點Vi到頂點Vj間存在路徑，則Vi和Vj是相連的：上方圖G中，頂點A至頂點B間有存在路徑，則頂點A和B相連。

➢ 相連圖形（Connected Graph）：檢視下方圖G3，它的任兩個點均相連，所以是相連圖形。

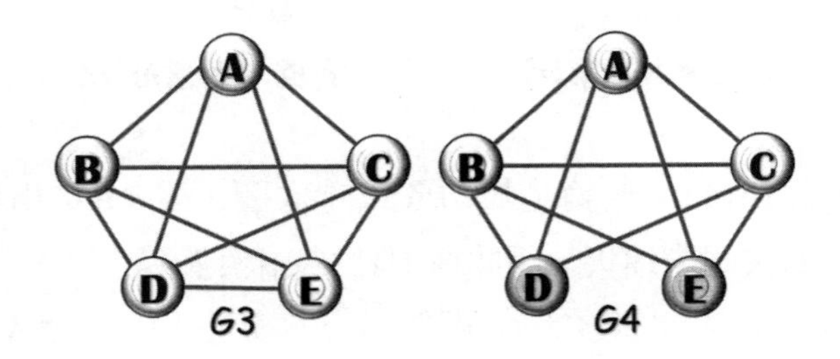

➢ 不相連圖形（Disconnected Graph）：圖形內至少有兩個點間是沒有路徑相連的；檢視上方G4圖，它有D、E兩個點不相連所以是非相連圖形。

➢ 緊密相連（Strongly Connected）：參考下方的有向圖形G5，若兩頂點間有兩條方向相反的邊稱爲緊密相連。

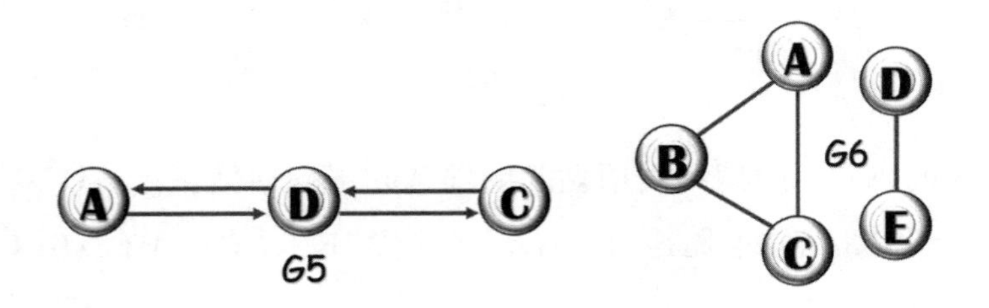

➢ 相連單元：圖形中相連在一起的最大子圖總數，檢視上方的圖G6，可以看做是2個相連單元。

➢ 分支度（Degree）：無向圖形中，不考慮其方向性，一個頂點所擁有邊數總和而稱之；上方G3圖的頂點A，其分支度爲4。

➢出／入分支度：有向圖形中，考量方向性的情形下，以頂點V爲箭頭終點的邊之個數爲入分支度，反之由V出發的箭頭總數爲出分支度。如下方的G7圖，頂點A的入分支度爲1，出分支度爲3。

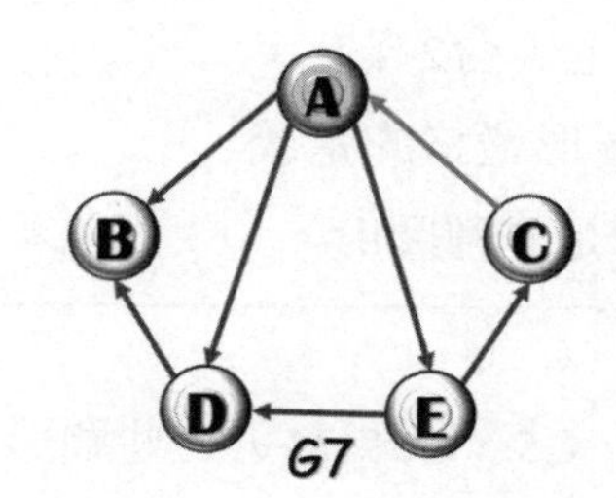

例一：透過無向圖形G1、G2、G3進一步認識這些圖形相關的術語。

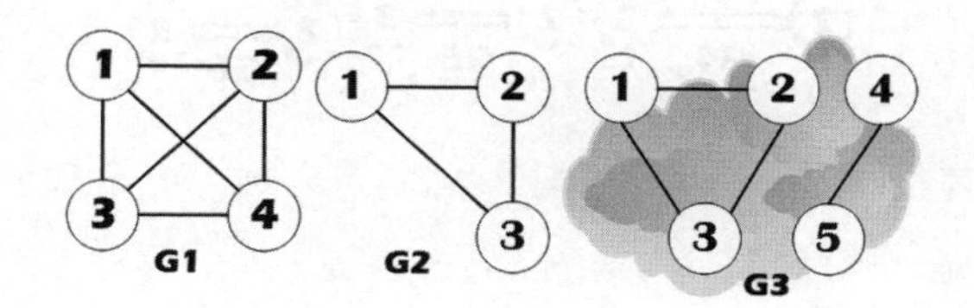

◈ G1是一個完整圖形，而G2是G1的子圖。

◈ 圖G1中，(V1, V2)、(V2, V3)、(V3, V4)是一條路徑，其長度爲3，且爲一簡單路徑，而圖G2爲一種循環。

◈ 圖G1中，V1、V2相連，V2、V3相連，在圖G3中，V1、V3相連，但V2、V4不相連。

◈ 圖G1中，(V1, V2)、(V2, V3)、(V3, V1)是一簡單路徑，因爲(V3, V1)中的V1頂點和(V1, V2)的V1相同。

◈ 圖G3中，有2個相連單元，(V1, V3)是依附於頂點V1與頂點V3。

補結站

所謂複線圖（multigraph），圖形中任意兩頂點只能有一條邊，如果兩頂點間相同的邊有2條以上（含2條），則稱它為複線圖，以圖形嚴格的定義來說，複線圖並不能算是一種圖形。

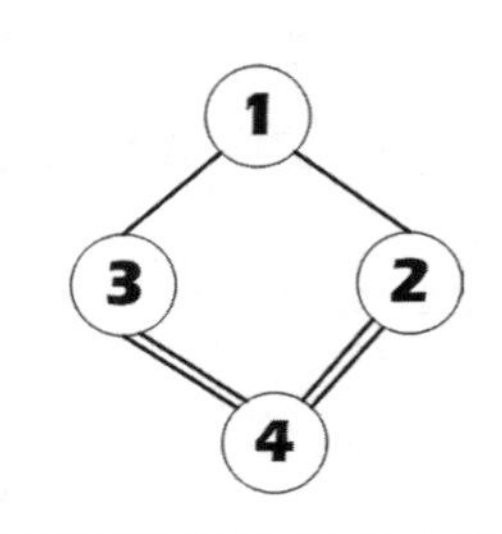

例二：藉由有向圖形G4、G5、G6更靠近這些圖形的專門術語。

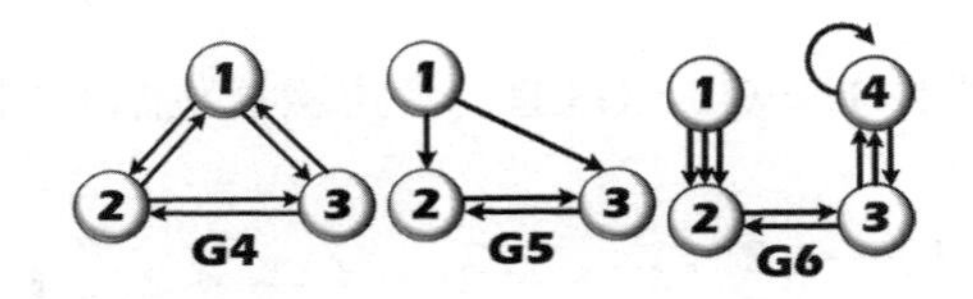

◈ 圖G4是一個完整圖形。<V1, V2>、<V2, V3>與<V1, V2>、<V2, V3>、<V3, V1>都是一條路徑。

◈ 圖G4是緊密連接，但圖G5、G6則是不相連接，而圖G5中的緊密連接單元依然是頂點2和頂點3。

◈ 圖G6中的頂點V1的入分支度為0，出分支度為3；頂點V4的出、入分支度各為2。

8.2 圖形的資料結構

介紹表示圖形的資料結構有兩種：①相鄰矩陣表示法（Adjacency Matrix）、②相鄰串列表示法（Adjacency Lists）。

8.2.1 相鄰矩陣法

已經知道圖形「G = (V,E)」，假設它有N個頂點且$N \geq 1$，可以利用「N×N」二維矩陣來表示其大小，共需N^2個空間。其相鄰矩陣的定義如下：

```
A_{N×N} = [a_{i,j}]
```

$A_{N\times N}$是一個N×N的矩陣，若$a_{i,j}$爲「0」，表示圖形的邊線(V_i, V_j)不存在。若$a_{i,j}$爲「1」，表示圖形有一條邊線(V_i, V_j)存在。

「無向圖」使用相鄰矩陣表示時，會以對角線來產生對稱，儲存矩陣上的上三角形或是下三角形即可。所以，任何一張圖G(V, E)，頂點「i ∈ V」的分支度（deg）是這個頂點在相鄰矩陣對應之列的所有元素和。

$$\sum_{V_i \in V} \deg(V_i) = 2\,|E|$$

對於有向圖形來說，分支度有二項；欄數是以頂點的入分支度（In-degree）做計算，列之和是算出頂點的出分支度（Out-degree）。

例一：試寫出圖形G1、G2、G3的相鄰矩陣。

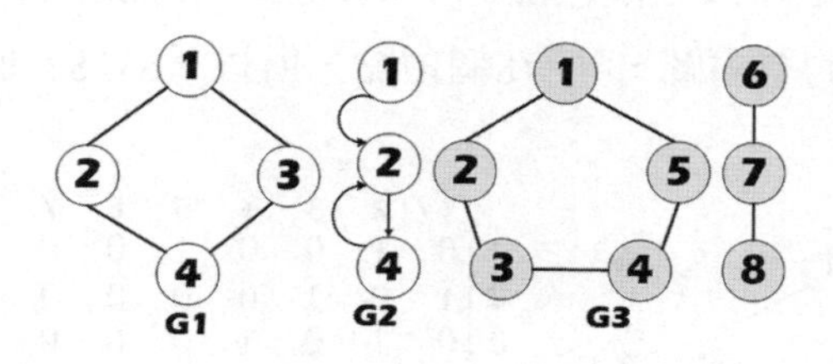

無向圖形G1含有4個頂點，可以「4×4」的二維矩陣來表示。從頂點「V_1」開始，它與頂點V_2、V_3有相連，所以陣列元素以「1」儲存，與頂點4則無相連，則以「0」表示。檢視下圖，完成的矩陣中也能看出無向圖的相鄰矩陣呈對稱狀態，故只需保存上三角或下三角部分即可，大約可節省一半以上的空間。

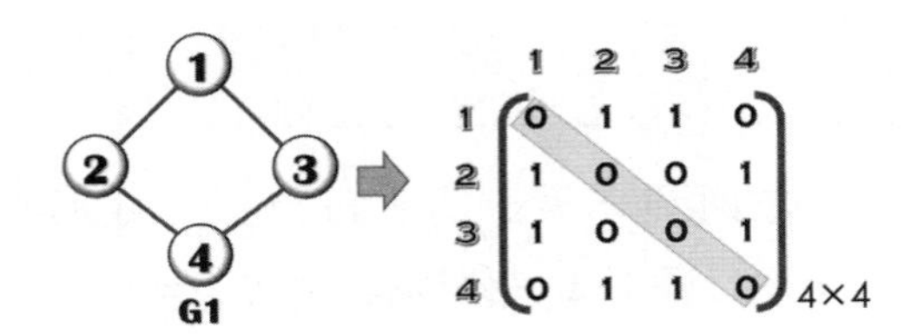

圖G2爲有向圖，以相鄰矩陣表示時，算出每列的「出分支度」法。所以頂點1到頂點2只有一條邊，所以出分支度爲「1」。同樣地，頂點2到頂點3的出分支度爲「1」，而頂點3到頂點2的出分支度也是「1」。比較特殊的地方是頂點2的入分友度爲「2」，可參考下圖的示意。

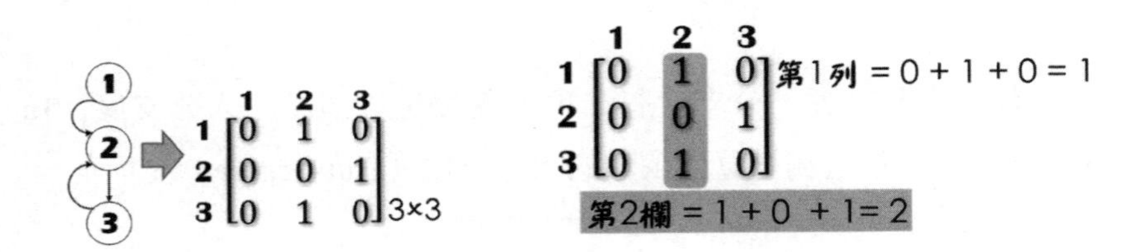

如何以相鄰矩陣法來儲存圖形？檢視例一右側的G3圖，它包含左邊的無向圖和中間的有向圖，共有8個頂點，所以「8×8」的矩陣來儲存。

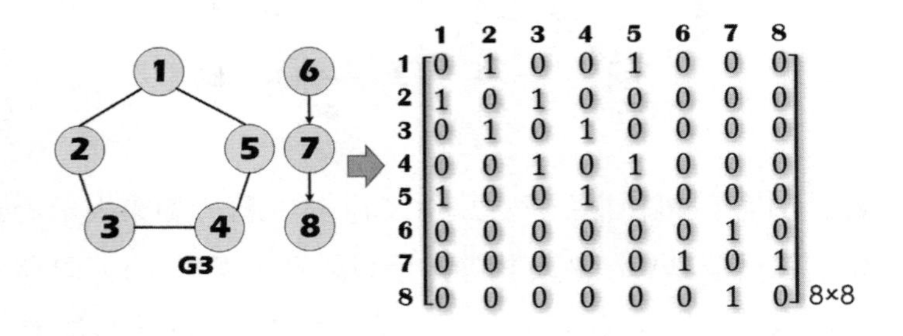

從上述簡例中，可以看出無向圖形的相鄰矩陣必定是上三角形（Upper-triangular）或下三角形（Lower-triangular）矩陣，但有向圖形則不是。反而往往是稀疏矩陣（Sparse Matrix），而要求出所有頂點分支度的時間複雜度爲$O(n^2)$，儲存上也十分浪費空間。

了解無向圖G1如何以二維矩陣輸出：首先以二維陣列儲存頂點的路徑，簡述如下：

```
int admatrix[8][2] = {{1, 2}, {2, 1}, {1, 3}, {3, 1},
                      {2, 4}, {4, 2}, {3, 4}, {4, 3}};
```

◈ 以矩陣記錄兩個頂點之間以邊線連接，圖形有4個頂點，當頂點V_1和V_2鄰接，表示要有頂點V_1到V_2，頂點V_2到V_1的路徑，共2條路徑。

◈ 如此一來，任意兩個頂點之間的資訊，都有對應的地方可用於記錄。

範例CH0801.c

```
01 #include <stdio.h>
02 #define MAX 5
03 int matrix[MAX][MAX];    /* 儲存圖形陣列 */
04 void graphCreate(int edge[8][2], int num) {
05    int start, finish, j, k;
06    for (j = 1; j < MAX; j++)
07    {
08       for (k = 1; k < MAX; k++)
09          matrix[j][k] = 0;    //清空矩陣
10    }
11    for (j = 0; j < num; j++)
12    {
13       start = edge[j][0];//邊線起點
14       finish = edge[j][1];//邊線終點
15       matrix[start][finish] = 1;  //存入圖形邊線
16    }
```

```
17 }
18 void main()    //主程式
19 {
20     int j, k;
21     int data[8][2] = {{1, 2}, {2, 1}, {1, 3}, {3, 1},
22                       {2, 4}, {4, 2}, {3, 4}, {4, 3}};
23     graphCreate(data, 8);        //呼叫函式
24     printf("圖形以相鄰矩陣儲存：\n");
25     printf("-----1--2--3--4\n");
26     for (j = 1; j < MAX; j++)   //輸出矩陣
27     {
28        printf("%d |", j);
29        for (k = 1; k < MAX; k++)
30           printf("%3d", matrix[j][k]);
31        printf("\n");
32     }
33 }
```

執行結果

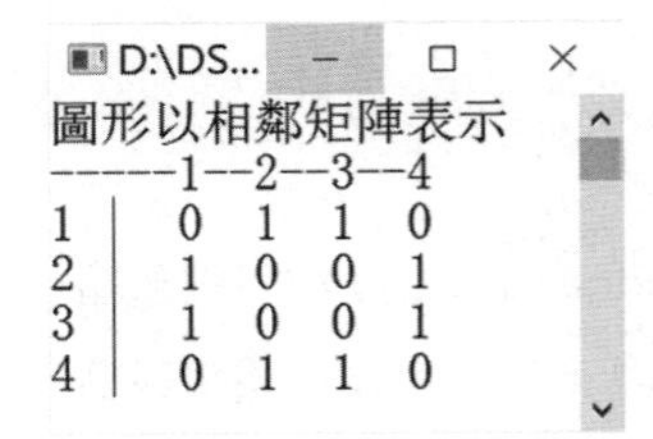

程式解說

◈ 第4~17行：定義函式graphCreate()來產生圖形。

◈ 第6~10行：for迴圈先清空矩陣內容。

◈ 第11~16行：for迴圈利用邊線來讀取相關之頂點並存入圖形陣列matrix。

8.2.2 相鄰串列法

相鄰串列（Adjacency Lists）是以單向鏈結串列來表示圖形。已知圖形「G = (V, E)」包含N個頂點（N≧1）時，使用N個鏈結串列來存放圖形，每個鏈結串列分別代表一個頂點及其相鄰的頂點。將圖形中的每個頂點皆形成串列首，而在每個串列首後的節點表示它們之間有邊相連。如此一來可以有效避免儲存空間的浪費，其特性解說如下：

- 每一個頂點使用一個串列。
- 無向圖中，N頂點E邊共需N個串列首節點及2*E個節點；有向圖則需N個串列首節點及E個節點。在相鄰串列中，計算所有頂點分支度所需的時間複雜度O(N + E)。

由於相鄰串列會將圖形的N個頂點形成N個串列首，而每個串列中的節點皆由頂點和鏈結欄位兩個欄位組成，和首節點之間有邊緣相連，每個節點資料結構示意圖如下。

例一：如何把下方的無向圖G1以相鄰串列來表示？

先將圖形轉爲矩陣後，而陣列中存有「1」的元素再以相鄰串列表達。

以頂點「1」來說，它分別與頂點2、3、4有連接，與頂點5並無相連，就以「0」表示，後續者無鏈結欄位就以NULL表示，可由圖做進一步檢視。

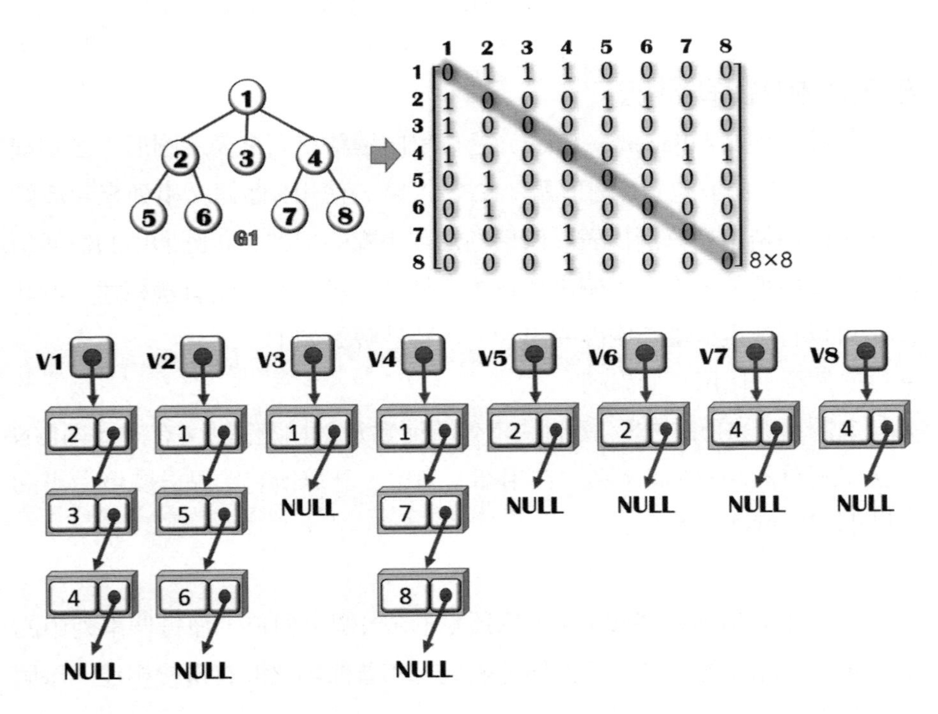

例二：將有向圖G2以相鄰串列來表示。

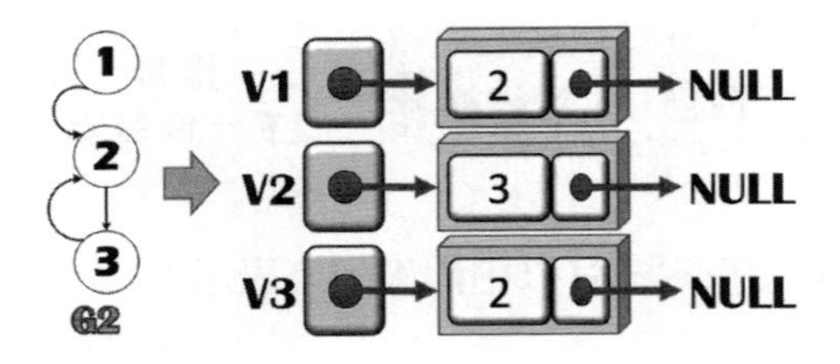

把無向圖G1以程式碼轉成相鄰串列。

範例CH0802.c

```
01 #define LEN 9
02 #define ROW 14
03 typedef struct node      //產生頂點結構
04 {
05    int item;             //頂點
06    struct node *next;    //指向節點的指標
07 }vtxNode;
08 typedef vtxNode *graph;
09 vtxNode head[LEN];
10 int vertex[ROW][2] = {{1, 2}, {2, 1}, {1, 3}, {3, 1},
11                       {1, 4}, {4, 1}, {2, 5}, {5, 2},
12                       {2, 6}, {6, 2}, {4, 7}, {7, 4},
13                       {4, 8}, {8, 4}};
14 void graphCreate(int row)
15 {
16    graph gnode, last;
17    int start, stop , j;
18    for(j = 0; j < row; j++)
19    {
20       start = vertex[j][0];
21       stop = vertex[j][1];
22       gnode = (graph)malloc(sizeof(vtxNode));
23       gnode->item = stop;
24       gnode->next = NULL;
25       last = &(head[start]);      //last指向首節點
```

```
26          while(last->next != NULL)  //走訪至鏈結串列尾節點
27              last = last->next;
28          last->next = gnode;          //新節點加到尾節點之後
29      }
30  }
31  void main()
32  {
33      graph ptr;
34      printf("圖形以相鄰串列表示：\n");
35      int j;
36      for(j = 1; j < LEN; j++)
37      {
38          head[j].item = j;    //設立頂點
39          head[j].next = NULL;
40      }
41      graphCreate(ROW);//呼叫建立圖形函式
42      for(j = 1; j < LEN; j++)
43      {
44          printf("頂點 %d =>", head[j].item); //取得頂點
45          ptr = head[j].next;                        //輸出首節點
46          while(ptr != NULL)     //輸出首節點之後的鏈結串列
47          {
48              printf("%3d", ptr->item);       //輸出頂點內容
49              ptr = ptr->next;                //移向下一個頂點
50          }
51          printf("\n");
52      }
53  }
```

執行結果

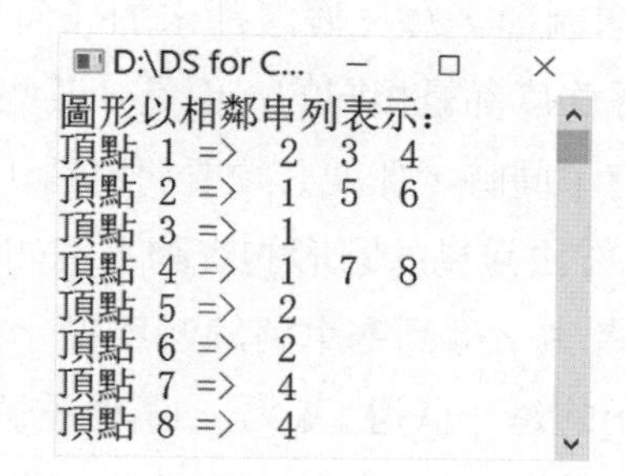

程式解說

◈ 第3~9行：以結構來定義頂點，由於頂點是以「1」開始，所以建立一個長度為9的陣列來儲存鏈結串列的節點。

◈ 第14~30行：定義函式graphCreate()，並依據邊線來取得其頂點的位置，再配合while迴圈將頂點加到鏈結串列的尾節點。

◈ 第22行：以頂點結構所建立的鏈結串列。

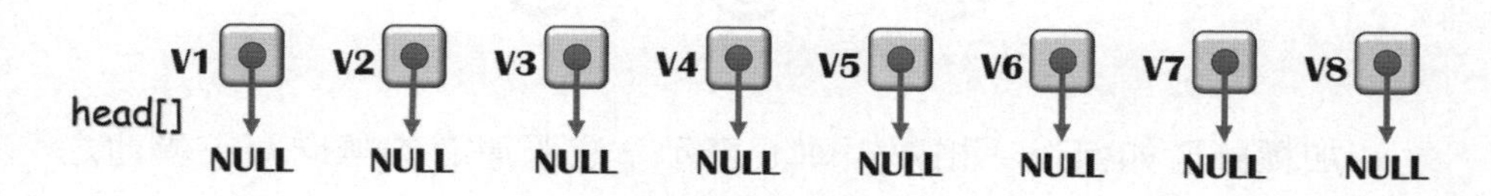

◈ 第23~25行：讀取邊線(1, 2)、(2, 1)所加入的節點。

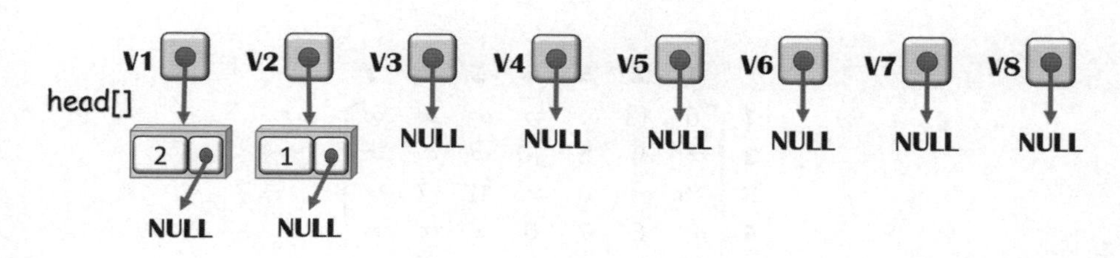

◈ 第42~52行：以for迴圈讀取鏈結串列，再藉由while迴圈來取得其首節點並輸出內容。

8.2.3 加權圖形

無論是有向或無向圖形，每一個邊都未加任何權重，亦即任一頂點到其他頂點之間的關係強度都是相同的。但是，某些情形要表示資料與資料之間的關係強度是有不同時，那就必須要利用到「加權圖形」（Weight graph）來呈現。這種作法常見於圖形的查詢！例如高雄到台南，有不同的路徑，何者優？何者劣？碰到塞車路線時所標示的時間就是「加權圖形」。它可以在圖形上的每一個邊上給予一個權重值（weight），用來表示距離、成本、時間或關係強度等，如下圖中，頂點1與頂點2之間邊的加權值為18。

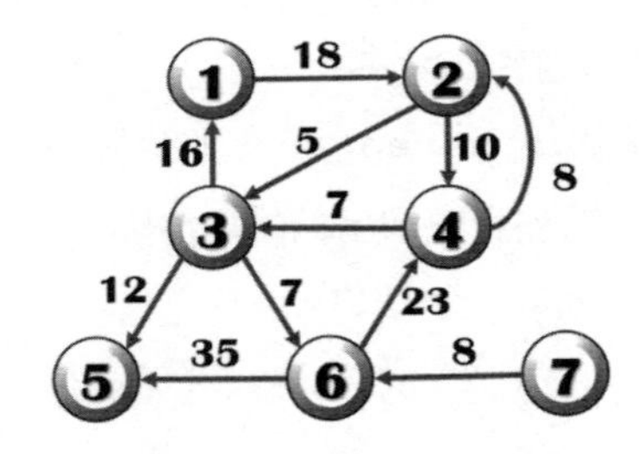

加權圖形如何以「相鄰矩陣」表示？它跟原有的無向圖有異曲之妙。在加權圖形中相異兩個頂點若有邊線相連，則以加權值表示，若無，則以符號「∞」表示。把上方的加權圖形，轉換為下圖的相鄰矩陣。

	1	2	3	4	5	6	7
1	0	18	∞	∞	∞	∞	∞
2	∞	0	5	10	∞	∞	∞
3	16	∞	0	∞	12	7	∞
4	∞	8	7	0	∞	∞	∞
5	∞	∞	∞	∞	0	∞	∞
6	∞	∞	∞	23	35	0	∞
7	∞	∞	∞	∞	∞	8	0

無庸置疑，加權圖形可以轉換為相鄰矩陣，也能以相鄰串列來表示。如何轉換？就是在串列中再加上一個「權重」欄位，如下圖所示。

轉換後的相鄰串列可參考下圖。

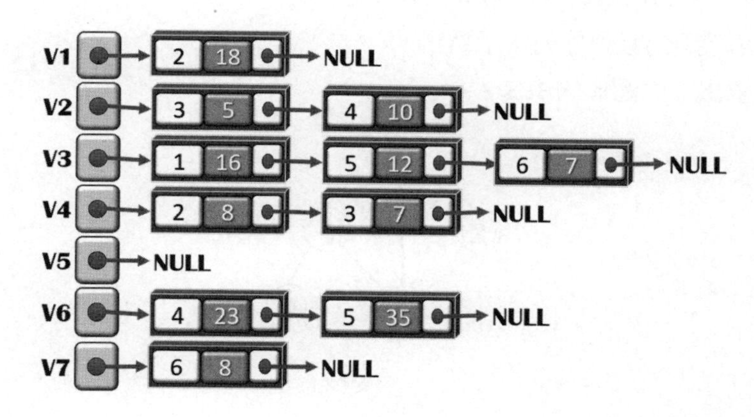

8.3 圖形追蹤

追蹤圖形的作法是從圖形的某一頂點出發，然後走訪圖形的其它頂點。經由圖形追蹤可以判斷該圖形的某些頂點是否連通，也可以找出圖形連通單元。我們知道樹的追蹤目的是欲拜訪樹的每一個節點一次，可用的方法有中序法、前序法和後序法等三種，而圖形追蹤的方法有兩種：「先深後廣走訪」及「先廣後深走訪」。

8.3.1 先廣後深搜尋法（BFS）

先廣後深（Breadth-First Search, BFS）走訪方式則是以佇列及遞迴技巧來走訪，也是從圖形的某一頂點開始走訪，被拜訪過的頂點就做上已走訪的記號。接著走訪此頂點的所有相鄰且未拜訪過的任意一個頂點，並標上已走訪記號，再以該頂點為新的起點繼續進行先廣後深的搜尋。我們以下圖來實際模擬先廣後深搜尋法的追蹤過程；基本程序如下：

(1) 選擇一個起始頂點V，並做上一個已拜訪過的記號。

(2) 將所有與V相連的頂點放入佇列。

(3) 從佇列取出一個節點X，標示一個已拜訪過的記號，並將與X相連且未拜訪過的頂點放入佇列中。

(4) 重複步驟(3)直到佇列空了為止。

例一：求出下方圖形的BFS。

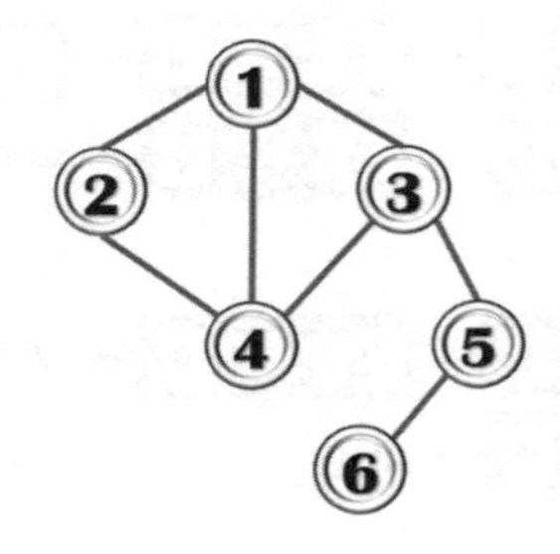

Step 1. 圖形選擇欲拜訪的頂點1（以灰底表示）放入佇列中。

Step 2. 從佇列取出頂點1，並將相鄰的2、4、3放入佇列；然後把頂點1標示為已走訪過頂點（黑底白字表示）。

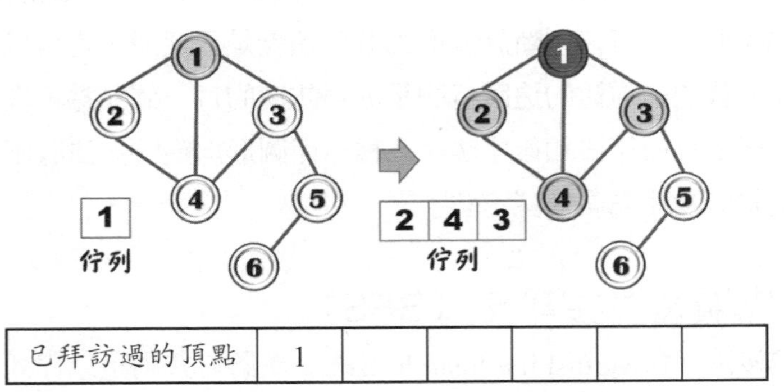

已拜訪過的頂點	1					

Step 3. 頂點2、4並無相鄰頂點，從佇列取出頂點2，然後把它標示爲已走訪過頂點。

Step 4. 再從佇列取出頂點4，然後把頂點4標示爲已走訪過頂點。

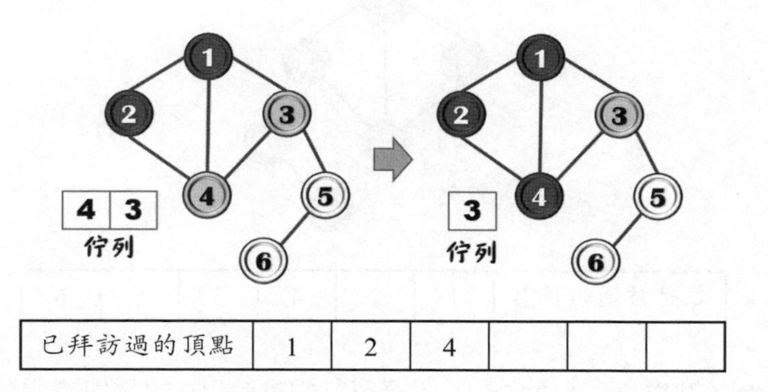

已拜訪過的頂點	1	2	4			

Step 5. 從佇列取出頂點3，再把它標記爲已拜訪過，然後把相鄰的頂點5放入佇列中。

Step 6. 從佇列取出頂點5，標示爲已走訪，然後把相鄰的頂點6放到佇列中。

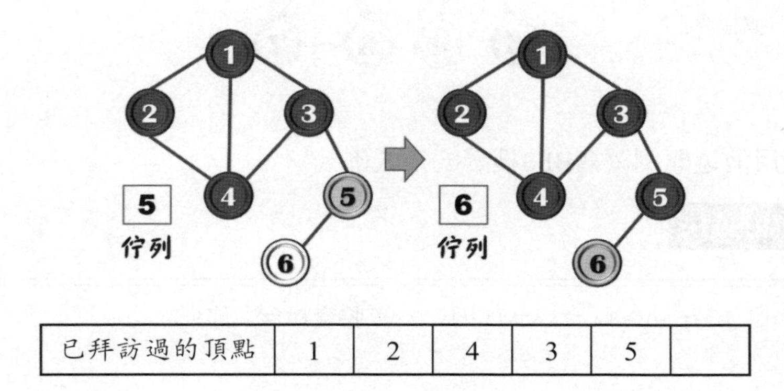

已拜訪過的頂點	1	2	4	3	5	

Step 7. 從佇列取出頂點5，標示為已走訪，由於佇列已空，表示所有頂點都已走訪過。

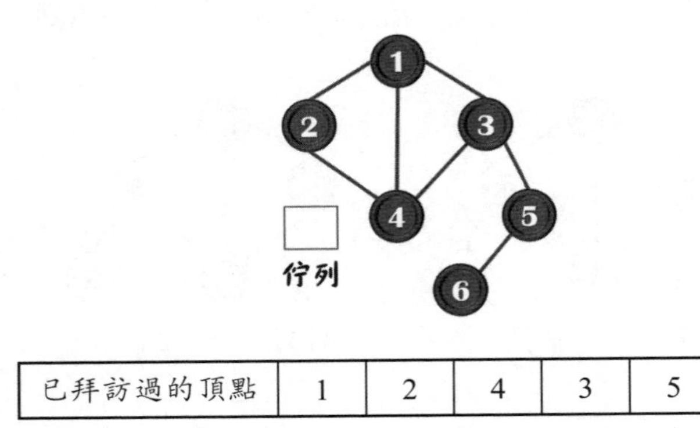

已拜訪過的頂點	1	2	4	3	5	6

例二：BFS路徑為「1324567」；要留意的是使用BFS做搜尋的順序並非唯一，選擇的開始頂點會有不同的順序。

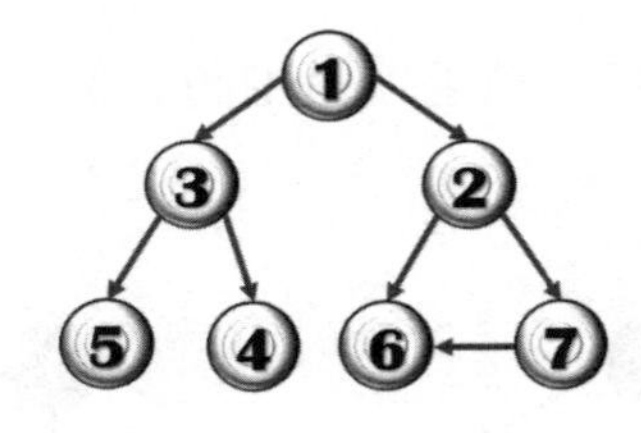

利用前述簡例撰寫BFS搜尋的程式碼。

範例CH0803.c

```
01 int enqueue(int value)    //將資料存入佇列
02 {
03     if(rear >= MAX)         //檢查佇列是否已滿
04         return -1;
```

```
05    rear++;                    //佇列指標由後向前移動
06    queue[rear] = value;       //放入佇列
07 }
08 int dequeue()                 //取出佇列的資料
09 {
10    if(front == rear)          //檢查佇列是否是空的
11       return -1;
12    front++;                   //佇列指標由前向後移動
13    return queue[front];       //由佇列取出
14 }
15 void searchBFS(int current)
16 {
17    graph ptr;
18    enqueue(current);                          //處理第一個頂點
19    visited[current] = TRUE;                   //記錄已走訪過
20    printf("頂點[%d] > ", current); //輸出已走訪頂點
21
22    while(front != rear)                       //佇列是否是空的
23    {
24       current = dequeue();                    //從佇列取出頂點
25       ptr = head[current].next;     //取得目前頂點位置
26       while(ptr != NULL)                        //走訪鏈結串列
27       {
28          if(visited[ptr->item] == FALSE)   //確認未走訪過
29          {
30             enqueue(ptr->item);                  //呼叫遞迴
```

```
31                  visited[ptr->item] = TRUE;
32                  printf("頂點[%d] > ", ptr->item);
33              }
34              ptr = ptr->next;                    //移向下一個頂點
35          }
36      }
37  }
```

執行結果

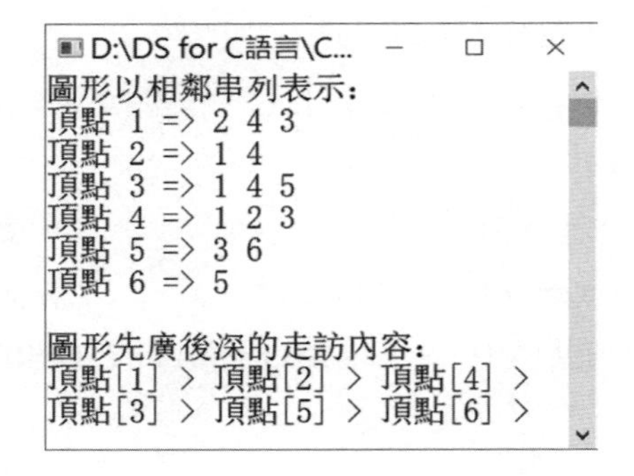

程式解說

- ◈ 第1~7行：定義函式enqueue()：由於佇列是以「先進先出」來處理資料，必須以函式來把資料存入佇列。配合指標rear資料存入前必確認佇列能否存入。
- ◈ 第8~14行：定義函式dequeue()將佇列的資料取出。
- ◈ 第15~37行：定義函式searchBFS()做先廣後深的走訪，先處理第一個頂點標記爲走訪過；將目前走訪頂點的相鄰頂點，並利用陣列visited存放已走訪的頂點。

8.3.2 先深後廣搜尋法（DFS）

先深後廣走訪的方式有點類似前序走訪。它同樣從圖形的某一頂點開始走訪，被走訪過的頂點就做上標記，接著走訪此頂點的所有相鄰且未走訪過的頂點中的任意一個頂點，並做上已走訪的記號，再以該點爲新的起點繼續進行先深後廣的搜尋。由於圖形的節點會形成迴圈，程式執行很容易進入無窮迴圈。爲了避免此問題，當演算法則進行到某一節點，它可在搜尋某一節點之相鄰節點，只去拜訪尙未標示記號的節點。它的程序如下：

(1) 選擇某一點V爲起點，並且標示記號。

(2) 拜訪此頂點的下一個相鄰頂點。

(3) 先深後廣遞迴地追蹤此節點之所有相鄰且尙未標示記號之頂。

把下列圖形以DFS做走訪並撰寫相關程式碼。

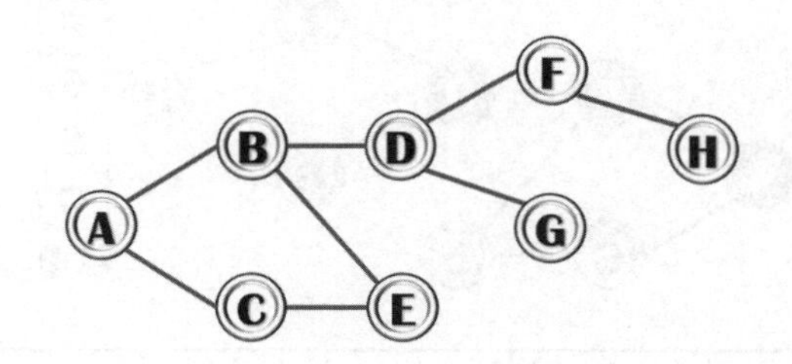

Step 1. 將頂點A放入堆疊內，再從堆疊彈出頂點A並標示已拜訪過（黑底白字）、將頂點A與之相鄰且未走訪的頂點B、C（灰色）壓入堆疊。

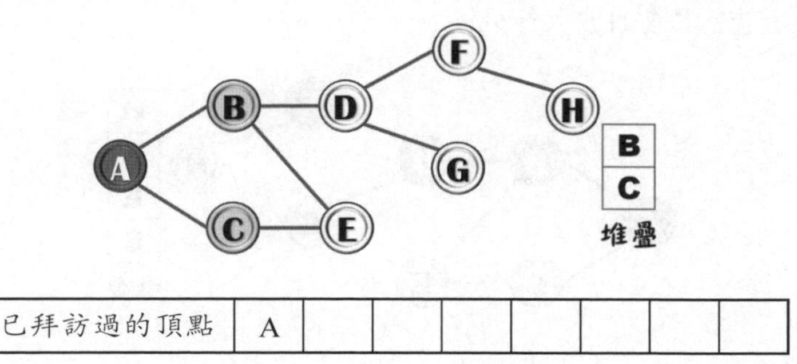

已拜訪過的頂點	A							

Step 2. 從佇列彈出頂點B，並標示為已拜訪過，並把頂點B與之相鄰且未走訪的頂點D、E壓入佇列。

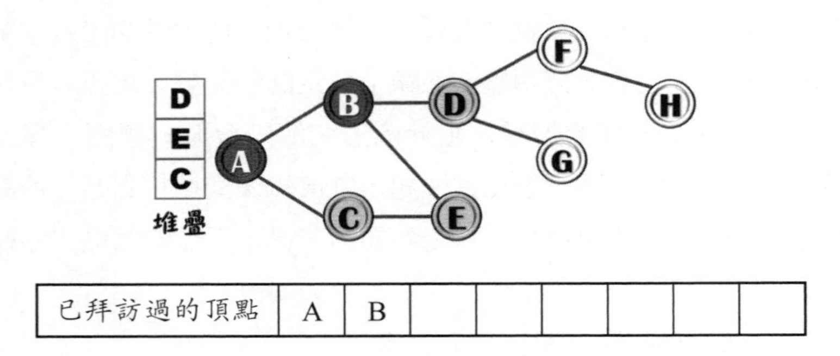

已拜訪過的頂點	A	B						

Step 3. 從佇列取出頂點D，並標示為已拜訪過，並把頂點D與之相鄰且未走訪的頂點F、G放入佇列。

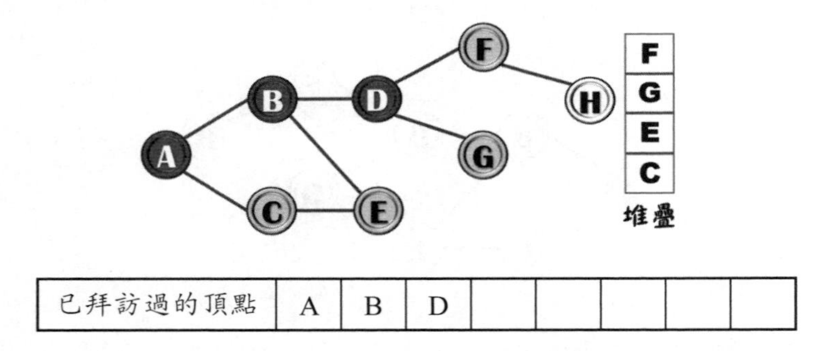

已拜訪過的頂點	A	B	D					

Step 4. 從佇列取出頂點F，並標示為已拜訪過，並把頂點F與之相鄰且未走訪的頂點H放入佇列。

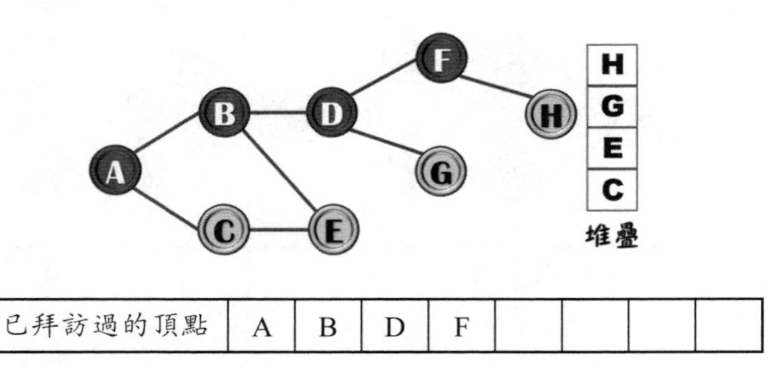

已拜訪過的頂點	A	B	D	F				

Step 5. 從佇列取出頂點H，並標示爲已拜訪過，與之相鄰頂點已走訪，再從堆疊彈出頂點G。

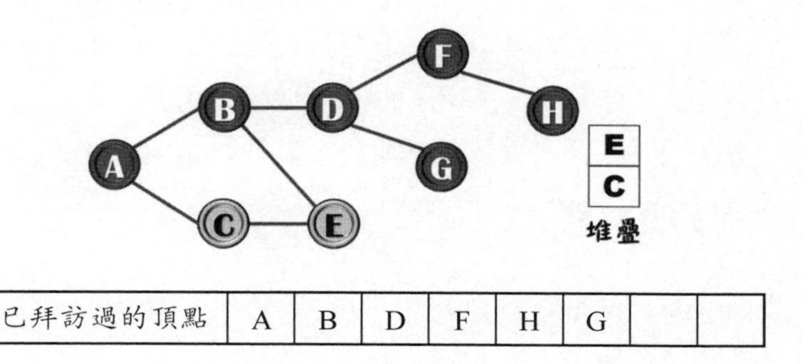

已拜訪過的頂點	A	B	D	F	H	G		

Step 6. 從佇列取出頂點E並標示已走訪，與之相鄰的頂點皆已走訪；再把頂點C標示爲已走訪過頂點，堆疊已空而停止。

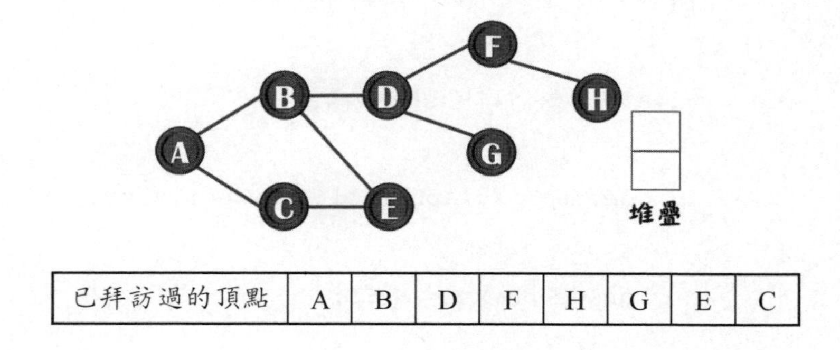

已拜訪過的頂點	A	B	D	F	H	G	E	C

圖形共有8個頂點，它是「8×8」的二維矩陣，藉由範例一同來了解。

範例CH0804.c

```
01 int vertex[8][8] = {0, 1, 1, 0, 0, 0, 0, 0,
02                     1, 0, 0, 1, 1, 0, 0, 0,
03                     1, 0, 0, 0, 1, 0, 0, 0,
```

```
04                      0, 1, 0, 0, 0, 1, 1, 0,
05                      0, 1, 1, 0, 0, 0, 0, 0,
06                      0, 0, 0, 1, 0, 0, 0, 1,
07                      0, 0, 0, 1, 0, 0, 0, 0,
08                      0, 0, 0, 0, 0, 1, 0, 0};
09 void graphCreate(int row)
10 {
11    graph gnode, last;
12    int j, k;
13    for(j = 0; j < row; j++)
14    {
15       for(k = 0; k < row; k++)
16       {
17          if(vertex[j][k] != 0)
18          {
19             gnode = (graph)malloc(sizeof(vtxNode));
20             gnode->item = k + 'A';
21             gnode->next = NULL;
22             last = head[j];
23             while(last->next != NULL)
24                last = last->next;
25             last->next = gnode;
26          }
27       }
28    }
29 }
30 void searchDFS(int current)//DFS演算法
```

```
31 {
32     graph ptr;
33     visited[current] = TRUE;
34     printf("頂點[%c] > ", current + 'A');
35     for(ptr = head[current]; ptr; ptr = ptr->next)
36     {
37         if(visited[ptr->item - 'A'] == FALSE)
38             searchDFS(ptr->item - 'A');
39     }
40 }
```

執行結果

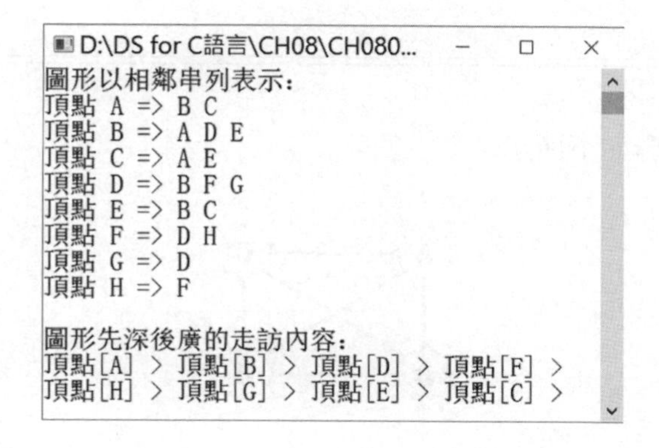

程式解說

◈ 第1~8行：將圖形以8×8二維矩陣表示，然後以相鄰串列來顯示。

◈ 第9~29行：定義函式graphCreate()，它依據頂點結構產生相鄰串列。

◈ 第13~28行：以雙層for迴圈來取得二維矩陣非「零」的位置，依據頂點結構產生相鄰串列；而while迴圈會由首節點開始，從尾節點加入新節點。

◈ 第30~40行：定義函式searchDFS()，由陣列visited來記錄其頂點是否已走訪過，並以遞迴來處理。

8.4 擴張樹

擴張樹（Spanning Trees）又稱「花費樹」或「值樹」，它能把無向圖的所有頂點使用邊線連接起來，但邊線並不會形成迴圈，擴張樹的邊線數將比頂點少1，因為再多一條邊線，圖形就會形成迴圈。

8.4.1 定義擴張樹

假設G = (V,E)是一個圖形，將所有的邊分成兩個集合T及B，代表T為拜訪過程中所經過的邊；B為追蹤後，未被走訪過的邊。所以，擴張樹S具有下列特性：

```
S是一棵樹
S = (V, T)，所以S是G的子圖
E = T + B
```

擴張樹圖形如下所示：

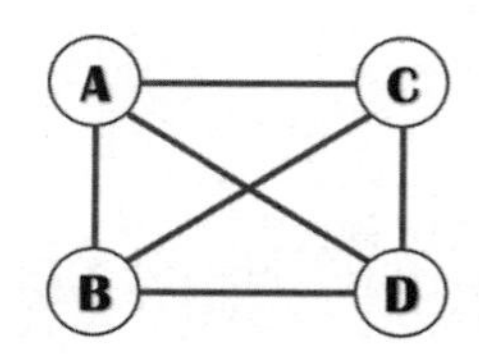

擴張樹簡例：圖形能擁有四個點六條邊線，依擴張樹定義，可以得三棵不同的擴張樹，如下圖所示。

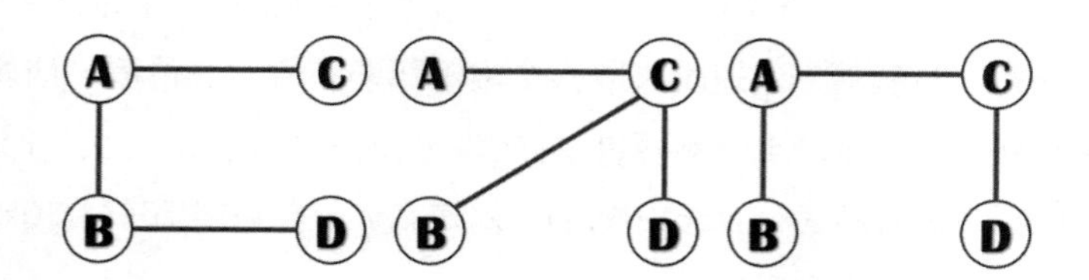

擴張樹若要進行搜尋，可採用走訪搜尋。作法很簡單，只需將圖形走訪過的頂點順序，再以邊線一一連接，就能產生成擴張樹，依照搜尋法的不同分成兩種。

- ➢ 深度優先擴張樹（DFS Spanning Trees）：使用先深後廣方式（DFS）追蹤產生的擴張樹。
- ➢ 寬度優先擴張樹（BFS Spanning Trees）：使用先廣後深方式（BFS）追蹤產生的擴張樹。

依據擴張樹的定義，參考上方圖形，可以得到下列多棵不同的擴張樹。

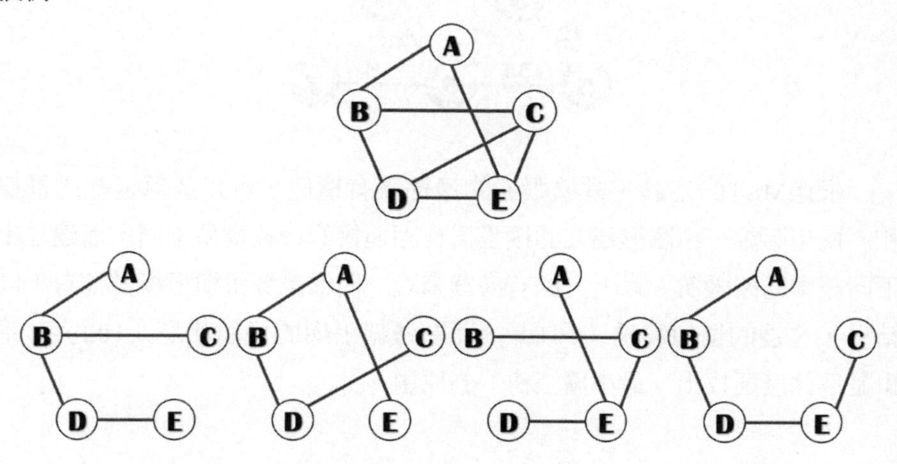

由圖可以得知，一張圖形通常不會只有一棵擴張樹。上圖的先深後廣擴張樹為「A→B→C→D→E」，如圖的G1，先廣後深擴張樹則為「A→B→E→C→D」，如圖的G2。

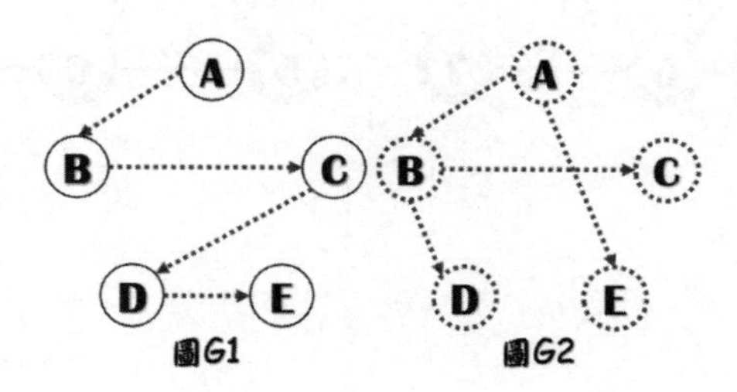

8.4.2 花費最小擴張樹（MST）

圖形在解決問題時通常需要替邊線加上一個數值，這個數值稱爲「權值」（Weights），它代表頂點到頂點間的距離（Distance），或是從某頂點到相鄰點所需的花費（Cost）。常見的權值有：時間、成本或長度，擁有權值的圖形稱爲「加權圖形」，它可以分別使用鄰接矩陣和鄰接串列來表示。

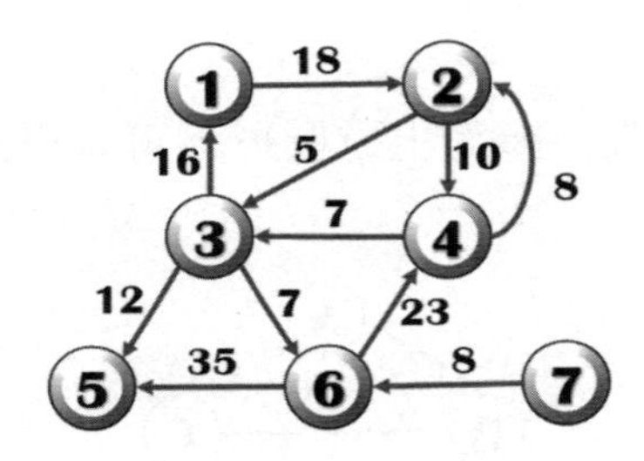

根據MST的定義，當擴張樹的邊線擁有權值，可以計算邊線的權值和。換句話說，由圖形建立的擴張樹會因連接的邊線權值不同，而建立出不同成本的擴張樹。以上方的有向圖來說，同樣是擴張樹但模值卻有不同結果，左邊的權值和爲「101」，而右邊擴張樹的權值和是「102」；這也是爲什麼要找出「最小擴張樹」的原由。

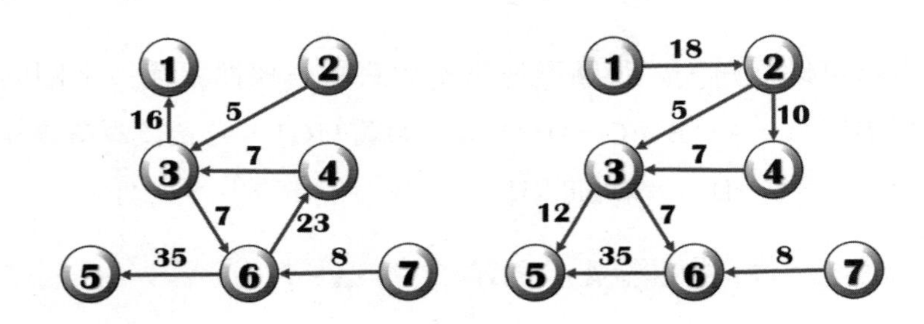

如何找出「最低成本擴張樹」（Minimum Cost Spanning Trees，MST）？關鍵便是「邊線」（Edge）的挑選。解決方法之一就是利用「貪婪法則」（Greedy Rule）爲基礎，求取一個無向連通圖形中的最小花費樹。它有兩種常見方法，一種是Prim's演算法（簡稱P氏法），另一種則是Kruskal's演算法（簡稱K氏法）；接下來即說明這兩種演算法如何求得圖形MST樹的過程。

8.4.3 Prim演算法

Prim演算法又稱P氏法，有一個加權圖形G = (V,E)，其規則如下：

```
U及V是兩個頂點的集合
假設V = {1, 2,……, n}，U = {1}
```

如何執行此演算法？程序如下：

(1) 每次集合U-V所得差集中找出一個頂點x，與U集合中的某一頂點形成最小成本的邊，且不會造成迴圈。
(2) 將頂點x加入U集合中。
(3) 反覆執行步驟1、2，一直到U集合等於V集合（即U = V）爲止。

例一：利用P氏法求出下圖的最小成本擴張樹。

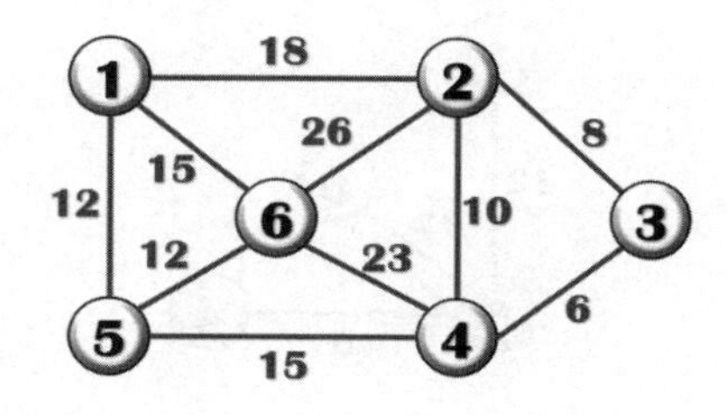

Step 1. 有兩個集合：U = {1}、V = {1, 2, 3, 4, 5, 6}。

Step 2. 透過頂點1找到最小的邊；由於(1, 5)形成最小成本的邊，把頂點5加到集合U。

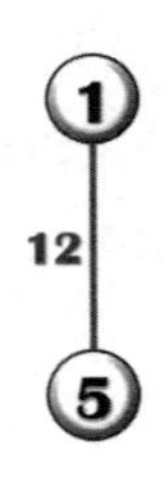

U = {1, 5}	V – U = {2, 3, 4, 6}

Step 3. 透過頂點5找到最小的邊；由於（5, 6）形成最小成本的邊，把頂點6加到集合U。

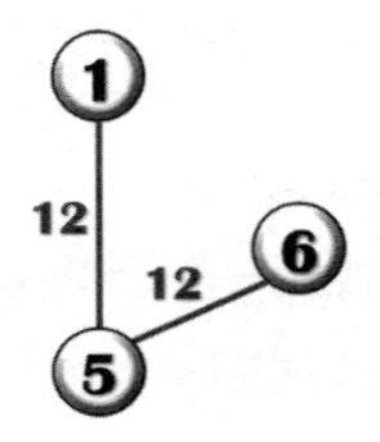

U = {1, 5, 6}	V – U = {2, 3, 4}

Step 4. 找到(5, 4)爲最小成本15，把頂點4加到集合U。

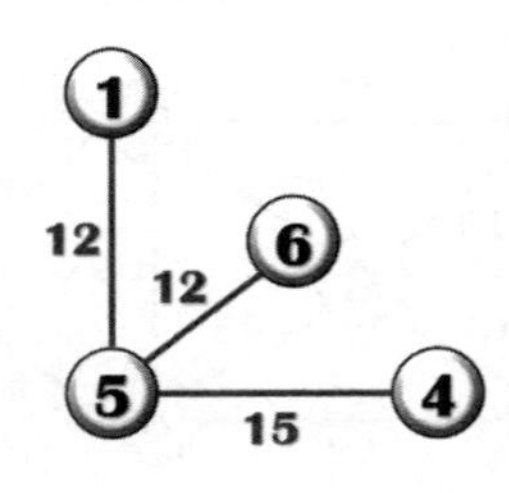

U = {1, 4, 5, 6}	V – U = {2, 3}

Step 5. 透過頂點4找到最小的邊；由於(4, 3)形成最小成本的邊，把頂點3加到集合U。

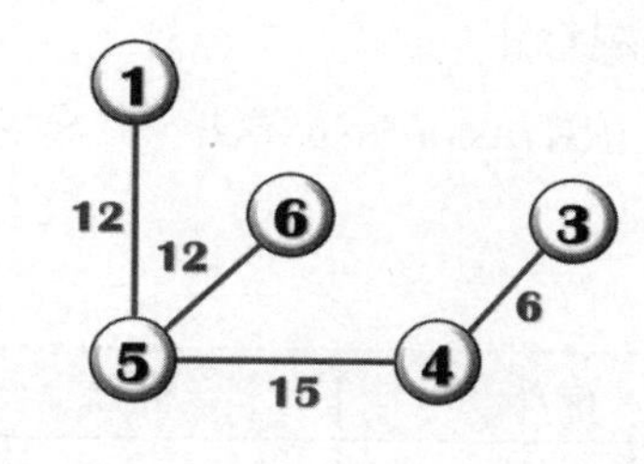

U = {1, 3, 4, 5, 6}	V – U = {2}

Step 6. 找到(3, 2)爲最小成本8，把頂點2加到集合U。

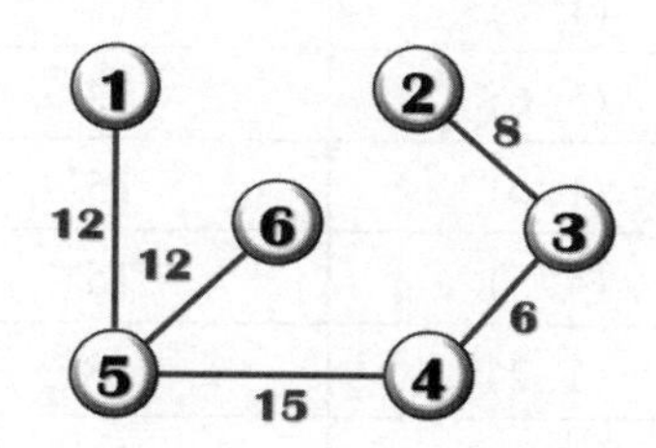

U = {1, 2, 3, 4, 5, 6}	V = U，得最小擴張樹圖形

8.4.4 Kruskal's演算法

Kruskal's演算法也是以一次加入一個邊的步驟來建立一個最小花費擴張樹，並將各邊成本利用遞增方式加入此最小花費擴張樹。有一個加權圖形G = (V, E)，其規則如下：

```
V = {1, 2,……, n}
E中每一邊皆有成本，找出最小成本的邊
T = (V, ∮)表示開始無邊
```

Kruskal's演算法是將各邊線依權值大小由小到大排列，從權值最低的邊線開始架構最小成本擴張樹，如果加入的邊線會造成迴路則捨棄不用，直到加入了n-1個邊線爲止。

Step 1. 來自例一的圖，依Kruskal's演算法，將各邊線依權值從小到大排列如下表。

邊線	權值
(3, 4)	6
(2, 3)	8
(2, 4)	10
(1, 5)	12
(5, 6)	12
(1, 6)	15
(4, 5)	15
(1, 2)	18
(4, 6)	23
(2, 6)	26

Step 2. 從權值最低的一條邊線(3, 4)開始建立最低成本擴張樹。

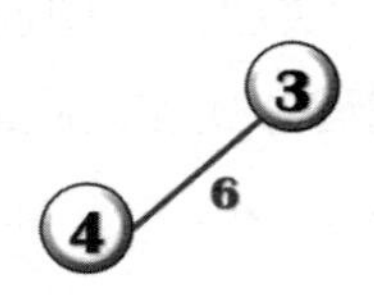

Step 3. 選擇權值第二低的邊線(2, 3)加入擴張樹。

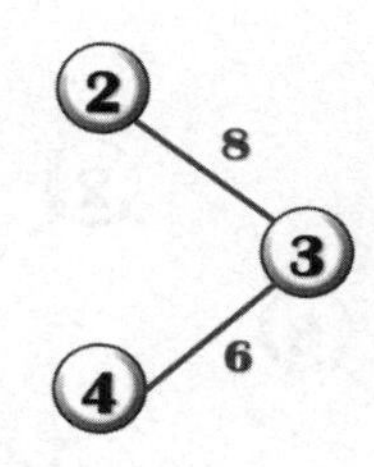

Step 4. 邊線(2, 4)雖是權值第三低，但會形成迴路，故不考量；而選擇下一個權值低的邊線(1, 5)。

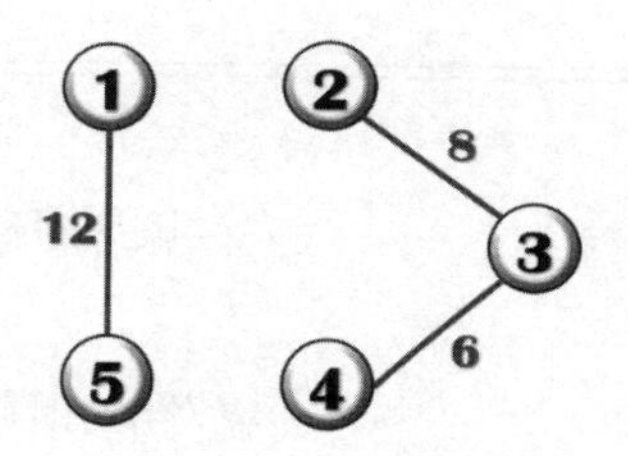

Step 5. 邊線(5, 6)加入擴張樹。

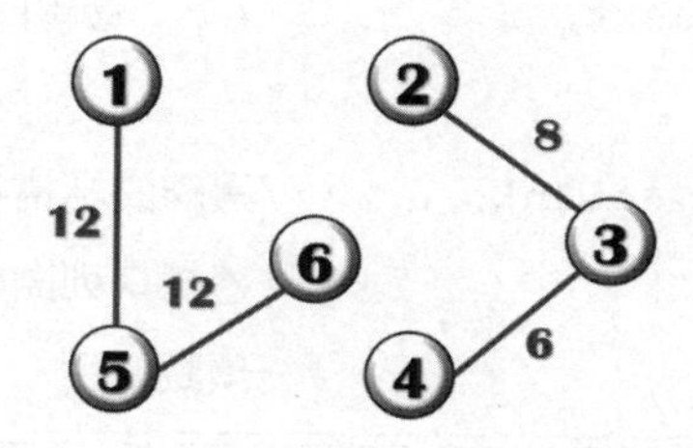

Step 6. 邊線(1, 6)會形成迴路，故不考量；最後，邊線(5, 4)加入，完成最小成本擴展樹。

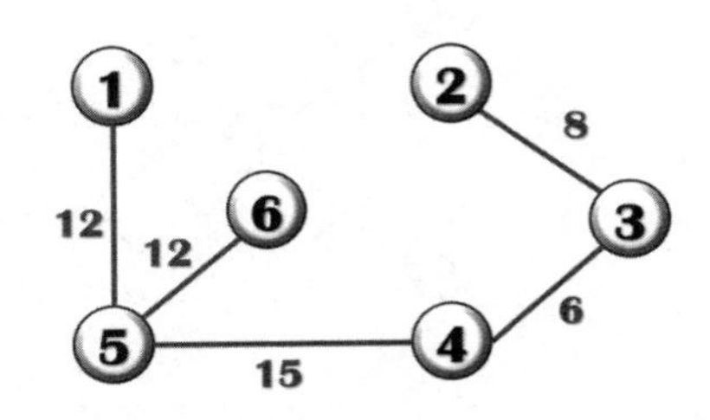

同樣是以結構體產生圖的邊線，程式碼如下：

```
//範例CH0805.c
typedef struct node              //圖形邊線結構宣告
{
   int start;                    //開始頂點
   int halt;                     //終止頂點
   int cost;                     //權值
   struct node *next;            //下一邊線的指標
}edgeNode;
typedef edgeNode *elink;        //邊線的結構指標
elink list = NULL;              //邊線串列開始指標
int edge[6];                    //頂點陣列
```

◈ 結構體中以start、halt來儲存頂點的開始和終止，欄位cost儲存其權值。

◈ 將頂點以陣列edge儲存。

Kruskal's演算法如何把頂點存入陣列，程序如下：

Step 1. 從最低的權值開始，頂點4到頂點3，權值為「6」，陣列表示如下：

開始頂點	1	2	3	4	5	6
終止頂點				[3]		

Step 2. 繼續加入頂點3到頂點2，權值為「8」，陣列表示如下：

開始頂點	1	2	3	4	5	6
終止頂點			[2]	[3]		

Step 3. 由於頂點{2, 3, 4}同屬一個集合，若加入頂點4到頂點2會形成迴路，所以不考量加入擴張樹；因此頂點2以「-1」標示，陣列表示如下：

開始頂點	1	2	3	4	5	6
終止頂點		-1	[2]	[3]		

Step 4. 陸續加入頂點5到頂點1，權值為「12」，陣列表示如下：

開始頂點	1	2	3	4	5	6
終止頂點		-1	[2]	[3]	[1]	

Step 5. 再加入頂點6到頂點5，權值也是「12」，陣列表示如下：

開始頂點	1	2	3	4	5	6
終止頂點		-1	[2]	[3]	[1]	[5]

Step 6. 再加入頂點5到頂點4，權值是「15」，它高於頂點5到頂點1，所以把它放入陣列裡，結果如下：

開始頂點	1	2	3	4	5	6
終止頂點	[4]	-1	[2]	[3]	1	5

Kruskal's演算法藉由範例CH0805.c來了解。

範例CH0805.c

```
01 elink createEdge(elink list, int *Edges, int value)
02 {
03    elink newNode;                      //新邊線節點指標
04    elink last;                         //最後邊線節點指標
05    int j;
06    for(j = 0; j < value; j++)
07    {
08       newNode = (elink) malloc (sizeof(edgeNode));
09       newNode->start = Edges[3 * j];      //邊線起點
10       newNode->halt  = Edges[3 * j + 1]; //邊線終點
11       newNode->cost  = Edges[3 * j + 2]; //建立成本內容
12       newNode->next = NULL;
13       if(list == NULL)                 //第一個節點
14       {
15          list = newNode;               //建立串列開始指標
16          last = list;                  //保留最後節點指標
17       }
18       else
```

```
19          {
20              last->next = newNode;   //鏈結至最後節點
21              last = newNode;          //保留最後節點指標
22          }
23      }
24      return list;                     //傳回串列開始指標
25  }
26  void kruskal()
27  {
28      elink ptr;
29      ptr = list;     //指向串列開始
30      while(ptr != NULL)
31      {
32          //同一集合否?
33          if(! workGroup(ptr->start, ptr->halt))
34          {
35              //印出最小成本的邊
36              printf(" 頂點 ( %d, %d ) 成本 %2d\n", ptr->start,
37                          ptr->halt, ptr->cost);
38              makeGroup(ptr->start, ptr->halt); //結合成同一集合
39          }
40          ptr = ptr->next;                         //下一邊線
41      }
42  }
```

執行結果

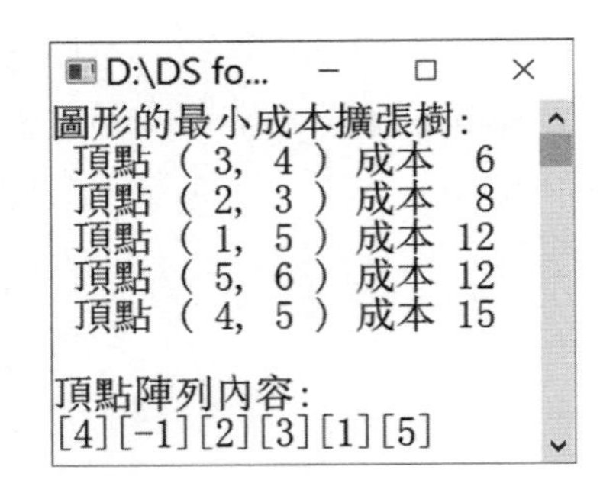

程式解說

◈ 第1~25行：定義函式createEdge()來產生邊線：採用鏈結串列的表達，配置記體之後，初始化邊線的內容。

◈ 第26~42行：定義函式kruskal()來實現最小擴張樹。

8.5 最短路徑

想要知道從高雄到台南，如果開車上路的話，使用地圖查詢的交通網絡可能有好幾條路線可供參考。究竟哪一種路徑能在最短時間到達目的，或者走哪一條路最符合經濟效益，這就是「最短路徑」（The Shortest Path Problem）的作法。再認眞考慮高雄到台南路線（Path）所花費的時間（權値Weight），以圖形作思考的話，就是任意兩個頂點之間其邊線和頂點的關係。從出發的頂點到目的的頂點，如何選擇最短路徑，從兩個方面來討論：

➢ 由單一頂點到其他頂點的最短路徑。

➢ 各個頂點之間的最短路徑。

有了這些初淺的概念，就可以一同來探討單點對全部頂點的最短距離及所有頂點兩兩之間的最短距離。

8.5.1 單點到其他頂點

從單一頂點到其他頂點的最短路徑中，較著名的就是Dijkstra（戴克斯特拉，荷蘭的計算機科家，1972年獲得圖靈獎）演算法。它的定義如下：

假設S = {V_i | V_i ∈ V}，且V_i在已發現的最短路徑，其中V_0 ∈ S是起點
假設w ∉ S，定義Dist(w)是從V_0到w的最短路徑，這條路徑除了w外必屬於S

從上述的演算法我們可以推演出如下的程序：

(1) G = (V, E)。

```
D[k] = A[F, k], (k  = 1, N)
S = {F}, V = {1, 2,……, N}
```

◈ D為含有N個項目的陣列，用來存放某一頂點到其他頂點最短距離。

◈ F代表起始頂點；A[F, k]為頂點F到k的距離。

◈ V、S皆為頂點的集合。

(2) 從V-S集合中找到一個頂點x，使得D(x)為最小值，並把x放入S集合中。

(3) 依下列公式調整陣列D的值：

```
D[k] = min(D[k], D[x] + A[x ,k]) ((k, x) ∈ E)
```

◈ 其中(x, k) ∈ E來調整D陣列的值，k是指x的相鄰各頂點。

(4) 重複執行步驟2，一直到V-S是空集合為止。

例一：有向圖含有8個頂點，求取頂點5到每個頂點的最短距離。

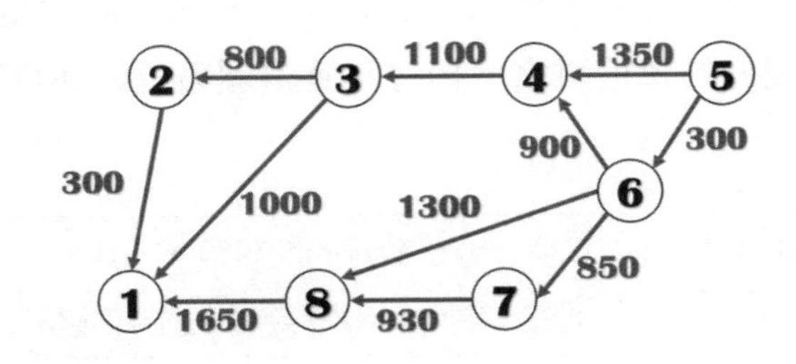

將含有權值的有向圖以相鄰矩陣表示如下圖。

	1	2	3	4	5	6	7	8
1	0	∞	∞	∞	∞	∞	∞	∞
2	300	0	∞	∞	∞	∞	∞	∞
3	1000	800	0	∞	∞	∞	∞	∞
4	∞	∞	1100	0	∞	∞	∞	∞
5	∞	∞	∞	1350	0	300	∞	∞
6	∞	∞	∞	900	∞	0	850	1300
7	∞	∞	∞	∞	∞	∞	0	930
8	1650	∞	∞	∞	∞	∞	∞	0

Step 1. V = {1, 2, 3, 4, 5, 6, 7, 8}，F = 5, S = {5}，由於頂點5無法由直接到達頂點7和頂點8；所以把D[7]、D[8]的值設定為∞。

1	2	3	4	5	6	7	8
∞	∞	∞	1350	0	300	∞	∞

Step 2. 陣列D的D[6]是最小值，將頂點6放入集合S，S = {5, 6}（表格中以灰色網底來表示某頂點加入S集合中）。

```
V - S = {1, 2, 3, 4, 7, 8}
```

頂點6有相鄰頂點4、7、8，最小值調整如下：

```
D[4] = min(D[4], D[6] + A[6, 4]) = min(1350, 300 + 900) = 1200
D[7] = min(D[7], D[6] + A[6, 7]) = min(∞, 300 + 850) = 1150
D[8] = min(D[8], D[6] + A[6, 8]) = min(∞, 300 + 1300) = 1600
```

◈ 頂點5到頂點4，原來的距離為「1350」，經由頂點6縮短為「1200」；而頂點5到頂點8，可經由頂點6，其距離為「1600」，所以陣列D的內容變更如下：

陣列D	1	2	3	4	5	6	7	8
距離	∞	∞	∞	1200	0	300	1150	1600

Step 3. 繼續從{1, 2, 3, 4, 7, 8}集合中，找到陣列D的D[7]是最小值，將頂點7放入集合S，S = {5, 6, 7}。

```
V - S = {1, 2, 3, 4, 8}
```

頂點7有相鄰頂點8，最小值調整如下：

```
D[8] = min(D[8], D[7] + A[7 , 8])
     = min(1600, 1150 + 930) = 1600
```

◈ 頂點5到頂點8，通過頂點6，所以最短距離就是「1600」，所以陣列D變更後的內容如下：

1	2	3	4	5	6	7	8
∞	∞	∞	1200	0	300	1150	1600

Step 4. 繼續從{1, 2, 3, 4, 8}集合中，找到陣列D的D[4]是最小值，將頂點4放入集合S，S = {4, 5, 6, 7}

```
V - S = {1, 2, 3, 8}
```

頂點4有相鄰頂點3，最小值調整如下：

```
D[3] = min(D[3], D[4] + A[4 , 3])
     = min(∞, 1200 + 1100) = 2300
```

◈ 陣列D變更後的內容如下：

1	2	3	4	5	6	7	8
∞	∞	2300	1200	0	300	1150	1600

Step 5. 繼續從{1, 2, 3, 8}集合中，找到陣列D的D[8]是最小值，將頂點8放入集合S，S = {4, 5, 6, 7, 8}

```
V - S = {1, 2, 3}
```

頂點8有相鄰頂點1，最小值調整如下：

```
D[1] = min(D[1], D[8] + A[8 , 1])
     = min(∞, 1600 + 1650) = 3250
```

◈ 陣列D變更後的內容如下：

1	2	3	4	5	6	7	8
3250	∞	2300	1200	0	300	1150	1600

Step 6. 繼續從{1, 2, 3}集合中，找到陣列D的D[3]是最小值，將頂點3放入集合S，S = {3, 4, 5, 6, 7, 8}

```
V - S = {1, 2}
```

頂點3有相鄰頂點2、1，最小值調整如下：

```
D[2] = min(D[2], D[3] + A[3 , 2])
     = min(∞, 2300 + 800) = 3100
D[1] = min(D[1], D[3] + A[3 , 1])
     = min(3250, 2300 + 1100) = 3250
```

◈ 從頂點5到頂點1，可通過頂點6、8，所以最短距離為「3250」，所以陣列D的內容如下：

1	2	3	4	5	6	7	8
3250	3100	2300	1200	0	300	1150	1600

Step 7. 繼續從{1, 2}集合中，找到陣列D的D[2]是最小值，將頂點2放入集合S，S = {5, 6, 7, 4, 8, 3, 2}

```
V - S = {1}
```

頂點2有相鄰頂點1，最小值調整如下：

```
D[1] = min(D[1], D[2] + A[2 , 1])
     = min(3250, 3200 + 300) = 3200
```

◈ 從頂點5到頂點2，可通過頂點6、4、3，所以最短距離為「3200」，最後得到頂點5到各頂點的距離。

1	2	3	4	5	6	7	8
3250	3200	2300	1200	0	300	1150	1600

範例CH0806.c

```
01 void Dijkstra(int vertex, int len)
02 {
03     int choice[9];             //存放頂點
04     int small, svex, j, k;//small最小值, svex含最矩離的頂點
05     for(j = 1; j <= len; j++)//清除陣列並將路徑初始化
06     {
07        choice[j] = 0;
08        dist[j] = wgMatrix[vertex][j];
09     }
10     choice[vertex] = 1;               //儲存被找過的開始頂點
11     dist[vertex] = 0;                  //設開始頂點的距離
12     printf("頂點 ");
13     for(k = 1; k <= len; k++)       //依k值輸出頂點1~8
14        printf("%-7d", k);
15     printf("\n");
16     for(k = 1; k <= len; k++ )
17        printf("%6d ", dist[k]);   //印出距離
18     printf("\n");
19     for(j = 1; j <= len - 1; j++ ) //讀取頂點
20     {
21        small = MAXLEN;                  //假設是最長距離
22        for(k = 1; k <= len; k++ )   //找出最短距離
```

```
23          {
24              if(small > dist[k] && choice[k] == 0)
25              {
26                  svex = k;              //取得最短頂點
27                  small = dist[k];       //記錄最短距離
28              }
29          }
30          choice[svex] = 1;             //表示已被找過
31          for(k = 1; k <= len; k++ )
32          {
33              if(choice[k] == 0 &&          //有比較短否?
34                  dist[svex] + wgMatrix[svex][k] < dist[k])
35                  dist[k] = dist[svex] + wgMatrix[svex][k];
36              printf("%6d ", dist[k]);
37          }
38          printf("\n");
39      }
40  }
```

執行結果

```
D:\DS for C語言\CH08\CH0806.exe
從頂點[5]到各頂點最短距離計算過程:
頂點 1      2      3      4      5    6      7      8
 10000  10000  10000   1350    0  300  10000  10000
 10000  10000  10000   1200    0  300   1150   1600
 10000  10000  10000   1200    0  300   1150   1600
 10000  10000   2300   1200    0  300   1150   1600
 10000  10000   2300   1200    0  300   1150   1600
  3300   3100   2300   1200    0  300   1150   1600
  3300   3100   2300   1200    0  300   1150   1600
  3300   3100   2300   1200    0  300   1150   1600
```

程式解說

◈ 第1~40行：定義函式Dijkstra()用來計算某個頂點到各頂點之間的距離；參數begin代表某個頂點。

◈ 第5~9行：將存放頂點的choice陣列清空，並把相鄰矩陣的元素直接複制到dist陣列。

◈ 第19~39行：讀取頂點之後，從陣列裡找出最近距離的頂點，並計算開始頂點到各頂點最短距離陣列；再與其他頂點做比較。

8.5.2 頂點兩兩之間的最短距離

由於Dijkstra演算法只能求出某個固定頂點到其他頂點的最短距離，如果要求出圖形中任兩點甚至所有頂點間最短的距離，就必須透過Floyd-Warshall演算法（中文譯爲「弗洛伊德」演算法，續文以Floyd替代）。Floyd演算法能用來求取任意兩點間的最短路徑，以非固定頂點爲主；它屬於動態規劃（Dynamic Programming）演算法的一環。所謂任意兩點最短路徑有兩種情形：(1)是指頂點i到頂點j的路徑；(2)從頂點i經過若干個頂點k到頂點j。

演算法定義如下：

$A^k[i][j] = \min\{A^{k-1}[i][j], A^{k-1}[i][k] + A^{k-1}[k][j]\}, k \geqq 1$

$A^0[i][j]$ = COST[i][j] (即A^0便等於COST)

A^0爲頂點i到j間的直通距離

$A^n[i, j]$代表i到j的最短距離，即A^n便是所要求的最短路徑成本矩陣

◈ k表示經過的頂點，$A^k[i][j]$爲從頂點i到j的經由k頂點的最短路徑。

這樣看起來似乎覺得Floyd演算法相當複雜難懂，我們將直接以實例說明它的演算法則。簡例：試以Floyd演算法求得下圖各頂點間的最短路徑。

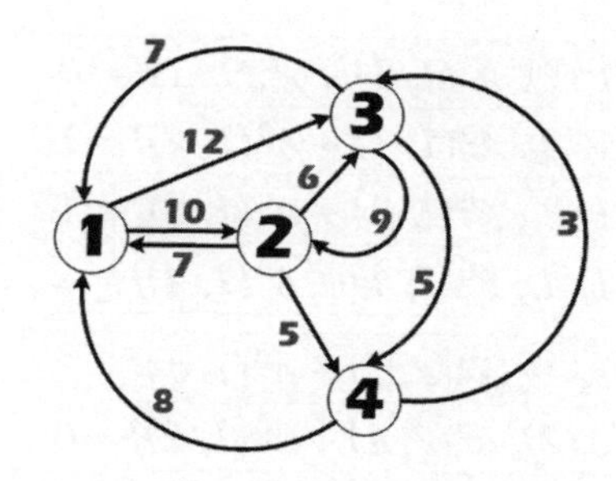

(1) 首先令原圖形為A^0，使用相鄰矩陣表示如下。

$$A^0 = \begin{array}{c} \\ 1 \\ 2 \\ 3 \\ 4 \end{array} \begin{array}{c} \begin{array}{cccc} 1 & 2 & 3 & 4 \end{array} \\ \begin{pmatrix} 0 & 10 & 12 & \infty \\ 7 & 0 & 6 & 5 \\ 7 & 9 & 0 & 5 \\ 8 & \infty & 3 & 0 \end{pmatrix} \end{array}$$

如何求得A^1矩陣？利用下列公式來求取。

$$A^k(i,j) = \min\{A^{k-1}(i,j), A^{k-1}(i,k) + A^{k-1}(k,j)\}, k \geq 1$$

所以頂點1、2、3、4的計算公式如下：

$k = 1, A^1(i, j) = min\{A^0(i, j), A^0(i, 1) + A^0(1, j)\}$
$k = 2, A^2(i, j) = min\{A^1(i, j), A^1(i, 2) + A^1(2, j)\}$
$k = 3, A^3(i, j) = min\{A^2(i, j), A^2(i, 3) + A^2(3, j)\}$
$k = 4, A^4(i, j) = min\{A^3(i, j), A^3(i, 4) + A^3(4, j)\}$

矩陣A^1其頂點1、2、3、4計算結果如下：

$A^1(1, 1) = min\{A^0(1, 1), A^0(1, 1) + A^0(1, 1)\} = 0$
$A^1(1, 2) = min\{A^0(1, 2), A^0(1, 1) + A^0(1, 2)\} = 10$
$A^1(1, 3) = min\{A^0(1, 3), A^0(1, 1) + A^0(1, 3)\} = 12$
$A^1(1, 4) = min\{A^0(1, 4), A^0(1, 1) + A^0(1, 4)\} = \infty$

$A^1(2, 1) = min\{A^0(2, 1), A^0(2, 1) + A^0(1, 1)\} = 7$
$A^1(2, 2) = min\{A^0(2, 2), A^0(2, 1) + A^0(1, 2)\} = 0$
$A^1(2, 3) = min\{A^0(2, 3), A^0(2, 1) + A^0(1, 3)\} = 6$
$A^1(2, 4) = min\{A^0(2, 4), A^0(2, 1) + A^0(1, 4)\} = 5$

$A^1(3, 1) = min\{A^1(3, 1), A^1(3, 1) + A^1(1, 1)\} = 7$
$A^1(3, 2) = min\{A^1(3, 2), A^1(3, 1) + A^1(1, 2)\} = 9$
$A^1(3, 3) = min\{A^1(3, 3), A^1(3, 1) + A^1(1, 3)\} = 0$
$A^1(3, 4) = min\{A^1(3, 4), A^1(3, 1) + A^1(1, 4)\} = 5$

$A^1(4, 1) = min\{A^1(4, 1), A^1(4, 1) + A^1(1, 1)\} = 8$
$A^1(4, 2) = min\{A^1(4, 2), A^1(4, 1) + A^1(1, 2)\} = min\{\infty, 8 + 10\} = 18$
$A^1(4, 3) = min\{A^1(4, 3), A^1(4, 1) + A^1(1, 3)\} = 3$
$A^1(4, 4) = min\{A^1(4, 4), A^1(4, 1) + A^1(1, 4)\} = 0$

$$A^1 = \begin{array}{c} \\ 1 \\ 2 \\ 3 \\ 4 \end{array} \begin{array}{c} \begin{array}{cccc} 1 & 2 & 3 & 4 \end{array} \\ \begin{pmatrix} 0 & 10 & 12 & \infty \\ 7 & 0 & 6 & 5 \\ 7 & 9 & 0 & 5 \\ 8 & 18 & 3 & 0 \end{pmatrix} \end{array}$$

(2) 依上述程序後欲計算矩陣A^2公式如下：

$k = 2, A^2(i, j) = min\{A^1(i, j), A^1(i, 2) + A^1(2, j)\}$

矩陣A^2其頂點1、2、3、4所得結果如下：

$A^2(1, 1) = min\{A^1(1, 1), A^1(1, 2) + A^1(2, 1)\} = 0$
$A^2(1, 2) = min\{A^1(1, 2), A^1(1, 2) + A^1(2, 2)\} = 10$
$A^2(1, 3) = min\{A^1(1, 3), A^1(1, 2) + A^1(2, 3)\} = 12$
$A^2(1, 4) = min\{A^1(1, 4), A^1(1, 2) + A^1(2, 4)\} = \{\infty, 10 + 5\} = 15$

$A^2(2, 1) = min\{A^1(2, 1), A^1(2, 2) + A^1(2, 1)\} = 7$
$A^2(2, 2) = min\{A^1(2, 2), A^1(2, 2) + A^1(2, 2)\} = 0$
$A^2(2, 3) = min\{A^1(2, 3), A^1(2, 2) + A^1(2, 3)\} = 6$
$A^2(2, 4) = min\{A^1(2, 4), A^1(2, 2) + A^1(2, 4)\} = 5$

$A^2(3, 1) = min\{A^1(3, 1), A^1(3, 2) + A^1(2, 1)\} = 7$
$A^2(3, 2) = min\{A^1(3, 2), A^1(3, 2) + A^1(2, 2)\} = 9$
$A^2(3, 3) = min\{A^1(3, 3), A^1(3, 2) + A^1(2, 3)\} = 0$
$A^2(3, 4) = min\{A^1(3, 4), A^1(3, 2) + A^1(2, 4)\} = 5$

$A^2(4, 1) = min\{A^1(4, 1), A^1(4, 2) + A^1(2, 1)\} = 8$
$A^2(4, 2) = min\{A^1(4, 2), A^1(4, 2) + A^1(2, 2)\} = 18$
$A^2(4, 3) = min\{A^1(4, 3), A^1(4, 2) + A^1(2, 3)\} = 3$
$A^2(4, 4) = min\{A^1(4, 4), A^1(4, 2) + A^1(2, 4)\} = 0$

$$A^2 = \begin{array}{c} \\ 1 \\ 2 \\ 3 \\ 4 \end{array} \begin{array}{c} \begin{array}{cccc} 1 & 2 & 3 & 4 \end{array} \\ \begin{pmatrix} 0 & 10 & 12 & 15 \\ 7 & 0 & 6 & 5 \\ 7 & 9 & 0 & 5 \\ 8 & 18 & 3 & 0 \end{pmatrix} \end{array}$$

(3) 依上述程序後欲計算矩陣A^3公式如下：

$k = 3, A^3(i, j) = min\{A^2(i, j), A^2(i, 3) + A^2(3, j)\}$

矩陣A^3其頂點1、2、3、4所得結果如下：

$A^3(1, 1) = min\{A^2(1, 1), A^2(1, 3) + A^2(3, 1)\} = 0$

$A^3(1, 2) = min\{A^2(1, 2), A^2(1, 3) + A^2(3, 2)\} = 10$

$A^3(1, 3) = min\{A^2(1, 3), A^2(1, 3) + A^2(3, 3)\} = 12$

$A^3(1, 4) = min\{A^2(1, 4), A^2(1, 3) + A^2(3, 4)\} = 15$

$A^3(2, 1) = min\{A^2(2, 1), A^2(2, 3) + A^2(3, 1)\} = 7$

$A^3(2, 2) = min\{A^2(2, 2), A^2(2, 3) + A^2(3, 2)\} = 0$

$A^3(2, 3) = min\{A^2(2, 3), A^2(2, 3) + A^2(3, 3)\} = 6$

$A^3(2, 4) = min\{A^2(2, 4), A^2(2, 3) + A^2(3, 4)\} = 5$

$A^3(3, 1) = min\{A^2(3, 1), A^2(3, 3) + A^2(3, 1)\} = 7$

$A^3(3, 2) = min\{A^2(3, 2), A^2(3, 3) + A^2(3, 2)\} = 9$

$A^3(3, 3) = min\{A^2(3, 3), A^2(3, 3) + A^2(3, 3)\} = 0$

$A^3(3, 4) = min\{A^2(3, 4), A^2(3, 3) + A^2(3, 4)\} = 5$

$A^3(4, 1) = min\{A^2(4, 1), A^2(4, 3) + A^2(3, 1)\} = 8$

$A^3(4, 2) = min\{A^2(4, 2), A^2(4, 3) + A^2(3, 2)\} = \{18, 3 + 9\} = 12$

$A^3(4, 3) = min\{A^2(4, 3), A^2(4, 3) + A^2(3, 3)\} = 3$

$A^3(4, 4) = min\{A^2(4, 4), A^2(4, 3) + A^2(3, 4)\} = 0$

$$A^3 = \begin{array}{c} \\ 1 \\ 2 \\ 3 \\ 4 \end{array} \begin{array}{c} \begin{array}{cccc} 1 & 2 & 3 & 4 \end{array} \\ \begin{pmatrix} 0 & 10 & 12 & 15 \\ 7 & 0 & 6 & 5 \\ 7 & 9 & 0 & 5 \\ 8 & 12 & 3 & 0 \end{pmatrix} \end{array}$$

(4) 依上述程序後欲計算矩陣A^4公式如下：

$k = 4, A^4(i, j) = min\{A^3(i, j), A^3(i, 4) + A^3(4, j)\}$

最後，矩陣A^4其頂點1、2、3、4所得兩兩之間的最短距離。

$A^4(1, 1) = min\{A^3(1, 1), A^3(1, 4) + A^3(4, 1)\} = 0$
$A^4(1, 2) = min\{A^3(1, 2), A^3(1, 4) + A^3(4, 2)\} = 10$
$A^4(1, 3) = min\{A^3(1, 3), A^3(1, 4) + A^3(4, 3)\} = 12$
$A^4(1, 4) = min\{A^3(1, 4), A^3(1, 4) + A^3(4, 4)\} = 15$

$A^4(2, 1) = min\{A^3(2, 1), A^3(2, 4) + A^3(4, 1)\} = 7$
$A^4(2, 2) = min\{A^3(2, 2), A^3(2, 4) + A^3(4, 2)\} = 0$
$A^4(2, 3) = min\{A^3(2, 3), A^3(2, 4) + A^3(4, 3)\} = 6$
$A^4(2, 4) = min\{A^3(2, 4), A^3(2, 4) + A^3(4, 4)\} = 5$

$A^4(3, 1) = min\{A^3(3, 1), A^3(3, 4) + A^3(4, 1)\} = 7$
$A^4(3, 2) = min\{A^3(3, 2), A^3(3, 4) + A^3(4, 2)\} = 9$
$A^4(3, 3) = min\{A^3(3, 3), A^3(3, 4) + A^3(4, 3)\} = 0$
$A^4(3, 4) = min\{A^3(3, 4), A^3(3, 4) + A^3(4, 4)\} = 5$

$A^4(4, 1) = min\{A^3(4, 1), A^3(4, 4) + A^3(4, 1)\} = 8$
$A^4(4, 2) = min\{A^3(4, 2), A^3(4, 4) + A^3(4, 2)\} = 12$
$A^4(4, 3) = min\{A^3(4, 3), A^3(4, 4) + A^3(4, 3)\} = 3$
$A^4(4, 4) = min\{A^3(4, 4), A^3(4, 4) + A^3(4, 4)\} = 0$

$$A^4 = \begin{array}{c|cccc} & 1 & 2 & 3 & 4 \\ \hline 1 & 0 & 10 & 12 & 15 \\ 2 & 7 & 0 & 6 & 5 \\ 3 & 7 & 9 & 0 & 5 \\ 4 & 8 & 12 & 3 & 0 \end{array}$$

這4個頂點兩兩之間的最短距離即可用A^4表示。

課後習作

一、填充題

1. 如何判斷某張無向圖形具有「尤拉路徑」？圖形由＿＿＿＿＿完成，而且所有頂點皆具有＿＿＿＿＿。
2. 圖形是由＿＿＿＿＿和＿＿＿＿＿兩個有限集合組成，＿＿＿＿＿圖形表示邊線具有方向性，有去有回；＿＿＿＿＿圖形表示邊線不具方向性。
3. 無向圖形中，如果N個頂點中恰好擁有N*(n-1)/2條邊，稱為＿＿＿＿。
4. 儲存圖形有兩種表示方式，①＿＿＿＿＿、②＿＿＿＿＿。
5. 圖形追蹤的方法有兩種：①＿＿＿＿＿、②＿＿＿＿＿。
6. 找出「最低成本擴張樹」有兩種常見方法，一種是＿＿＿＿＿演算法，第二種則是＿＿＿＿＿演算法。

二、問答題

1. 圖G以頂點D為起點，求它DFS擴張樹與BFS擴張樹。

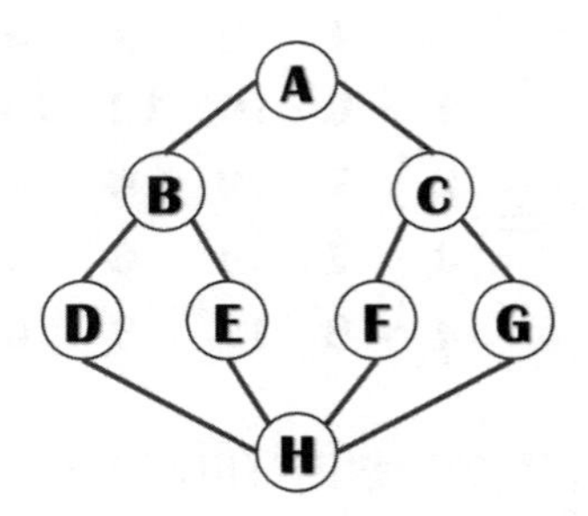

2. 下圖是否為雙連通圖形（Biconnected Graph）？有哪些連通單元（Connected Components）？試說明之。

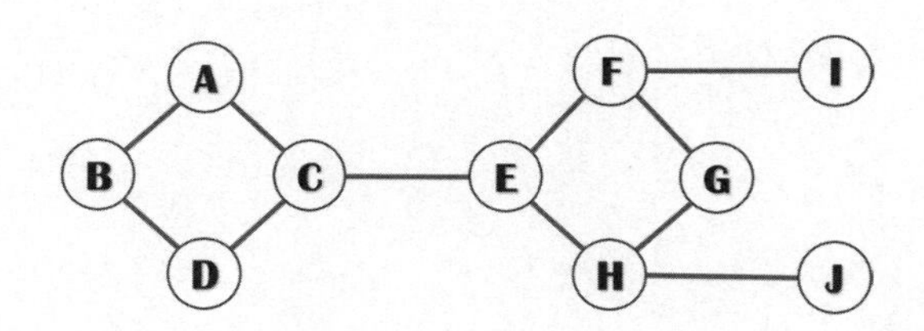

3. 參考下圖以頂點A為起點，求出下圖的DFS與BFS結果。

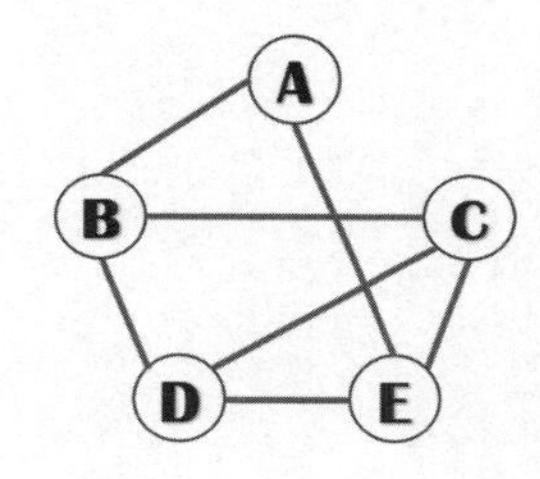

4. 試說明假設無向圖形「G = (V, E)」，e' ∈ E，如果e'的加權值為最大，那麼任一G的MST也有可能包含e'。
5. 請寫出以Floyd演算法求得下圖各頂點間的距離（請依序寫出A^0、A^1、A^2、A^3）。

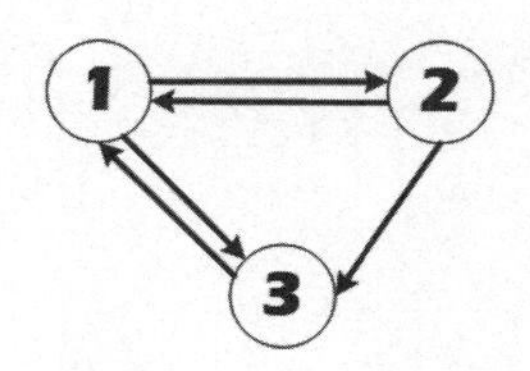

6. 請問圖形有哪四種常見的表示法？
7. 試簡述圖形追蹤的定義。
8. 在求得一個無向連通圖形的最小花費樹Prim's演算法的主要作法為何？試簡述之。

第九章

有條有理話排序

★學習導引★

- 從排序的種類和影響排序的因素談起
- 認識以比較為主的排序法，包括氣泡、Shaker和快速排序法
- 玩撲克牌嗎？插入排序法小試身手，謝耳排序法熟練技巧
- 簡單的選擇排序法，化樹為堆的堆積排序法
- 分而治的合併排序法，不參與比較的基數排序法

9.1 認識排序

進行排序，而此欄位稱為「鍵（key）」，欄位裡面的值我們稱之為「鍵值（value）」。

所謂「排序」（Sorting）是將一群資料按照某一個特定規則重新排列，使其具有遞增或遞減的次序關係。針對某一欄位按照特定規則用以排序的依據，稱為「鍵」（Key），它所含的值就稱為「鍵值」（Value）。資料在經過排序後，會有下列三點好處：

- 資料較容易閱讀。
- 資料較利於統計及整理。
- 可大幅減少資料搜尋的時間。

9.1.1 排序相關分類

在日常生活中，經常會利用到排序技巧，例如學校段考後各科成績中找出優秀者；熱映的電影依據票房收入找出口碑最佳者。排序依儲存位置及所使用的記憶體來區分有「內部排序」（Internal Sort）和「外部排序」（External Sort）

- 內部排序：排序的資料量小，可以完全在記憶體內進行排序。
- 外部排序：排序的資料量無法直接在記憶體內進行排序，而必須使用到輔助記憶體（如硬碟）。

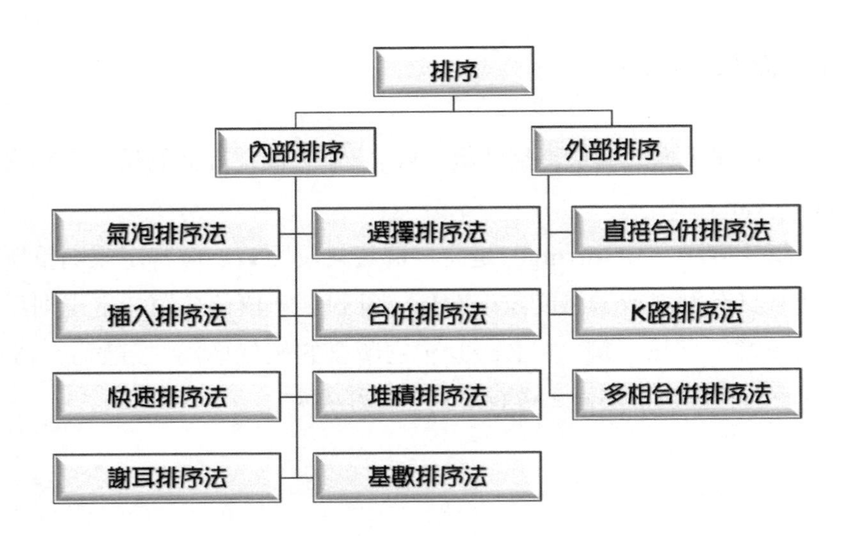

本章節討論範圍會以「內部排序」爲主。在排序過程會影響其效率就是比較或資料交換的次數。可以把它區分爲「直接移動」與「邏輯移動」兩種。直接移動是直接移動資料的位置；而邏輯移動則是改變資料的指標位置。

最後，數列中幾個相同「鍵值」（Value）經由排序後，相同的鍵值是否仍然保持原來的次序？若能維持位置不變，表示它是一個「穩定排序」（Stable Sort），相反地，改變了位置就是「不穩定排序」（Un-stable Sort）。

```
原始資料順序：15left, 12, 9,      15right,  61
穩定的排序：   9,      12, 15left,  15right, 61
不穩定的排序：9,      12, 15right, 15left,  61
```

如上述簡例中「15_{left}」的原始位置在「15_{right}」的左邊（因鍵值相同以15_{left}、15_{right}區分），排序後，倘若「15_{left}」仍然在「15_{right}」的左

邊，為「穩定排序」。不穩定排序則有可能「15_{left}」會跑到「15_{right}」的右邊。

9.1.2 排序大小事

如何去評估一個排序法的效能？不外乎資料數目、時間複雜度、空間複雜度、比較次數、具有穩定性否？位置是否發生了交換？

排序時，時間複雜度可分為最佳情況（Best Case）、最壞情況（Worst Case）及平均情況（Average Case）。當原本資料完成了遞增排序，若再進行一次遞增排序所使用的時間複雜度就是「最佳情況」。也有可能原本已是完成遞增排序，沒有想到重新排序變為遞減，每一鍵值均得須重新排列就是「最壞情況」。

空間複雜度是指執行排序的過程所需付出的額外記憶體空間。無論是哪一種排序法都會發生資料交換的動作，要讓資料完成互換就得有一個暫時性的額外空間，它影響了排序效能，這也是空間複雜度要納入考慮的問題；使用到的額外空間愈少，它的空間複雜度就愈佳。將影間排序的相關因素列於下表說明之。

排序法名稱	類型	穩定性	交換位置
氣泡排序法（Bubble Sort）	交換	是	是
Shaker排序法（Shaker Sort）	交換	是	是
快速排序法（Quick Sort）	交換	否	是
插入排序法（Insertion Sort）	插入	是	是
謝耳排序法（Shell Sort）	插入	否	是
選擇排序法（Selection Sort）	選擇	否	是
堆積排序法（Heap Sort）	選擇	否	是

排序法名稱	類型	穩定性	交換位置
合併排序法（Merge Sort）	合併	是	是
基數排序法（Radix Sort）	分配	是	MSD是
			LSD否

將各項排序法的時間複雜度和空間複雜度列於下表。

演算法	時間複雜度			空間複雜度
	平均	最佳	最壞	額外空間
氣泡排序法	$O(n^2)$	$O(n)$	$O(n^2)$	$O(1)$
Shaker排序法	$O(n^2)$	$O(n)$	$O(n^2)$	$O(1)$
快速排序法	$O(n \log(n))$	$O(n \log_2(n))$	$O(n^2)$	$O(\log_2(n))$~$O(n)$
插入排序法	$O(n^2)$	$O(n^2)$	$O(n^2)$	$O(1)$
謝耳排序法	$O(n \log_2(n))$~$O(n)$，較複雜，由時間決定			$O(1)$
選擇排序法	$O(n^2)$	$O(n^2)$	$O(n^2)$	$O(1)$
堆積排序法	$O(n \log_2(n))$	$O(n \log_2(n))$	$O(n \log_2(n))$	$O(1)$
合併排序法	$O(n \log_2(n))$			$O(n)$
基數排序法	$O(n \log_p(k))$			$O(n*p)$

◈ 基數排序法：n爲原始資料的個數，p爲基數，k是原始資料最大值。

9.2 換位置的交換排序

「交換排序」（Interchange Sort）簡單來說就是互換位置後並留下記錄。以數列而言是把兩個有利害關係的資料或項目（以陣列元素爲主）比大或比小之後，再調整這兩者的位置。排序定算法中採用此方式的有氣泡排序、Shaker排序和快速排序。

9.2.1 氣泡排序法

氣泡排序法（Bubble Sort）（或稱冒泡排序法）可以說是最簡單的排序法之一，氣泡隨著水深壓力而改變，藉由觀察水中氣泡變化構思而成。氣泡在水底時，水壓最大，氣泡最小；慢慢浮上水面時，氣泡由小漸漸變大。

由此可知，氣泡排序法是把陣列中相鄰兩元素之鍵值做比較，若兩元素之次序不對，則將這兩個元素交換其位置。其排序原理是從元素的開始位置起，相鄰的兩個元素相比較，若第i個的元素大於第(i+1)的元素，則兩元素互換，比較過所有的元素後，最大的元素將會沉到最底部，其演算法如下：

```
//實作範例CH0901.c
Algorithm BubbleSort(A[], N)
   Input :陣列A含有N個可比較的元素
   Output:陣列A之元素以遞增完成排序
BEGIN
   var i, j
   for i ← N - 1 down to 1 do
      for j ← 0 to i - 1
         if A[j] > A[j + 1] then
            SWAP A[j] and A[j + 1]
         end if
      end for
   end for
END
```

◈ 由第一個元素開始，相鄰之兩個資料項A[j]與A[j + 1]互相比較。

◈ 若次序不對呼叫SWAP()將兩個資料項對調，直到所有資料項不再對調為止，最大元素會沈到最底部。

◈ 重複以上動作，直到N-1次或互換動作停止。

藉由數列「25、33、11、78、65、57」來演示氣泡排序法遞增排序的過程。

Step 1. 一開始資料都放在同一陣列中，比較相鄰的陣列元素大小，依照「左小右大」原則決定是否要做交換。

Step 2. 開始第一回合，從陣列的第一個元素開始「25」，與第二個元素做第一次比較；由於「25 < 33」所以兩個不互換。

Step 3. 繼續第一回合，將陣列第2、3個元素做第二次比較；「33 > 11」兩個得互換。

Step 4. 繼續第一回合，將陣列第3、4個元素做第三次比較；「33 < 78」兩個不互換。

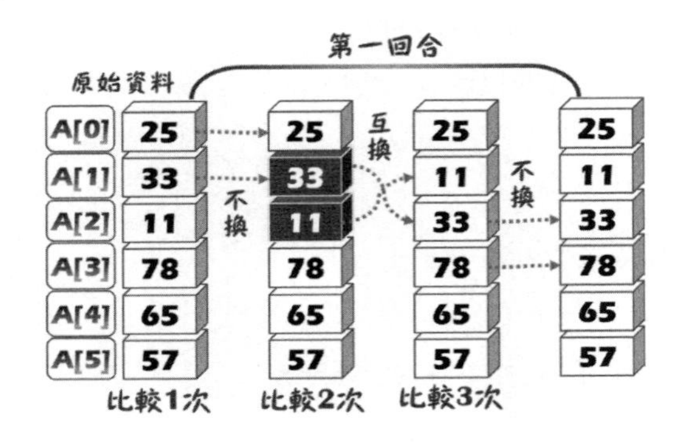

Step 5. 繼續第一回合，將陣列第4、5個元素做第四次比較；「78 > 65」兩個得互換。

Step 6. 繼續第一回合，將陣列第5、6個元素做第五次比較；「78 > 57」兩個互換，至此完成第一回合的排序，共比較5次，最大元素「78」沉到底。

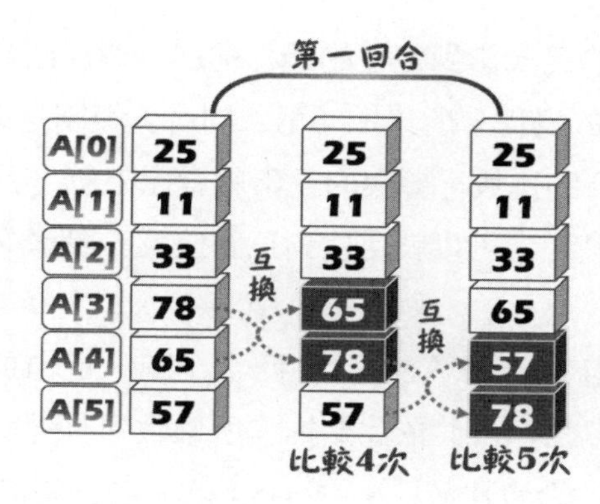

Step 7. 進入第二回合；將陣列第1、2個元素做第一次比較；「25 > 11」兩個得互換。

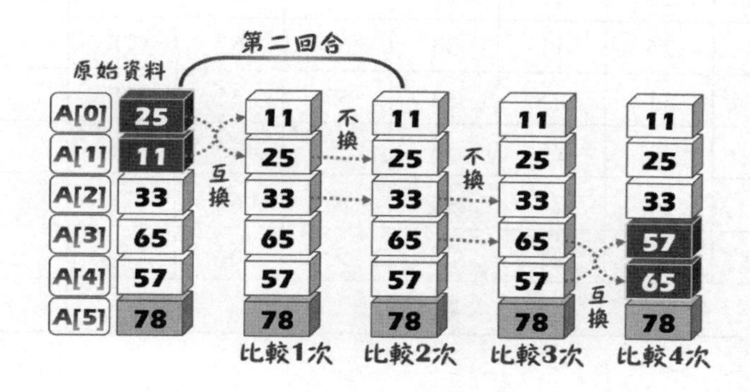

Step 8. 繼續第二回合；將陣列第2、3個元素做第二次比較；「25 < 33」兩個不互換。

Step 9. 繼續第二回合；將陣列第3、4個元素做第三次比較；「33 < 65」兩個不互換。

Step 10. 繼續第二回合；將陣列第4、5個元素做第四次比較：「65 > 57」兩個互換。至此完成第二回合的排序，次大元素「65」也沉底而整個陣列的遞增排序完成。

完成排序	11	25	33	57	65	78
	A[0]	A[1]	A[2]	A[3]	A[4]	A[5]

將數列中最大的元素排到定位的過程稱爲一個「回合」（pass）。如前述簡例步驟2 ~ 6的過程。所以，「第二回合」範圍是從「A[0] ~ A[N - 2]」，經過每一回合的比較，參與的元素就會愈來愈少。因此，每一回合之後，至少會有一個元素可以就定位到正確位置；繼續下一回合的比較。

有N個元素的話會進行「N - 1」回合；第一回合的比較次數「N - 1」，第二回合則是「N - 2」依此類推。所以數列有6個元素會進行「6 – 1 = 5」回合，第一回合會比較「6 – 1 = 5」次，各回答的比較次數如下：

回合	每回合比較後的鍵值						
原始資料	25	33	11	78	65	57	比較次數
1	25	11	33	65	57	78	5
2	11	25	33	57	65	78	4
3	11	25	33	57	65	78	3
4	11	25	33	57	65	78	2
5	11	25	33	57	65	78	1
總次數							15

9.2.2 貼身觀察氣泡排序法

如何計算執行總次數？依據範例CH0901.c中數列排序時迴圈執行的次數，公式計算如下：

```
(N-1) + (N-2) + (N-3) + … + 3 + 2 + 1 = N(N - 1) / 2 次
```

當鍵值數目「N = 8」，依公式可以得到總次數「8 * （8 – 1）/ 2 = 28」，將範例的數列交換的次數列示如下：

回合	每回合比較後的鍵值（灰色網底為已完成排序）								比較次數
	25	33	11	514	78	65	57	321	
1	25	11	33	78	65	57	321	514	7
2	11	25	33	65	57	78	321	514	6
3	11	25	33	57	65	78	321	514	5
4	11	25	33	57	65	78	321	514	4
5	11	25	33	57	65	78	321	514	3
6	11	25	33	57	65	78	321	514	2
7	11	25	33	57	65	78	321	514	1
總次數									28

得到如下結果：陣列有8個項目，要進行「7」回合；第一回合比較了7次，元素進行了5次交換。要曉得「比較次數」是每一回合要進行的次數，要比較幾次跟元素多寡有關，它跟「交換次數」不太一樣！兩個元素是否要交換跟元素先後順序有關；數列「11、25、33」接近於正向順序就不用交換，但「33、25、11」則是反向順序就得比較之後還要做交換。

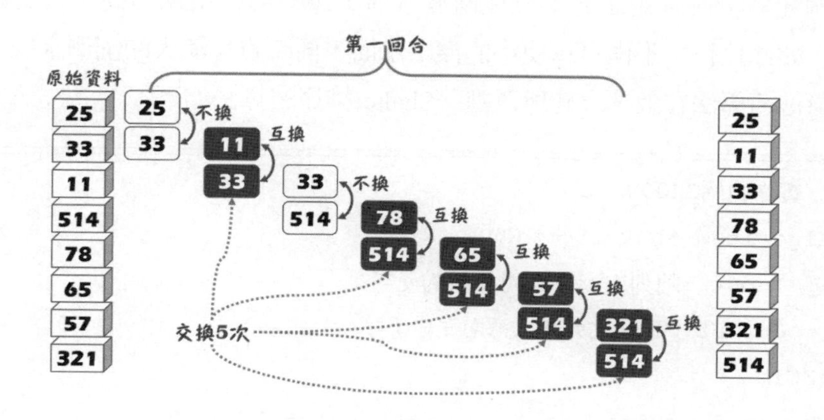

歸納之後可以得到如下的結論：

- 氣泡排序法適用於資料量小或有部份資料已經過排序。
- 取得比較和交換次數，時間複雜度爲「$O(n^2)$」。
- 只需一個額外空間來交換資料，所以空間複雜度爲O(1)。

大家是否發現範例中的陣列有8個項目，要進行「7」回合；實際上在第「4」回合已完成排序，要如何做才能讓程式提前結束！藉由課後習作來了解其程式碼的改進。

9.2.3 Shaker排序法

Shaker排序法又稱爲「雞尾酒排序」（Cocktail Sort）或「雙向氣泡排序」（Bidirectional Bubble Sort），可以把它視爲氣泡排序法的進階版。無庸置疑，Shaker排序法也是穩定排序法的一員。一般的氣泡排序法會由低到高來比較數列裡的每個元素，或者說以氣泡排序法只能每次由前向後以單一方向來比對，迴圈只能移動一個元素。

但是Shaker排序法略有不同，它採取雙向交替，記錄最後發生交換的兩個元素位置，走訪元素分成兩個方向，每一回合由低到高，再從高到低。如此比較，不僅可以使小的浮上水面，同時也會使大的沉倒水底，會比氣泡演算法在效率上有所改進。Shaker排序演算法如下：

```
//實作範例CH0902.c
Algorithm ShakerSort(A[], N)
   Input :陣列A含有N個可比較的元素
   Output:陣列A之元素以遞增完成排序
BEGIN
   var i, shift, firs ← 0, last ← N - 1
```

```
    while i ← first to last do
      for i ← first to last
        if A[j] > A[j + 1] then
          SWAP A[j] and A[j + 1]
          shift ← i
        end if
      first ← shift
      end for
    end for
END
```

例一：將數列「82、16、9、195、27、75、69、43、34」分別以氣泡排序法、Shaker排序法做比較。

回合	每回合比較後的鍵值（灰色網底為已完成排序）								
	82	16	9	195	27	75	69	43	34
1	16	9	82	27	75	69	43	34	195
2	9	16	27	75	69	43	34	82	195
3	9	16	27	69	43	34	75	82	195
4	9	16	27	43	34	69	75	82	195
5	9	16	27	34	43	69	75	82	195

◈ 使用氣泡排序法在第「5」回合完成排序。

回合	每回合比較後的鍵值（灰色網底為已完成排序）								
	82	16	9	195	27	75	69	43	34
1（左到右）	16	9	82	27	75	69	43	34	195
1（右到左）	9	16	27	82	69	75	34	43	195

2（左到右）	9	16	27	69	75	34	43	82	195
2（右到左）	9	16	27	34	69	75	43	82	195
3（左到右）	9	16	27	34	69	43	75	82	195
3（右到左）	9	16	27	34	43	69	75	82	195

◈ 使用Shaker排序在第「3」回合就完成由小而大的排序。

9.2.4 快速排序法

快速排序法（Quick Sort）是一種分而治之（Divide and Conquer）的排序法，所以也稱爲分割交換排序法（Partition-exchange Sort），最早由C. A. R. Hoare（暱稱東尼．霍爾）提出，是目前公認最佳的排序法。它的運作方式和氣泡排序法類似，利用「交換」達成排序。它的原理是以遞迴方式，將陣列分成兩部分：不過它會先在資料中找到一個虛擬的中間值，把小於中間值的資料放在左邊而大於中間值的資料放在右邊，再以同樣的方式分別處理左右兩邊的資料，直到完成爲止。

假設有n筆記錄R1、R2、R3…Rn，其鍵值爲K_1、K_2、K_3、…、K_n。快速排序法的程序如下：

(1) 設陣列第一個元素爲K_p（基準點pivot）「分割」陣列，小於基準點元素放在左邊子陣列，大於基準點的元放在右邊的陣列。
(2) 由左而右掃瞄陣列（F遞增），由第一個元素K_F開始與K_p比對直到「$K_F > K_p$」；從右到左掃瞄陣列（L遞減），從第一個元素K_L開始與K_F比對直到「$K_l < K_p$」。
(3) 「F > L」成立時，依程序(2)將K_F與K_L互換，直到「F < L」。
(4) 以遞迴分別處理左、右子陣列；當「F < L」則將K_p與K_L交換，並以L爲基準點再分割爲左、右陣列，直至完成排序。

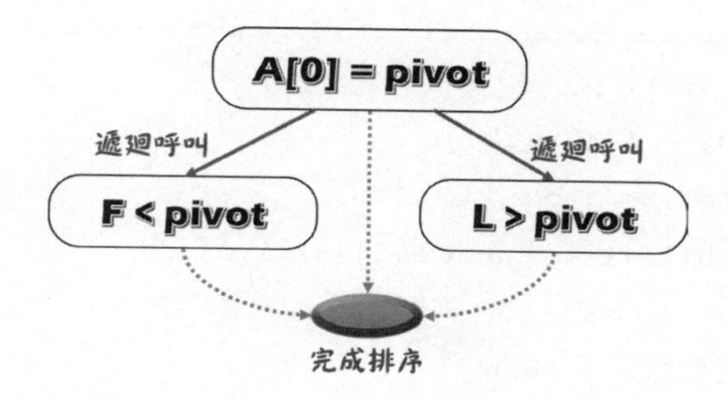

快速排序演算法如下：

```
//實作範例CH0903.c
Algorithm BubbleQuick
   Input :陣列A含有N個可比較的元素
   Output:陣列A之元素以遞增完成排序
 (A[], First, Last)
BubbleQuick(A[], First, Last)
   BEGIN
      var pos
      if(First < Last)
         pos ← Division(A[], First, Last) then
            CALL Sorting(A[], First, pos - 1)
            CALL Sorting(A[], pos + 1, Last)
         end if
   END
Function Division(A[], First, Last)
   Begin
      var i, j, pivot
      i ← First
```

```
    j ← Last
    pivot ← A[First]
    while i < j do
       while(i < j and A[j] ≥ pivot do
          i ← i - 1
       if i < j then
          SWAP A[i] and A[j]
       while i < j and A[j] ≤ pivot
          j ← j + 1
       if i < j then
          SWAP A[i] and A[j]
    end while
  return i
  END
End Function
```

藉由數列「35、40、86、54、16、63、75、21」演示快速排序法進行遞增排序的過程。

Step 1. 將數列的第一個元素設為pivot（基準點），first指標指向數列的第二個數值，而last指標指向數列最後一個數值。

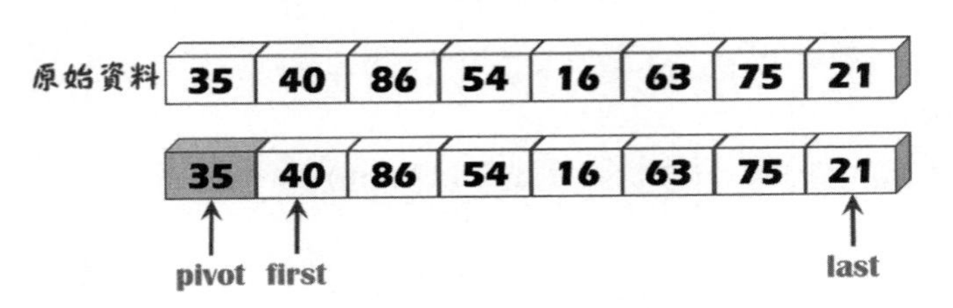

Step 2. first指標向右移動，由於「first > pivot」（40 > 35）而暫停；last指標向左移動且「last < pivot」（21 < 35），所以40、21對調其位置。

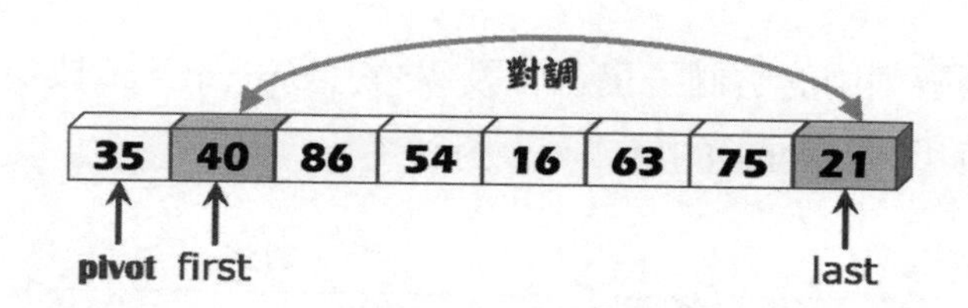

Step 3. first指標向右前進到「86」，「86 > 35」表示first比pivot大得暫停；last指標持續向左移動到「16」，「16 < 35」表示last小於pivot做暫停；把first(86)、last(16)對調。

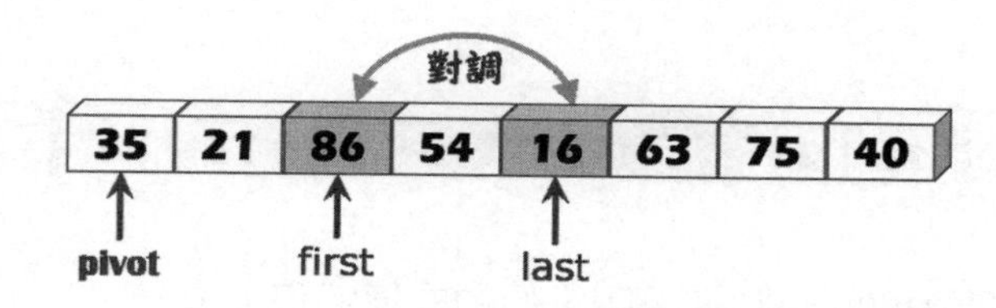

Step 4. first指標繼續向右移到「54」，大於「35」而暫停；last指標則向左移到「16」；此時「first > last」，將last與pivot對調（16、35互換）。

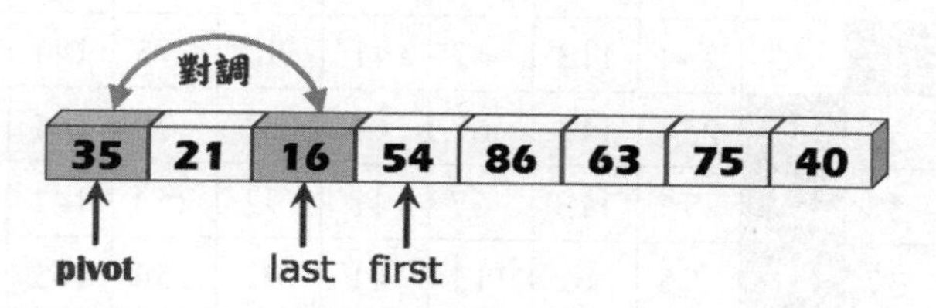

Step 5. 經過步驟1~4已將數列分割成兩組，左側的子集合比基準點「35」小，右側的子集合比pivot「35」大。由於左側子集合已完成排序，所以依照步驟1~4繼續右側子集合的排序動作。

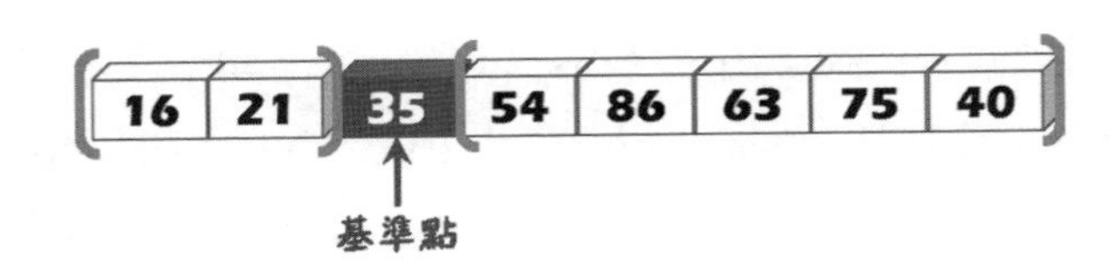

Step 6. 繼續數列中的右側子集合，設「54」爲pivot，依據規則，將first的值「86」和last的值「40」對調。

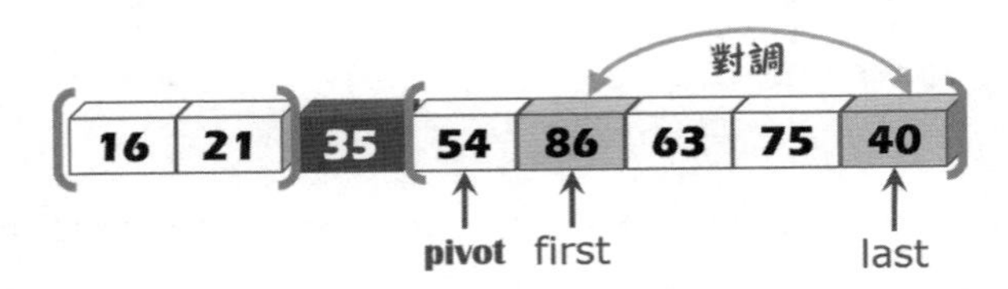

Step 7. 最後，再把54和40互換來完成排序。

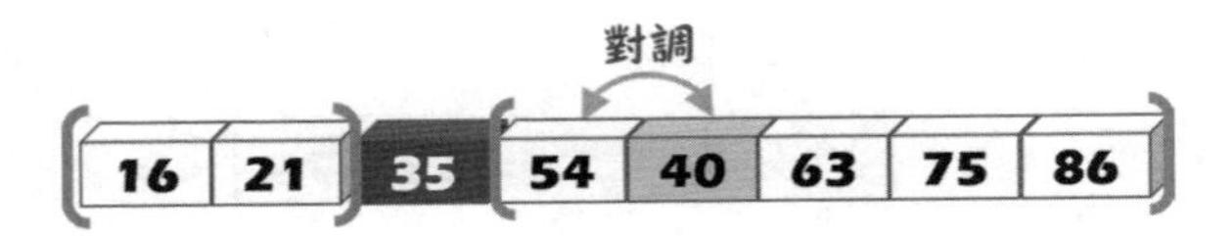

利用範例CH0903.c數列說明它們的交換過程。

	A[0]	A[1]	A[2]	A[3]	A[4]	A[5]	A[6]	A[7]	A[8]	A[9]	說明
	37	141	86	254	113	67	141'	92	75	21	
回合	37	21	86	254	113	67	141'	92	75	141	141、21互換
1	21	37	86	254	113	67	141'	92	75	141	37、21互換
2	21	37	86	254	113	67	141'	92	75	141	
2	21	37	86	75	113	67	141'	92	254	141	254、75互換
2	21	37	86	75	67	113	141'	92	254	141	113、67互換
2	21	37	67	75	86	113	141'	92	254	141	86、67互換
3	21	37	67	75	86	113	92	141'	254	141	141'、92互換
3	21	37	67	75	86	92	113	141'	254	141	113、92互換
4	21	37	67	75	86	92	113	141'	254	141	254、141互換
4	21	37	67	75	86	92	113	141'	141	254	完成排序
「21」灰色網底表示完成排序，「37」黑底白字爲基準點											

可以查看兩個相同的數字「141」（前）和「141'」（後），排序後「141」在「141'」後面，因此快速排序法不是一個穩定的排序法。

數列有N個鍵值的話，其時間爲T(N)，快速排序法分割時要N次比較。分割陣列後以遞迴來處理，可能有「N/2」個資料，時間爲T(N/2)，其時間複雜度如下：

- 最佳、平均情況：$O(n \log_2(n))$。
- 最壞情況就是每次挑中的中間值不是最大就是最小，其時間複雜度爲$O(n^2)$。
- 最差的情況下，空間複雜度爲O(n)，而最佳情況爲O(n log(n))。

9.3 能插隊的插入排序

插入排序是表示一個已經排好序的數列允許插入另一個資料；即使插入了資料數列還是保持了排好序的狀態。所以「插入排序法」當然就不能缺席，爲了加快插入效率，也簡單介紹「二元插入排序法」。不過，爲了減少插入排序法中元素搬移的次數，有人也提出「謝耳排序法」，一同來認識它們。

9.3.1 插入排序法

插入排序法（Insertion Sort）的運作原理是將N個鍵值的數列區分爲「已排序」、「未排序」兩個陣營；如同玩撲克牌一般，將拿到的撲克牌（未排序）依順序插入到手中已排完序的撲克牌堆。插入排序演算法簡列如下：

```
//實作範例CH0904.c
Algorithm InsertionSort(A[], N)
   Input: 陣列A含有N個可比較的元素
   Output:陣列A之元素以遞增完成排序
BEGIN
   var i, precede, key
   for i ← 0 to N do
      precede ← i - 1
      key ← A[i]
      while A[precede] < key and precede ≥ 0 do
         A[precede + 1] ← A[precede]
         precede ← precede - 1
      A[precede + 1] ← key
END
```

◈ 將N筆鍵值區分「已排序」和「未排序」兩大類。

◈ 從第一個元素開始，假設該元素已經被排序；將未排序的key插入到「已排序」鍵值中，A[0]至A[i-1]的正確位置。

◈ 從第一回合開始，重覆以上動作，直到「N - 1」回合爲止。

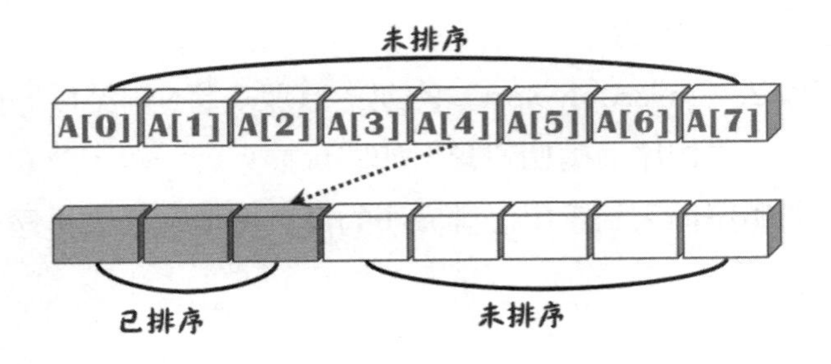

藉由數列「78、56、43、12、63、23」演示插入排序法做遞增排序的運作。

Step 1. 先將數列中前兩個數值做比較，由於「56 < 78」，所以78向後移出一個位置，56插人到78之前。

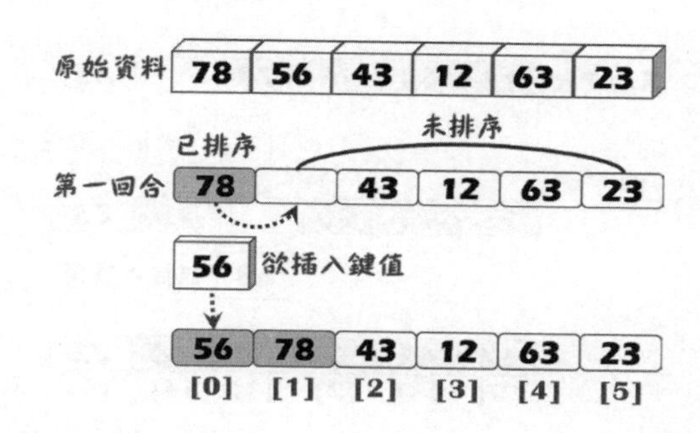

Step 2. 將鍵值「43」先與78比較而小於78；向前跟56比也小於56，共比較「2」次，插入到56之前。

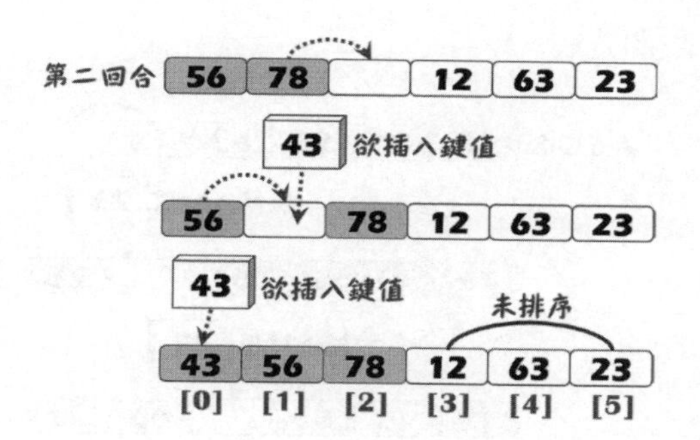

Step 3. 鍵值「12」先與78比較而小於78；向前跟56比也小於56，向前再跟43比也小於43，共比較「3」次，插入到43之前索引「0」之位置。

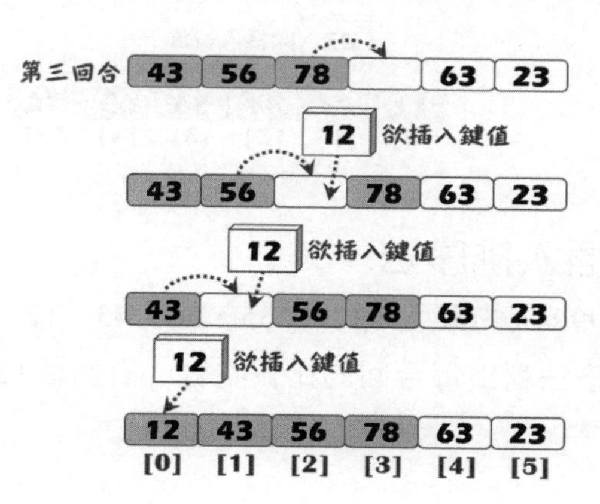

Step 4. 鍵值「63」小於78；向前跟56比而大於56，共比較「2」次，所以插入到78、56之間，索引「3」之位置。

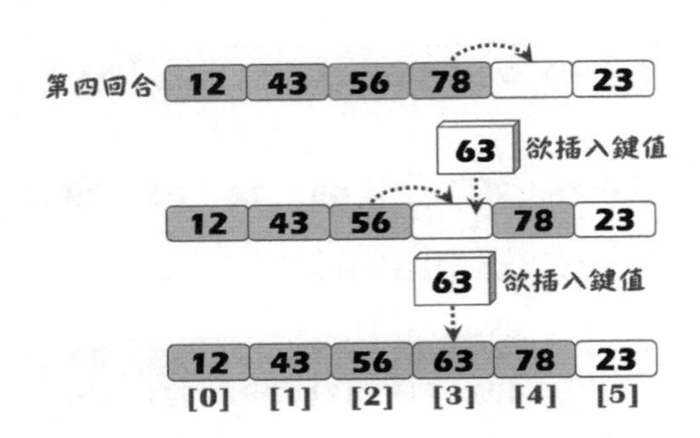

Step 5. 鍵值「23」小於78；向前跟63、56、43比較皆小於它們，共比較「4」次，所以插入到12、43之間，索引「1」之位置；同時也完成了遞增排序。

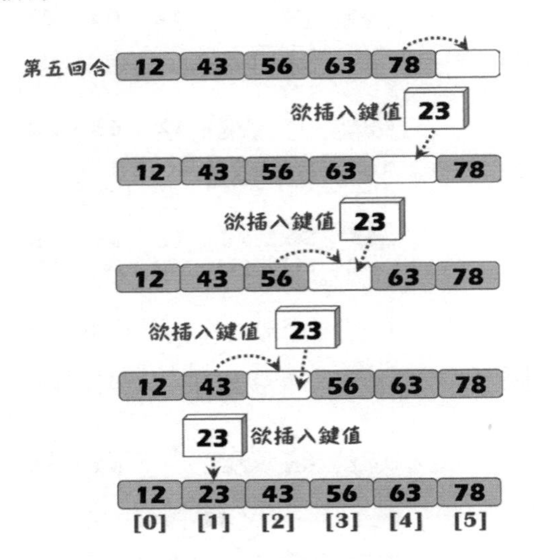

9.3.2 討論插入排序法

將範例CH0904.c的數列「12、135、56、43、12'、458、63、32、91」以插入排序法列出每合回的比較次數（有兩個12，加單引號區別位置）。

	每回合比較後的鍵值（灰色網底為已完成排序）									比較次數
索引	[0]	[1]	[2]	[3]	[4]	[5]	[6]	[7]	[8]	
原始資料	12	135	56	43	12’	458	63	32	91	
pass 1	12	135	56	43	12’	458	63	32	91	1
pass 2	12	56	135	43	12’	458	63	32	91	2
pass 3	12	43	56	135	12’	458	63	32	91	3
pass 4	12	12’	43	56	135	458	63	32	91	4
pass 5	12	12’	43	56	135	458	63	32	91	1
pass 6	12	12’	43	56	63	135	458	32	91	3
pass 7	12	12’	32	43	56	63	135	458	91	6
pass 8	12	12’	32	43	56	63	91	135	458	3

插入排序法適用於大部分資料已經過排序或已排序資料，新增資料後產生排序。數列有9個鍵值，可以進一步了解時間複雜度：

- 最佳狀況是「(N – 1) = 8」，「比較次數」與元素的位置有關，鍵值已正向排列；每個回合只比較一次，時間複雜度為O(n)。
- 最壞情形則是「N(N – 1) / 2 = 28」，鍵值是反向做排列；每個回合中鍵值都要做比較，時間複雜度為$O(n^2)$。
- 需要一個額外的空間（程式使用的變數perid）來插入資料，所以空間複雜度為O(1)。
- 插入排序法會造成資料的大量搬移，所以建議在鏈結串列上使用。

9.3.3 變形金剛——二元插入排序法

「二元插入排序法」（Binary Insertion Sort）可視為插入排序法的變形版；數列中的資料若比較次數過多，使用二元插入排序法，配合二元尋找法來減少其次數，簡單來說，就是欲插入位置的前端元素已是排序狀態。它的執行程序如下：

(1) 將第一筆資料放在陣列的第一個位置（索引為0），然後跟下一筆資料比較其大小。
(2) 欲插入鍵值大於目前元素：把它加到目前元素的後端。
(3) 欲插入鍵值小於目前元素：把它加到目前元素的前端。

二元插入排序演算法如下：

```
//實作CH0905.c
Algorithm BinaryInsertionSort(A[], N)
   Input: 陣列A含有N個可比較的元素
   Output:陣列A之元素以遞增完成排序
BEGIN
   var i, pos, key, first, last, mid
   for pos ←- 0 to N do
      key ← A[pos]
      first ← 0
      last ← pos - 1
      while first ≤ last do
         mid ← (first, last) / 2
         if key < A[mid] then
            last ← mid - 1
         else
            first ← mid + 1
      for i ← pos down to first do
         A[i] ← A[i -1]
         A[first] = key
END
```

數列「78、156、43、134、37、63、24、91」使用二元插入排序法進行由小而大的遞增排序，它的運作以下列步驟來說明。

Step 1. 剛開始，把「78」插人到索引爲「0」的位置；再插入「156」，由於「156 > 78」，放在78後面。

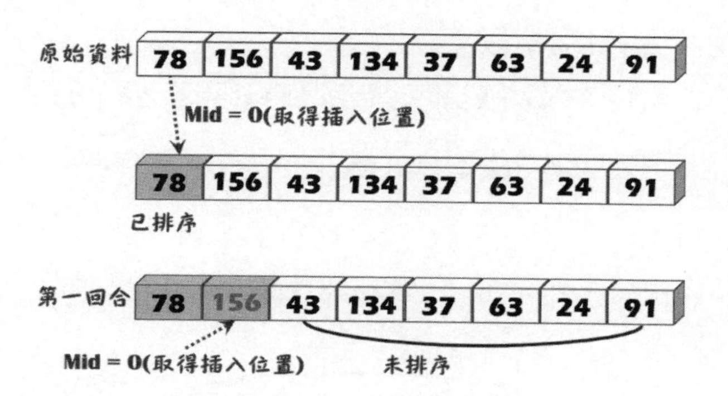

Step 2. 得「mid = 0」；由於「43 < 78」，放在78前面；得「mid = 2」；由於「134 > 78」，放在78後面。

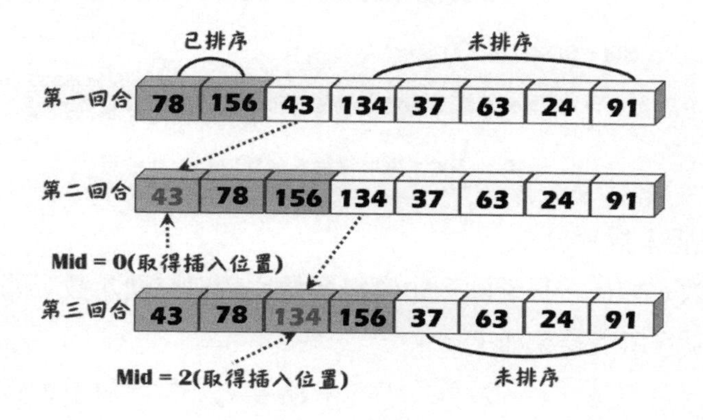

Step 3. 得「mid = 0」；由於「37 < 43」，放在43前面；得「mid = 1」；由於「63 > 43」，放在43後面。

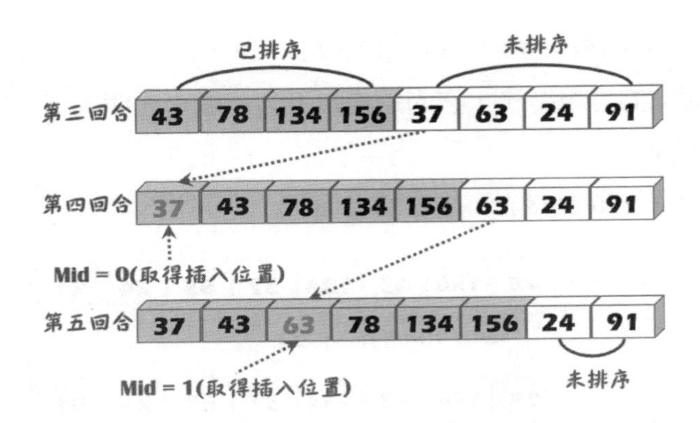

Step 4. 得「mid = 0」；由於「24 < 37」，放在37前面；得「mid = 4」；由於「91 > 78」，放在78後面。

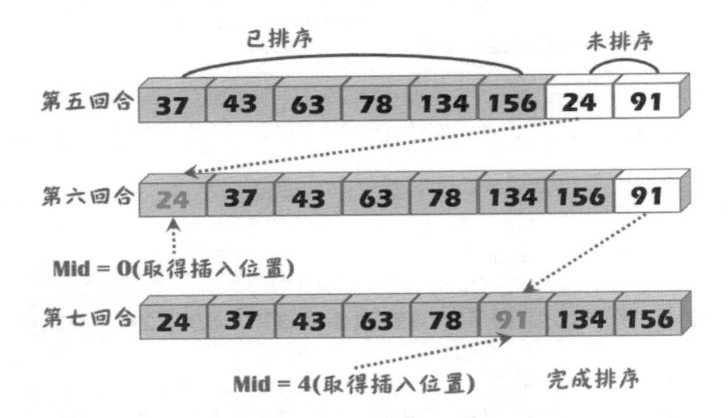

討論二元插入排序法

執行效率如何？得看陣列中資料所做比較與交換次數，因此執行N-1次插入的動作所得結果如下：

- 最壞狀況：要做「1 + 2 + 3 + … + (n – 1)」次，經計算n(n – 1)/2是$O(n^2)$。
- 平均狀況下，雖然每次插入只取用一半之資料，不必取用全部資料，但是對於時間複雜度來說，其計算結果依然爲$O(n^2)$。
- 需要兩個額外的記錄空間，其中一個作爲虛擬記錄（dummy record），另一個作爲交換時間的暫存空間。

9.3.4 謝耳排序法

謝耳排序法（Shell Sort）是D. L. Shell在1959年7月所發明的一種排序法，可以把它視爲插入排序法改良版，但它可以減少資料搬移的次數而加快排序動作，不受輸入資料順序的影響，任何狀況的時間複雜度都爲$O(n^{3/2})$。

排序的原則是將資料區分成特定間隔的幾個小區塊，以插入排序法排完區塊內的資料後再漸漸減少間隔的距離。謝耳排序演算法簡列如下：

```
Algorithm ShellSort(A[], N)
   Input: 陣列A含有N個可比較的元素
   Output:陣列A之元素以遞增完成排序
BEGIN
   SET j ← 0, i ← 0, gap ← N / 2
   while gap ≠ 0
      for i ← gap to N do
         item ← A[i]
         j ← i
         while j ≥ gap and item < A[j - gap]
            A[j] ← A[j - gap]
            j ← j - gap
         A[j] ← item
      gap ← gap / 2
END
```

◈ 先求出初始間隔值「gap」，並以此間隔值分割資料爲數個區塊。

◈ 以區塊爲主，藉由插入排序法進行排序。

◈ 最後，縮小間隔值範圍，重複執行，直到間隔值爲「1」即完成排序。

藉由數列「45、26、38、92、67、13、56、71」演示謝耳排序法進行遞增排序之過程。

Step 1. 由於陣列中有8個元素，則間隔值「8/2 = 4」，將陣列區分成四塊；依插入排序法的「左小右大」原則，得到第一回合的結果。

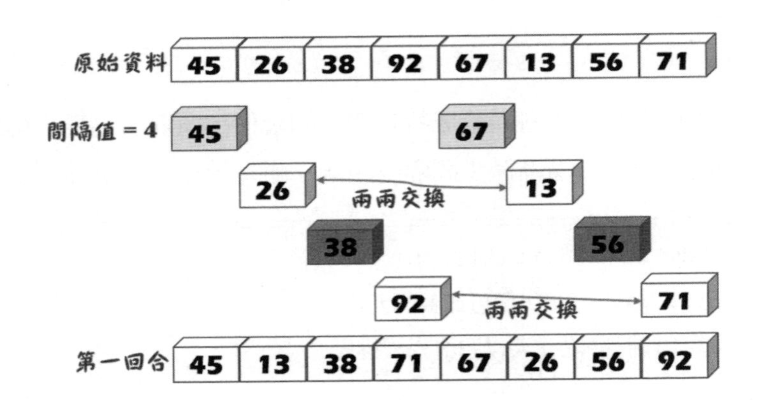

Step 2. 調小間隔值爲「4/2 = 2」，將陣列區分成兩塊；「45、38、67、56」排序後「38、45、56、67」，而「13、71、26、92」排序後「13、26、71、92」，完成第二回合的排序。

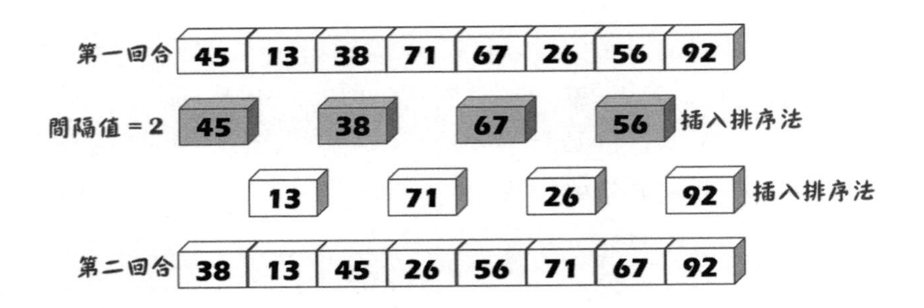

Step 3. 再把間隔值調小爲「2/2 = 1」，再以插入排序法完成排序動作。

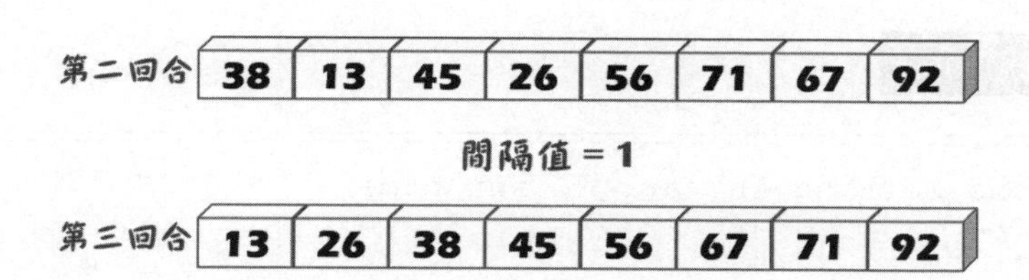

Tips

謝耳排序法，取得間隔值可以利用二維表格處理其排序，例如有8個元素的數列力間隔值爲「4」，產生的表格如下：

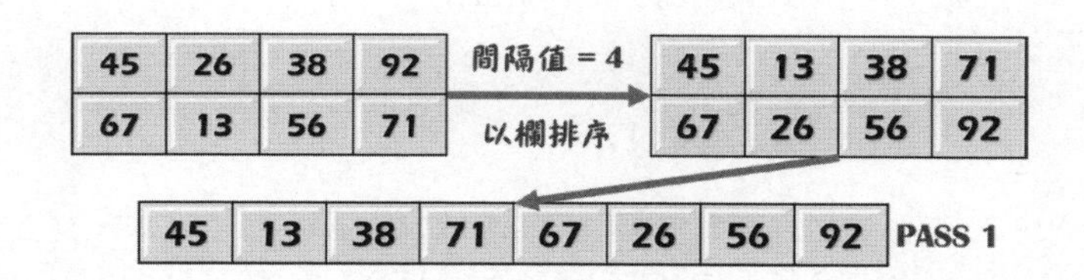

● 把每一欄（垂直部分）做排序，以列爲主從左而右輸出結果。

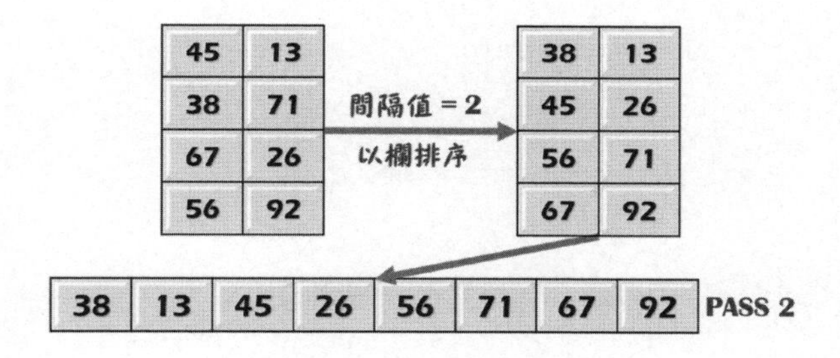

● 利用前一回的排序作爲下一回排序的來源。

PASS 3 完成排序

13	26	38	45	56	67	71	92

範例CH0906.c

```
01 void Sorting(int ary[], int num)
02 {
03     int j, k, offset, item;
04     offset = num / 2; //開始的間隔值
05     while(offset != 0)
06     {
07         for(j = offset; j < num; j++)
08         {
09             item = ary[j];
10             k = j;
11             while(k >= offset && item < ary[k - offset])
12             {
13                 ary[k] = ary[k - offset];
14                 k -= offset;
15             }
16             ary[k] = item; //插入元素
17         }
18         offset /= 2; //產生下一個間隔值
19     }
20 }
```

程式解說

◈ 定義函式Sorting()依傳入的陣列長度，將陣列元素由小而大進行排序。

◈ 第5~19行：while迴圈在間隔值非零情形下，指標隨讀取的陣列來移動位置。

◈ 第7~17行：for迴圈依據間隔值，讀取陣列內容並呼叫插入排序法進行排序

◈ 第11~15行：while迴圈依據「左大右小」原則，將經過比較大小的元素依索引位置來變更，完成其排序。

將範例CH0903.c的數列「145、231、10、314、18、458、77、63、39、278」使用謝耳排序法列出每合回的比較次數。

回合	145	231	10	314	17	452	78	63	39	276	說明
1	145					452					
		231					78				231、78交換
			10					63			
				314					39		314、39交換
					17					276	
	145	78	10	39	17	452	231	63	314	276	間隔值＝5
2	145		10		17		231		314		
		78		39		452		63		276	
	10	39	17	63	145	78	231	276	314	452	間隔值＝2
3	10	17	39	63	78	145	231	276	314	452	間隔值＝1

9.4 有選擇權的排序法

選擇排序是什麼？簡單來講就是從數列裡挑出最小的那一個，然後把它放到陣列的第一個位置，依序類推直到所有的元素皆就定位。它有作法簡單的「選擇排序法」，也有運作較為複雜的「堆積排序法」。

9.4.1 選擇排序法

選擇排序法（Selection Sort）也是穩定排序的一環，它使用兩種方式

排序。將所有資料由大至小排序，則將最大值放入第一位置；若由小至大排序時，則將最大值放入位置末端。例如N筆資料需要由大至小排序時；首先從數列中找出最大值，然後跟第一個位置的資料比大小，依次找出次值與第2、3、4 …N個位置的資料作比較。同樣地，每一回合中皆是選取資料與交換動作一起進行，選擇排序演算法簡列如下：

```
/* 實作範例CH0907.c
Algorithm SelectionSort(A[], N)
   Input: 陣列A含有N個可比較的元素
   Output:陣列A之元素以遞減完成排序
BEGIN
   var j, max, k
   for i ← 0 to N - 1 do
      max ← i
      for j <- i + 1 to N do
         if A[j] > A[max] then
            max ← j
         SWAP A[max] and A[i]
   return A
END
```

◈ 找出第i個至第N個鍵值中最大者，並將之與第i個鍵值交換（第一次i = 1）。

◈ 重覆以上動作，直到「i = N - 1」爲止。

9.4.2 選擇排序法的運作

將原始資料「45、21、10、18、65、33」以選擇排序法進行由小而大的排序。

Step 1. 第一回合的範圍是「A[0]～A[N - 1]」；從陣列中找出最小值「10」，然後跟數列中的第一個元素「45」對調。

Step 2. 第二回合的範圍是「A[0]～A[N - 2]」；從剩下的5個項目中找出最小值「18」，然後與第二個元素「21」對調。

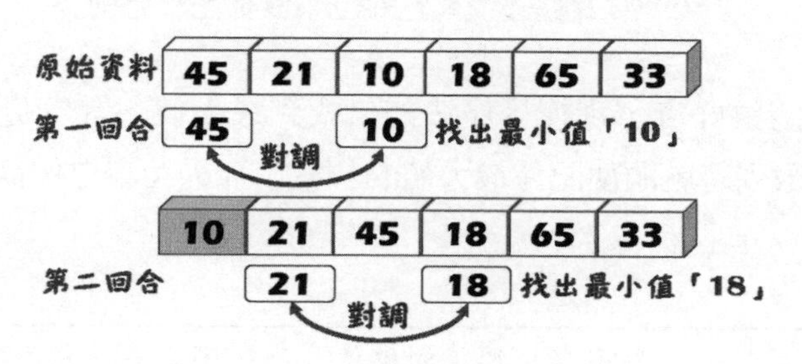

Step 3. 第三回合，從4個項目中找出最小值「21」，然後與第三項目「45」對調。

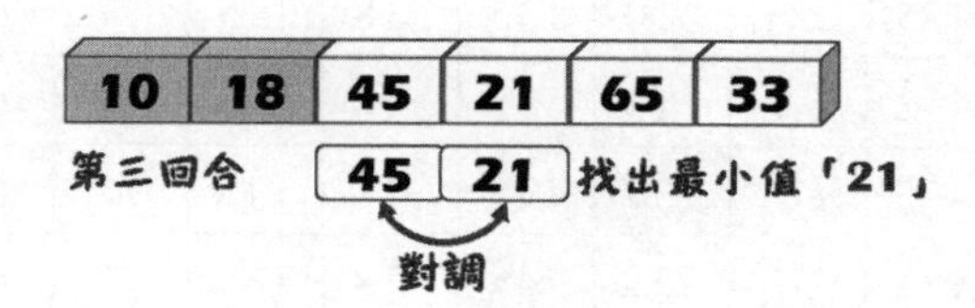

Step 4. 第四回合，從3個項目中找出最小值「33」，然後與第項目「45」對調。

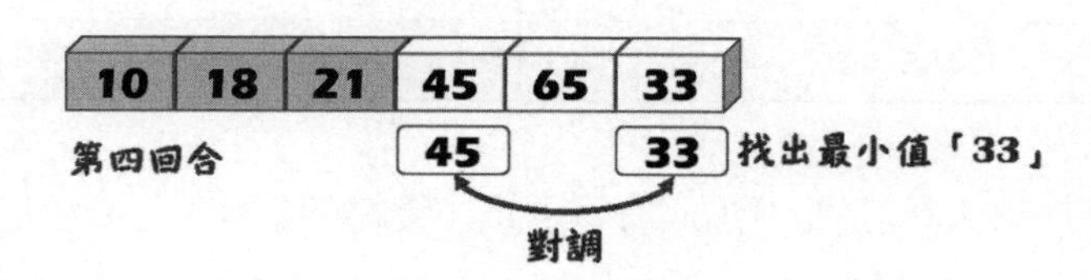

Step 5. 第五回合，從2個項目中找出最小值「45」，然後與第項目「65」對調而完成排序的動作。

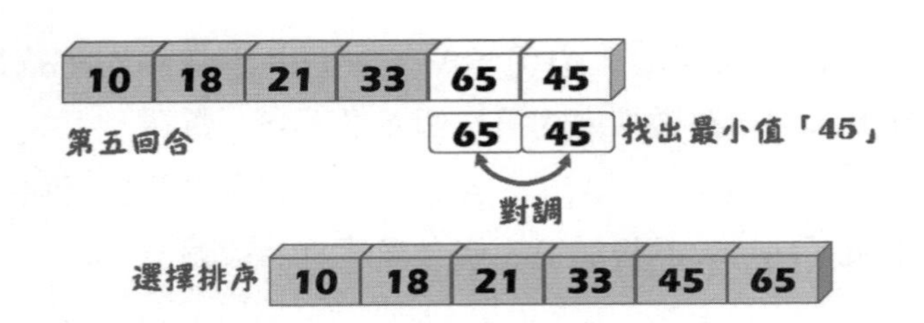

大家一定很好奇，選擇排序法如何找到最大值？其實過程很簡單，掃瞄範圍內數列時就順便記住最大值的位置，掃瞄結束自然而然就跑出最大值。

		每回合比較後的鍵值（灰色網底為已完成排序）									
	位置	[0]	[1]	[2]	[3]	[4]	[5]	[6]	[7]	[8]	[9]
回合		145	231	10	135	18	455	77	65	33	278
1	5	455	231	10	135	18	145	77	65	33	278
2	9	455	278	10	135	18	145	77	65	33	231
3	9	455	278	231	135	18	145	77	65	33	10
4	5	455	278	231	145	18	135	77	65	33	10
5	5	455	278	231	145	135	18	77	65	33	10
6	6	455	278	231	145	135	77	18	65	33	10
7	7	455	278	231	145	135	77	65	18	33	10
8	8	455	278	231	145	135	77	65	33	18	10

回合的計次同樣是以「10 – 1 = 9」（資料個數 - 1），在每一回合之後，至少會有一個元素可以就定位到正確位置，讓下一回合的能減少資料的比較次數。例如：第1回合會把資料比較8次，第2回合就只有7次比較，依此類推。

一般來說選擇排序法適用於資料量小或有部份資料已經過排序。其時間複雜度的最壞情況、最佳情況及平均情況比較情形如下：

```
(n-1) + (n-2) + (n-3) +…+ 3 + 2 + 1 = (n (n-1))/2次
```

- 時間複雜度爲$O(n^2)$。
- 由於選擇排序是以最大或最小值直接與最前方未排序的鍵值交換，資料排列順序很有可能被改變，故不是穩定排序法。
- 只需一個額外的空間，所以空間複雜度爲最佳。

9.4.3 認識堆積排序法

看過疊羅漢嗎？頗爲有名的西班牙自治區加泰羅尼亞就是把「疊羅漢大賽」（Tarragona Castells Competition）當作重要的民族體育活動，堆積排序法（Heap Sort）有那樣的味道，就是把節點中數值最大或最小的放在根節點。所以，堆積排序法的目的就是減少選擇排序法的比對次數，它由John Williams所提出。

堆積樹以二元樹爲基底，使每一筆資料的比對次數，不會大於「log n」之値，所以它的時間複雜度和快速排序法相同皆爲「O(n log(n))」，而且它不需要多餘的記憶空間，也沒有使用遞迴函數。它利用堆積樹來完成排序，而堆積樹是特殊的二元樹，可分爲最大堆積樹及最小堆積樹兩種。

最大堆積樹要滿足以下3個條件：

- 是一個完整二元樹。
- 父節點的値都大於或等於它左、右子節點的値。
- 樹根是堆積樹中最大的。

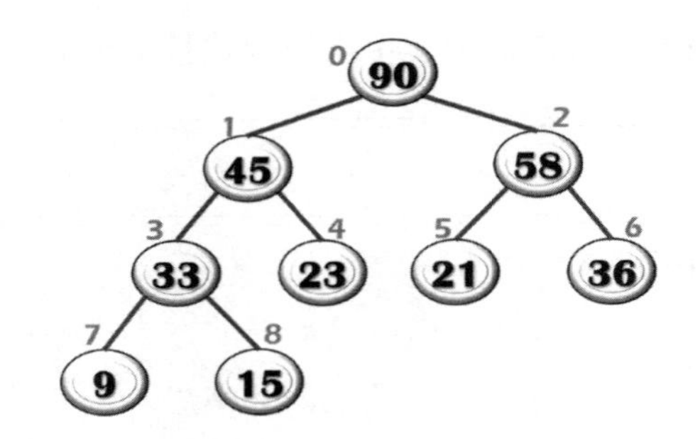

最小堆積樹也具備以下3個條件：

- 是一棵完整二元樹。
- 父節點的值都小於或等於它左右子節點的值。
- 樹根是堆積樹中最小的。

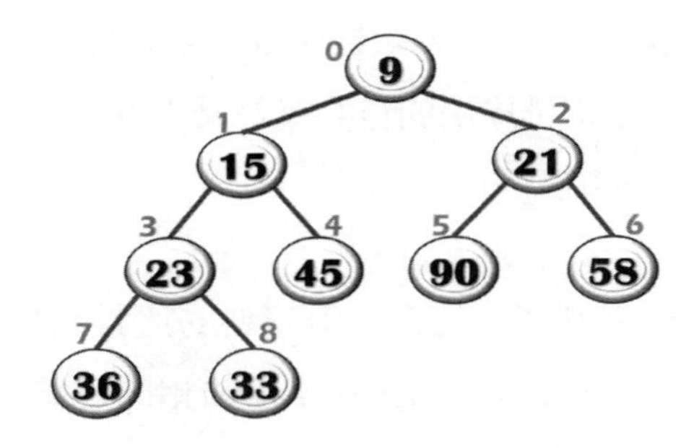

9.4.4 把二元樹轉為堆積樹

使用堆積排序法之前，第一道工法是把數列中所有資料排成一棵二元樹；然後再把這棵二元樹轉換爲「堆積樹」（Heap Tree）。在開始談論堆積排序法前，必須先認識如何將二元樹轉換成「堆積樹」。執行程序：建立「完整二元樹」（Complete Binary Tree）、產生堆積樹（Heap Tree）、輸出樹根（並以最後樹葉取代）。

假設數列中有9筆資料「36、23、21、33、45、90、58、9、15」，先以陣列來儲存它們，表示如下：

索引	A[0]	A[1]	A[2]	A[3]	A[4]	A[5]	A[6]	A[7]	A[8]
數列	36	23	21	33	45	90	58	9	15

(1) 建立完整二元樹。

先溫習「完整二元樹」的定義「$2^h < n < 2^{h-1} - 1$」（h爲樹高或階層，n爲節點），若樹高爲4，則一棵完整二元樹會在「8～15」之間。將這些數列依順序，依二元樹節點的配置，產生一棵「完整二元樹」。

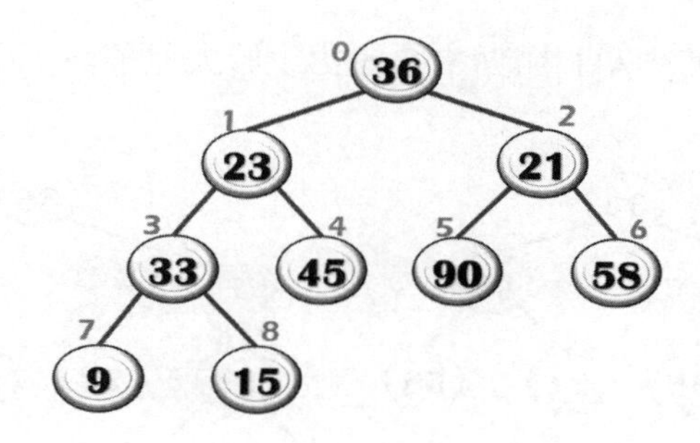

(2) 由下而上產生堆積樹。

如何將此二元樹轉換成最大堆積樹（Heap Tree）？依據數列的儲存順序，產生一棵二元樹；然後從含有子節點的最後一棵子樹，找出「大兒子」並向上調整其位置；利用下列步驟來說明。

Step 1. 首先，依陣列長度找出含有兒子的最後一個父節點位置。計算得到「9/2 -1 = 3」；節點「A[3] = 33」，有兩個兒子9、15，它們皆小於父節點33，所以不交換。

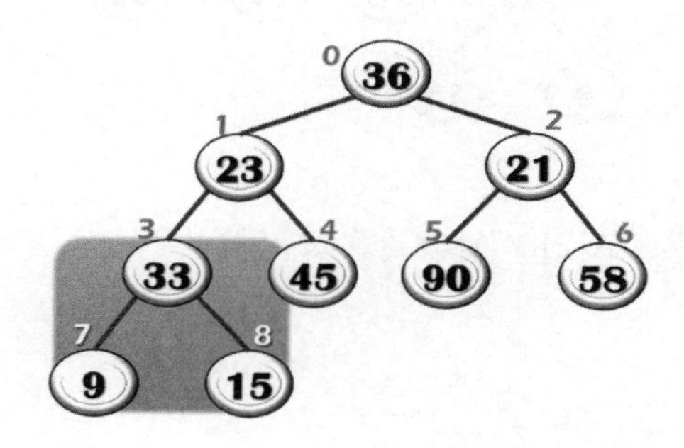

Step 2. 繼續往上一層節點A[2]，由於大兒子90大於21，兩者要做對調。

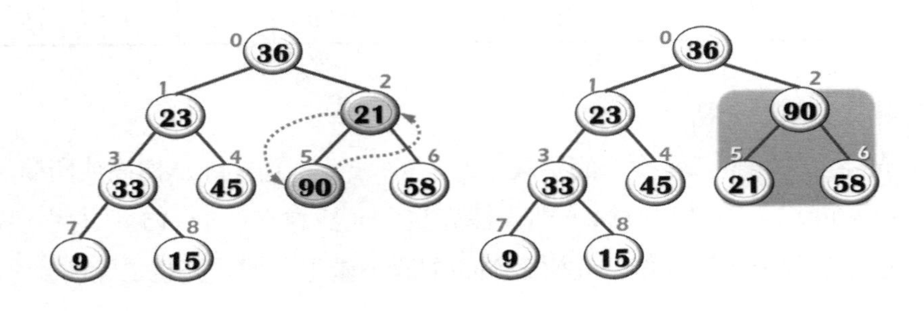

Step 3. 繼續移向陣列A[1]節點，由於23小於大兒子45，所以兩個互換。

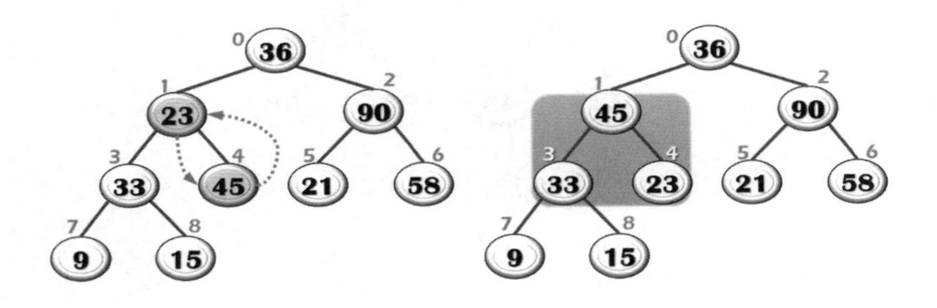

Step 4. 繼續移向陣列A[0]節點，由於大兒子90大於根節點36，所以兩者做對調。

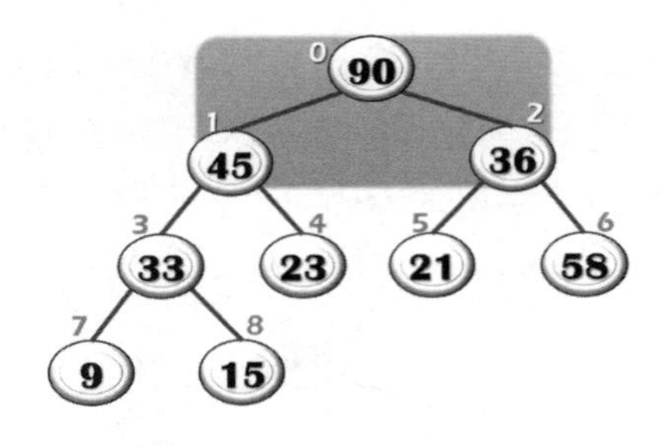

Step 5. 最後，節點「A[2] < A[6]」要做對調。

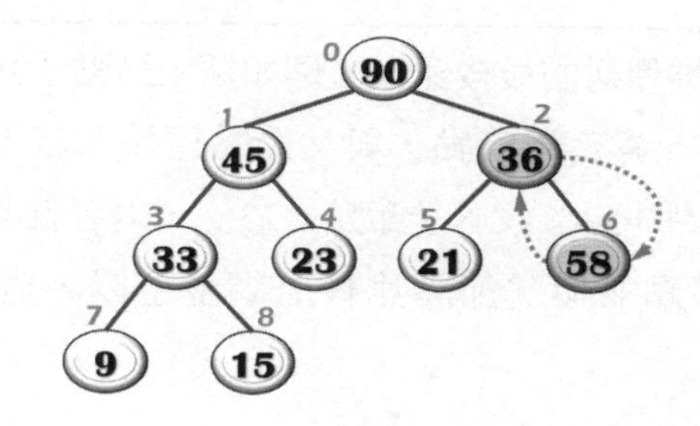

Step 6. 完成最大堆積樹。

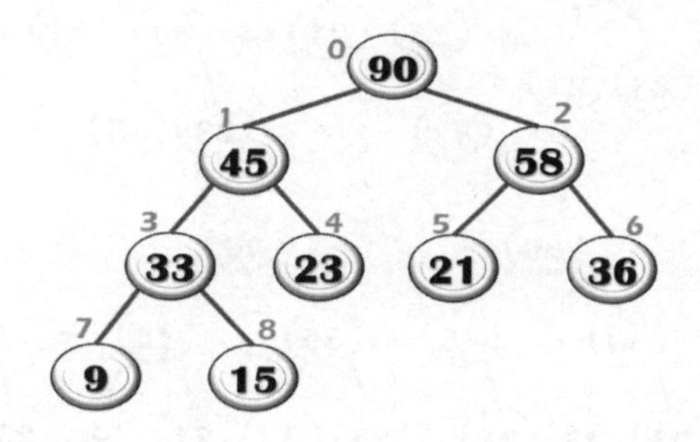

產生最大堆積樹的過程，可以把父節點設爲「p」，左側子點節的位置「L = 2 * p」，右側子節點的位置「R = L + 1」，然後比較左、右子節點的大小來找出大兒子，若大於父節點再跟父節點交換。

前項的程序中是由二元樹的樹根開始，由上往下依堆積樹的建立原則來改變各節點值，最終得到一最大堆積樹。如果您想由大到小排序，就必須建立最小堆積樹，作法和建立最大堆積樹類似，在此不另外說明。

> **Tips**
>
> 產生最大堆積樹，除了「由下往上」之外，還能以空的二元樹「插入」節點方式堆積形成二元樹；同樣是以最大值爲根節點並調整，操作過程如下：

- 新的資料成爲堆積樹的最後節點。例如插入節點「36」始。
- 第二個加入的元素爲子節點，與父節點比較；若大於父節點則互換。例如子節點「33」大於父節點「23」，兩者就互換。
- 重覆加入子節點並與父節點比較並調整位置，直到所有元素都加入。

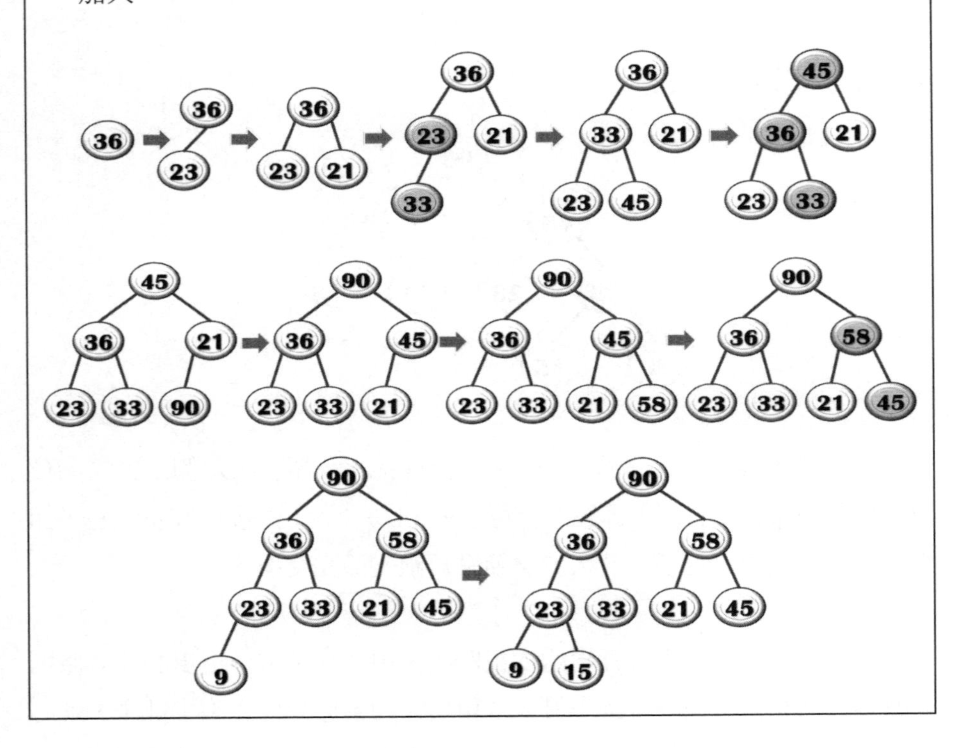

數列「58、46、72、23、130、35、12、95」產生了最大堆積樹，如何將堆積樹做遞增排序？作法就是每回合把堆積樹「最大值」（根節點）移走，殘餘的「N - 1」個元素再重製爲堆積樹。實際上是把根節點與堆積樹最後一個節點做交換，並假裝讓最後一個節點「消失不見」，再「由小到大」把陣列排好序，示範堆積排序法的過程如下：

Step 1. 依數列順序建立完整二元樹；產生最大堆積樹。

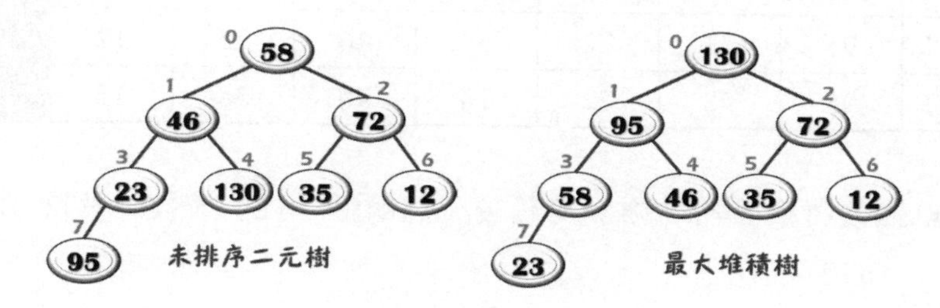

Step 2. 將根節點「130」與最後一個節點「23」互換並移除了節點「130」。

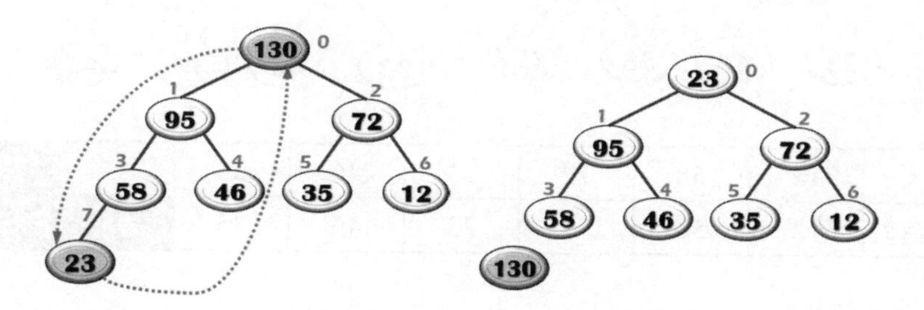

遞增排序	130	95	72	58	46	35	12	23
pass 1	23	95	72	58	46	35	12	130

Step 3. 調整堆積樹；將原本位於頂端的節點「23」向下一層，與節點「95」對調；由於不符合堆積樹的要求，節點「23」再下降一層，與節點「58」互換。

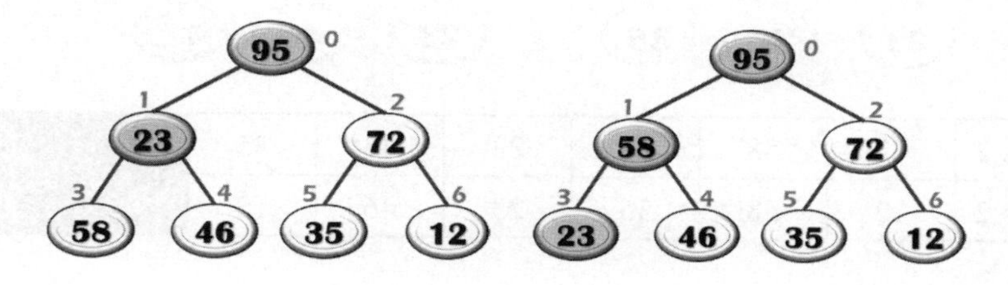

pass 1	23	95	72	58	46	35	12	130
pass 1	95	23	72	58	46	35	12	130
pass 1	95	58	72	23	46	35	12	130

Step 4. 繼續將根節點「95」與最後一個節點「12」互換並移除了節點「95」。

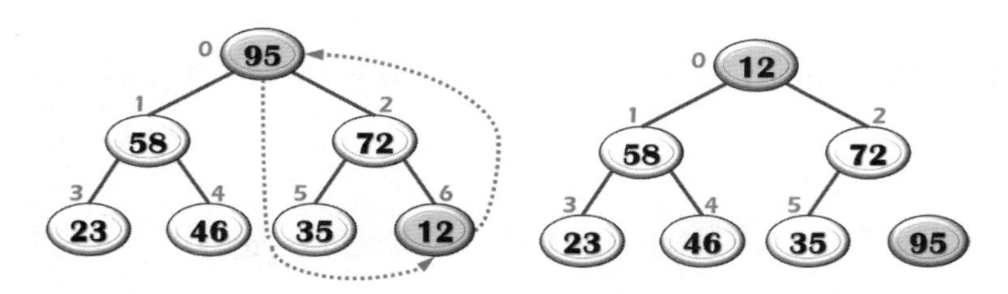

pass 2	12	58	72	23	46	35	95	130
pass 2	12	58	72	23	46	35	95	130

Step 5. 調整堆積樹；將原本位於頂端的節點「12」與節點「72」對調而下移一層，由於不符合堆積樹的要求，節點「12」、「35」再互換而再調降一層。

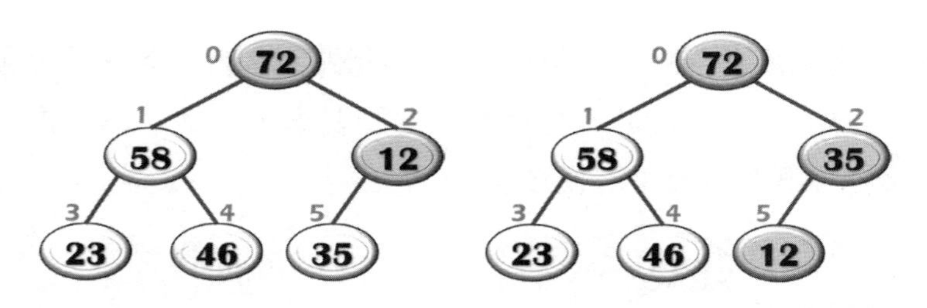

pass 2	72	58	12	23	46	35	95	130
pass 2	72	58	35	23	46	12	95	130

> **補結站**
>
> 觀察堆積排序法，是否看出它的變化？要產生最大堆積，就是把數值小的節點由下往上，再由右到左，將每個「非終端節點」以根節點來處理，利用其子節點來調整爲最大堆積。

Step 6. 依照此模式，將節點「72」與最後一個節點「12」互換，本身自末端移除，再重新產生堆積樹。

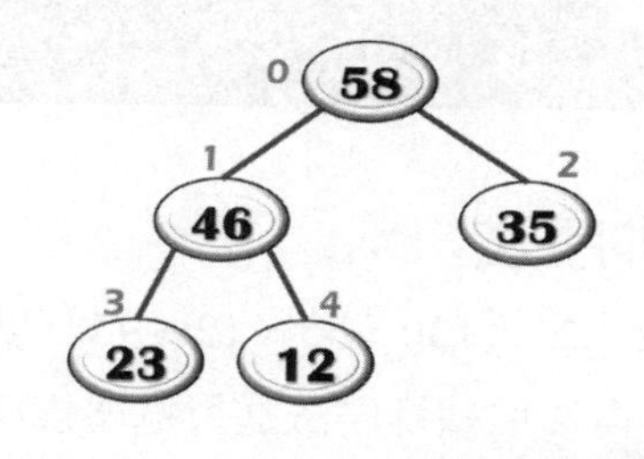

pass 3	58	46	35	23	12	72	95	130

Step 7. 依照此模式，將節點「58」與最後一個節點「12」互換後，本身自末端移除，再重新產生堆積樹。

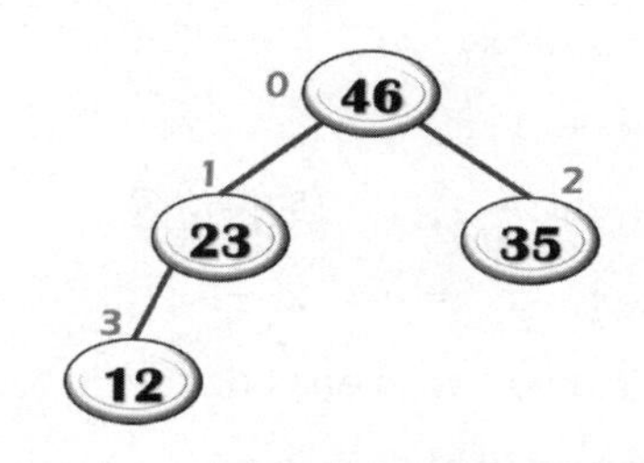

pass 4	46	23	35	12	58	72	95	130

Step 8. 依照此模式，將節點「46」與最後一個節點「12」互換，本身自末端移除，重新產生G1堆積樹；將最後一個節點「35」與「12」

互換，然後自末端移除，再重新產生G2堆積樹，最後完成堆積排序。

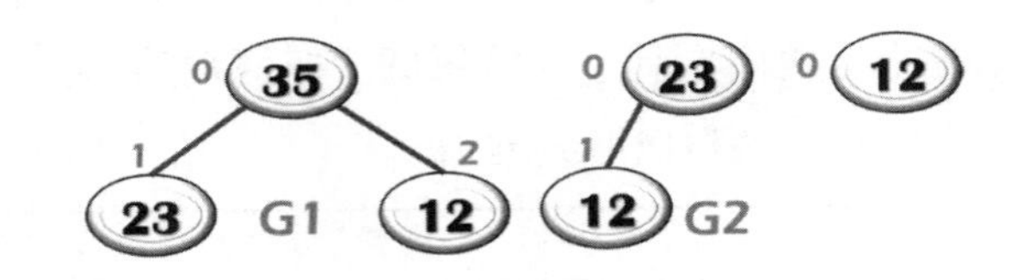

pass 5	35	23	12	46	58	72	95	130
pass 6	23	12	35	46	58	72	95	130
pass 7	12	23	35	46	58	72	95	130

9.4.5 實作堆積排序法

數列「58、46、72、23、130、35、12、95」以heapDown()函式將二元樹轉爲最大推積樹，再以堆積排序法進行遞增排序。

範例CH0908.c

```
01 void Sorting(int ary[])
02 {
03    int length, index, k;
04    length = LEN - 1;
05    index = length / 2;   //取得位置
06    for(k = index; k >= 0; k--)
07       heapDown(ary, k, length);
08    for(k = length; k > 0; k--)
09    {
10       if(ary[0] > ary[k])
11       {
```

```
12          SWAP(ary[0], ary[k]);
13          heapDown(ary, 0, k - 1);
14       }
15    }
16 }
17 void heapDown(int ary[], int first, int last)
18 {
19    int temp, large;
20    large = 2 * first + 1; //取得含有子節點的父節點位置
21    while(large <= last)
22    {
23       if(large < last && ary[large] < ary[large + 1])
24          large++;
25       //若大兒子大於父節點，兩者互換
26       if(ary[large] < ary[first])
27          break;
28       else
29       {
30          SWAP(ary[first], ary[large]);
31          first = large;
32          large = 2 * first + 1;
33       }
34    }
35 }
```

程式解說

- 第1~16行：定義函式Sorting()，將轉爲堆積樹的陣列，由小而大進行排序。
- 第6~7行：將目前待排序數列築成一個最大堆積，以for迴圈找到含有兒子的最後一個父節點，並呼叫函式heapDown()將數值最大者向上堆積。
- 第8~15行：以for迴圈走訪整個陣列，逐步把根節點（最大者）與最後一個節點互換來建立最大堆積樹。
- 第17~35行：定義函式heapDown()依傳入陣列，先假定它就是兒子，再與其他的大兒子做比較，有找到大兒子，就上一移一層；目前沒有找到就下移一層。
- 第21~34：透過while迴圈先想法子找出兩個子節點的大兒子，再來就是找出子節點大於父節點就把兩者進行位置的互換。

9.5 合併排序法

什麼是合併排序法（Merge Sort）？焦點放在「合併」，它的基本作法就是針對兩個已完成排序的數列合併成一個數列。雖然我們把焦點放在內部排序，但合併排序法也支援外部排序，所以是重要的排序方法之一。

9.5.1 合併排序法的運作

「合併排序法」採分而治之（Divide and Conquer）方式進行排序；焦點先放在「分」而後轉爲「併」。就像同年級的隊伍先以身高分爲多列，再依同年級者變成一支隊伍。它的運作原理是先把原始數列分解成兩大陣營，不斷分割到無法分割爲止；元素爲「偶數」的話，例如8個元素可分成兩個各含4個元素的陣列。「奇數」時，可把陣列中11個元素分成一個有5個元素，而另一個含6個元素，一直分到不能再分爲止。然後呢？依據合併排序的運作，將兩兩項目朝分割反方向合併，直到完成排序爲止。

合併排序法最重要的一個用途是外部排序，當資料量大到無法全部讀入主記憶體裡進行排序時，可以先讀入部分資料，例如針對已排序好的二個或二個以上的檔案，經由合併的方式，將其組合成一個大的且已排序好的檔案。執行程序如下：

(1) 將一組未排序含有N個項目的數列，以「N / 2」方式分割其長度，所以數列會先分割成兩組，每一組繼續分割，直到不能分割為止。
(2) 將分割後長度「1」的數列成對地合併並進行排序。
(3) 將鍵值組成對地合併，直到合併成一組長度的鍵值為止。

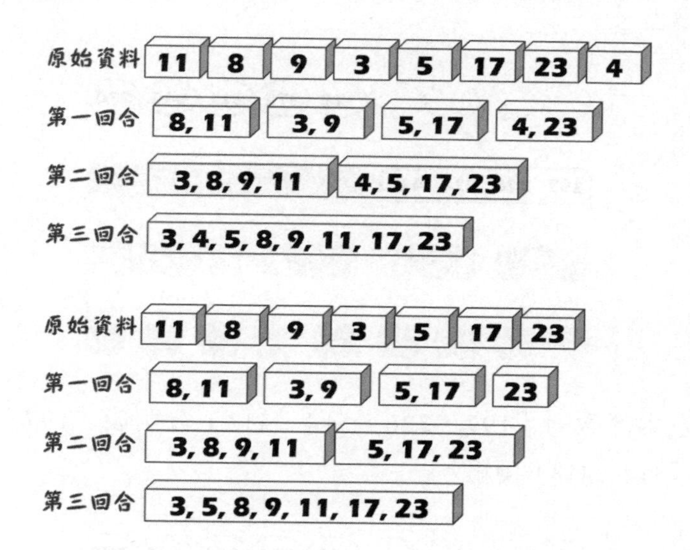

茲將數列「197、226、514、413、128、372、311、645、270」以合併排序法進行由小而大的排序。

Step 1. 一開始採「Divide」作法，先將資料分割成左「197、226、514、413、128」、右「372、311、645、270」兩組。

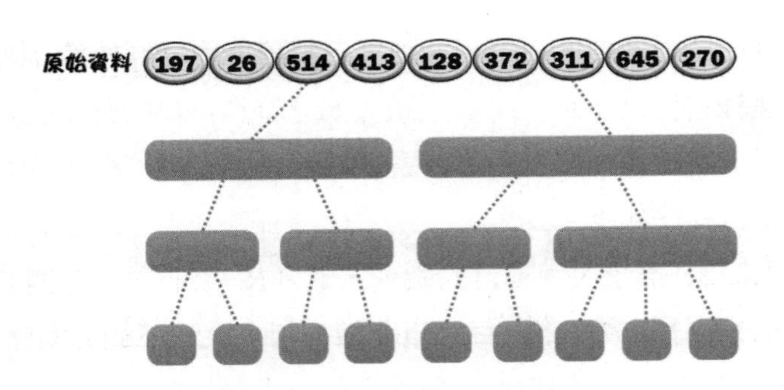

Step 2. 把左邊的數列「197、226、514、413」再做分割，直到無法分割爲止。

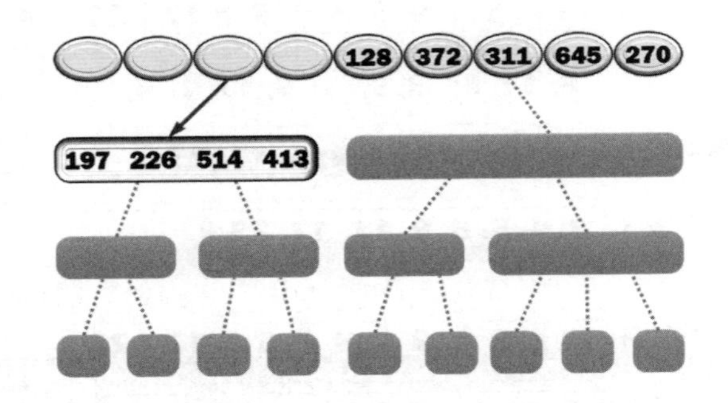

Step 3. 左半部數列「197、226、514、413」分割成「197、226」和「514、413」兩組。

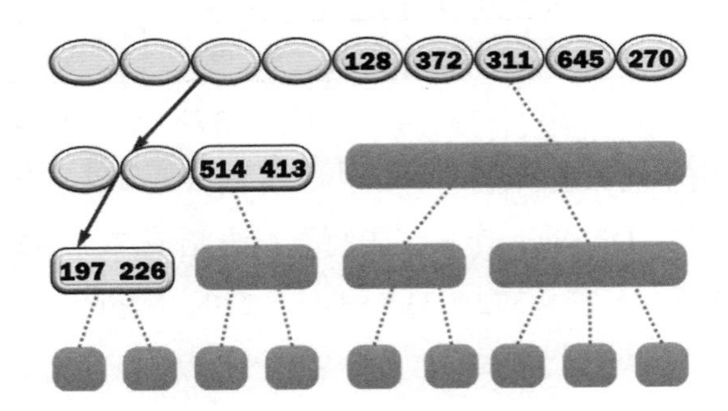

Step 4. 數列「197、226」再被分割為「197」和「226」；由於是最小單位無法再做分割。

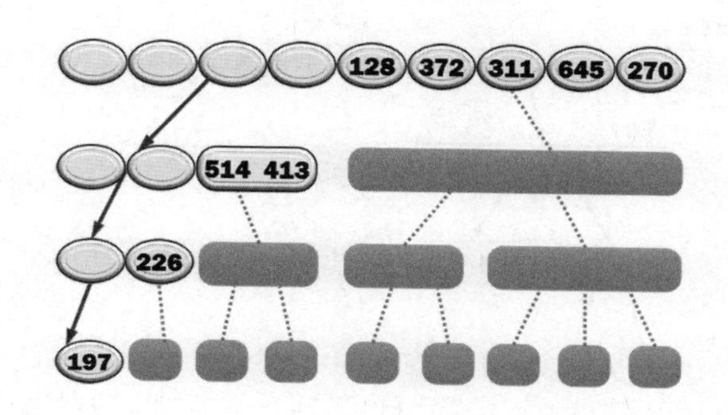

Step 5. 無法分割的197和226準備「Conquer」（合併），依據「左小右大」原則，「197 < 226」故不互換。

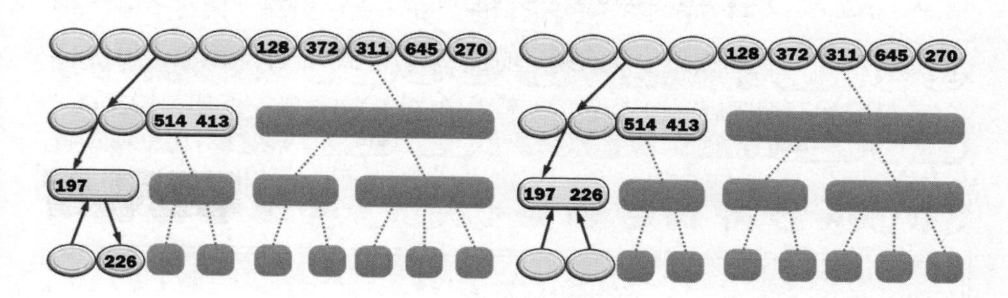

Step 6. 將197、226向上合併為一組。

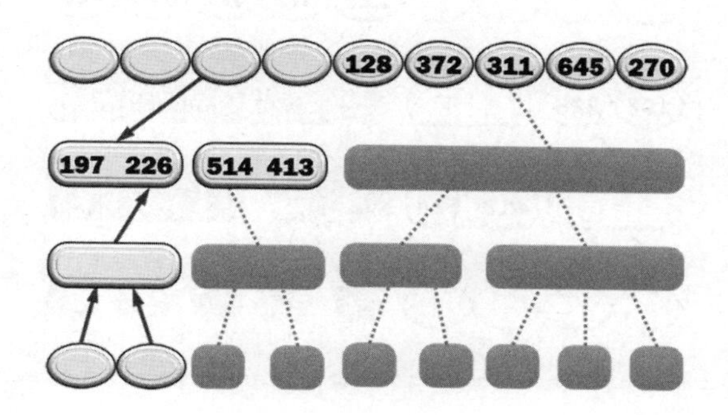

Step 7. 將另一組「514、413」分割為「514」和「413」兩組，無法再分割。

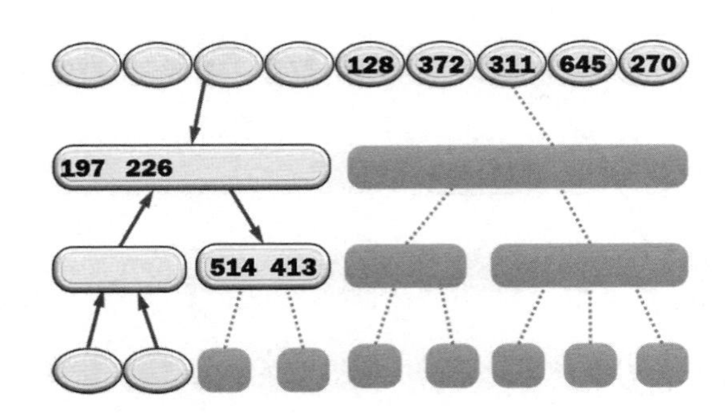

Step 8. 將數列「514」、「413」依然以「左小右大」原則做兩兩交換。

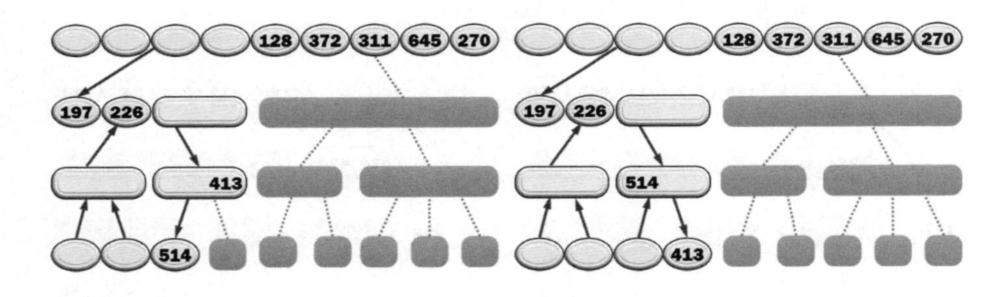

Step 9. 由於「514 > 413」兩個互換後向上合併成一組。

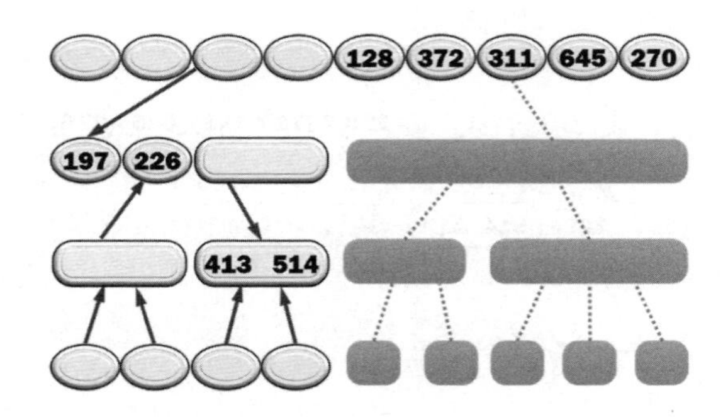

Step 10. 數列「413、514」再與另一組「197、226」合併為一組並完成左半邊的排序。

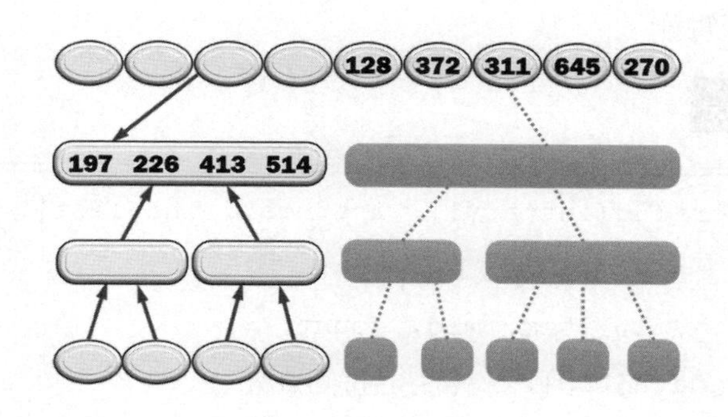

Step 11. 以相同操作，將右半部的數列「128、372、311、645、70」分割到最小單位，然後再進行合併。

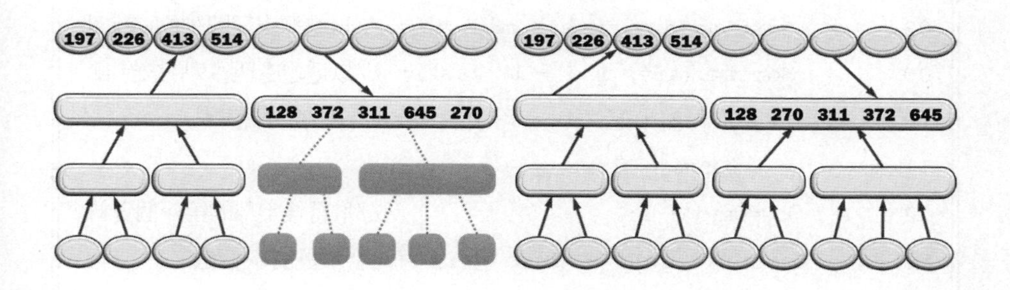

Step 12. 最後，把相鄰的兩組比較大小，數值小在前，數值大在後面，然後順序合併完成數列的排序。

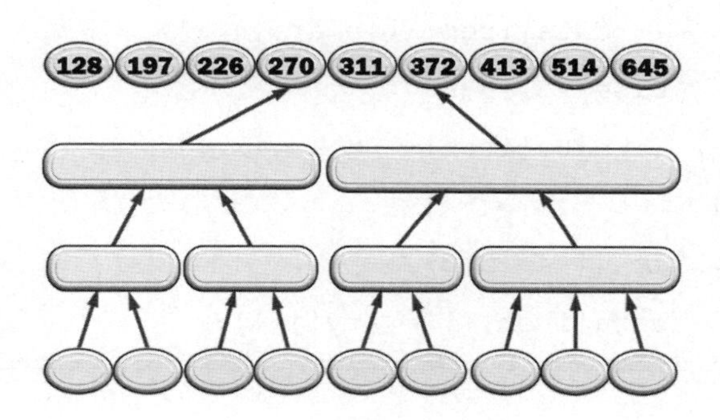

9.5.2 實作合併排序法

茲將數列「797、126、51、413、218、64、372、313、645、570」以程式碼進行實作。

範例CH0909.c

```
01 void Sorting(int ary[], int first, int last)
02 {
03    int j, k, item, mid, count;
04    int data[LEN]; //暫存合併的資料
05    if (first < last)
06    {
07       mid = (first + last) / 2;     //分割陣列
08       Sorting(ary, first, mid);     //以遞迴處理陣列的前半部
09       Sorting(ary, mid + 1, last); //以遞迴處理陣列的後半部
10       //j 取得前半部, item 則是 data[]的第一個資料
11       j = item = first;
12       k = mid + 1;                  //取得後半部的第一個資料
13       count = last - first + 1;  //合併的資料個數
14       while (j <= mid && k <= last)
15       {
16          if (ary[j] <= ary[k])
17             data[item++] = ary[j++];
18          else
19             data[item++] = ary[k++];
20       }
21       while (j <= mid)
22          data[item++] = ary[j++];
```

```
23      while (k <= last)
24         data[item++] = ary[k++];
25      //將陣列data[]資料複製ary[]
26      for(j = 0; j < count; j++, last--)
27         ary[last] = data[last];
28   }
29 }
```


程式解說

◈ 定義合併排序的函式Sorting()，採取先分割後合併方式，利用迴圈來讀取陣列分割後的左、右半部並暫存於陣列data，合併時比較大小，數值小在前面，數值大在後面。

◈ 第14~20行：while迴圈中以if/else敘述判斷分割後的陣列，若左半部的索引小於陣列的右半部，就把左、右半部的數值依照大小合併後放入陣列data。

◈ 第21~22、23~24行：while迴圈分別讀取陣列左半部、右半部的元素並複製到陣列data。

那麼範例CH0909.c的數列是如何先分割後合併，下表說明之。

											說明
	797	126	51	413	218	64	372	313	645	570	說明
1	797	126	51	413	218	64	372	313	645	570	分成左、右2組
2	797	126	51	413	218	64	372	313	645	570	左邊分成2組
3	797	126	51	413	218	64	372	313	645	570	最左邊分成2組
4	126	797	51	413	218	64	372	313	645	570	合併最左邊2組
5	126	797	51	413	218	64	372	313	645	570	分割左中2組
6	126	797	51	218	413	64	372	313	645	570	合併左中2組

7	51	126	218	413	797	64	372	313	645	570	合併左邊2組
8	51	126	218	413	797	64	372	313	645	570	右邊分成2組
9	51	126	218	413	797	64	372	313	645	570	右中分2組
10	51	126	218	413	797	64	372	313	645	570	合併右中2組
11	51	126	218	413	797	64	372	313	645	570	最右邊分成2組
12	51	126	218	413	797	64	372	313	570	645	合併最右組2組
13	51	126	218	413	797	64	372	313	570	645	合併右邊2組
14	51	64	126	218	313	372	413	570	646	797	合併成一組

討論合併排序法：

由於合併排序法以遞迴來呼叫函數，需要額外的記憶體空間來堆疊，處理遞迴呼叫並配置記憶體空間儲存合併後的數列。屬合併時才會交換元素，但相同鍵值的元素並不會交換，屬於穩定性的排序法。

- 時間複雜度：合併排序法每次分割N筆資料時爲N/2，其處理次數大約爲（log n）次完成排序，所以合併排序法的最佳、最壞及平均情況的複雜度爲$O(n \log_2(n))$。
- 空間複雜度：合併排序法的執行效率分成「分割」、「合併」兩個部分。合併時和排序鍵值數成正比，其執行效率是O(n)。

9.6 基數排序法

基數排序法（Radix Sort）屬於「分配式排序」（Distribution Sort）；它的特別之處是不做任何比較。若使用連結資料結構，不需要移動元素，屬於一種分配模式排序方式。

9.6.1 基數排序法的運作

基數排序法也稱「多鍵排序」（Multi-Key Sort）或「箱子排序法」

（Bucket Sort）。它依據每個記錄的鍵值劃分為若干單元，把相同的單元放置在同一箱子，常用於卡片或信件的分類。基數排序法依比較方向分為LSD和MSD兩種，簡介如下：

- 最低位數優先（Least Significant Digit First, LSD）：從最右邊的低位數開始，只須採用分配（Distribution）和合併()兩個步驟。
- 最高位數優先（Most Significant Digit First, MSD）：是從最左邊的高位數開始，採用分配、檢測、合併等三個步驟進行，檢測時可呼叫遞迴再做分配。

一般來說，基數排序「LSD」適用於位數較少的數列；以MSD處理位數較多的資料會有比較好的效率。要留意的地方是MSD是由高位數為基底做為分配的開始。合併資料時，其「遞增」是由左而右來收集桶子的資料；「遞減」恰好相反，它會由右而左來合併桶子的資料。

LSD（最低位數優先）的運作程序如下：

(1) 依十進制，表示得準備編號「0～9」的10個桶子（Bucket）。
(2) 找出最大數值的位數，例如「566」是三個位數，說明得進行3回合才能完成排序。
(3) 第一回合：從最低位數（個位數）開始；先將資料「分配」到對應的桶子；再「合併」10個桶子的資料。
(4) 第二回合：依據中間位數（十位數）來進行；同樣把資料「分配」到對應的桶子；再「合併」10個桶子的資料。
(5) 第三回合：以最高位數（百位數）執行；資料「分配」到對應的桶子；再「合併」10個桶子的資料。

那麼，LSD究竟如何運作？下述簡例說分明。未排序的原始數列如下：

```
59, 93, 17, 24, 70, 8, 185, 264, 566, 1155, 86, 1351
```

Step 1. 依十進制準備10個桶子（編號0～9），最大數「1351」是三位數，表示以3回合才能完成排序。

Step 2. 第1回合從「個位數」開始；把每個整數依其個位數字「分配」到10個桶子裡；例如數字「70」，個數位是「0」就放入「0」號桶子。

桶子	0	1	2	3	4	5	6	7	8	9
資料	70	1351		93	24	185	566	17	8	59
					264	1155	86			

Step 3. 把桶子內的資料由左而右「合併」如下：

70	1351	93	24	264	185	1155	566	86	17	8	59

Step 4. 第2回合依據「十位數」，依序把資料「分配」到10個桶子；例如數字「264」，其十位數是「6」就存放「6」號桶。

桶子	0	1	2	3	4	5	6	7	8	9
資料	8	17	24			1351	264	70	185	93
						1155	566		86	
						59				

Step 5. 把桶子內的資料「合併」如下：

8	17	24	1351	1155	59	264	566	70	185	86	93

Step 6. 第3回合以「百位數」，依序把資料「分配」到10個桶子內；例如數字「185」，其百位數是「1」就存放「1」號桶，小於百位數就放到「0」號桶。

桶子	0	1	2	3	4	5	6	7	8	9
資料	8	1155	264	1351		566				
	17	185								
	24									
	59									
	70									
	86									
	93									

Step 7. 繼續由左而右「合併」資料，結果如下：

8	17	24	59	70	86	93	1155	185	264	1351	566

Step 8. 第4回合以「千位數」，依序把資料「分配」到10個桶子內；例如數字「1351」，其千位數是「1」就存放「1」號桶，小於千位數就放到「0」號桶。

桶子	0	1	2	3	4	5	6	7	8	9
資料	8	1155								
	17	1351								
	24									
	59									
	70									
	86									
	93									
	185									
	264									
	566									

Step 9. 由左而右合併（遞增），完成由小而大的排序如下：

8	17	24	59	70	86	93	185	264	566	1155	1351

9.6.2 以MSD進行排序

MSD以分配、檢測和分配來完成排序動作。繼續了解MSD的運作，未排序的原始數列如下。

59	93	17	24	70	156	185	264	566	55	86	123

Step 1. 把每個數值依其百位數分配到10個桶子裡，未達百位數的數值就歸到索引為「0」的位置。

桶子	0	1	2	3	4	5	6	7	8	9
資料	59 93 17 24 70 55 86	156 185 123	264			566				

Step 2. 與LSD不同，要針對每個桶子進行檢測，項目大於「1」還得進一步「分配」；例如百位數的「1」號桶子，須依「拾位」再做分配。

桶子	0	1	2	3	4	5	6	7	8	9
1號			123			156			185	

Step 3. 繼續針對百位數的「0」號桶子，依「拾位」進行排序。

桶子	0	1	2	3	4	5	6	7	8	9
0號		17	24			59 55		70	86	93

Step 4. 每個桶子同樣要進行檢測，只有「5」桶子項目大於「1」，還依「個位」進行「分配」。

桶子	0	1	2	3	4	5	6	7	8	9
5號						55				59

Step 5. 這些經過分配的資料要放回原來的桶子，將步驟4的「5」號桶子（以十位為主）放回步驟1的「0」號桶子，準備資料的「合併」。

桶子	0	1	2	3	4	5	6	7	8	9
收集資料		17	24			55 59		70	86	93

Step 6. 再進一步把步驟2的「1」號桶子，繼續資料的「合併」。

桶子	0	1	2	3	4	5	6	7	8	9
準備資料合併	17 24 55 59 70 86 93	123 156 185	264			566				

CHAPTER 9

Step 7. 由右而左合併（遞減），完成由大而小的排序如下：

566	264	185	156	123	93	86	70	59	55	24	17

將基數排序法以MSD做資料排序時，利用下圖了解各個位數「桶子」的分配狀況；當桶子內的項目大於「1」就會繼續往低位數再做「分配」。

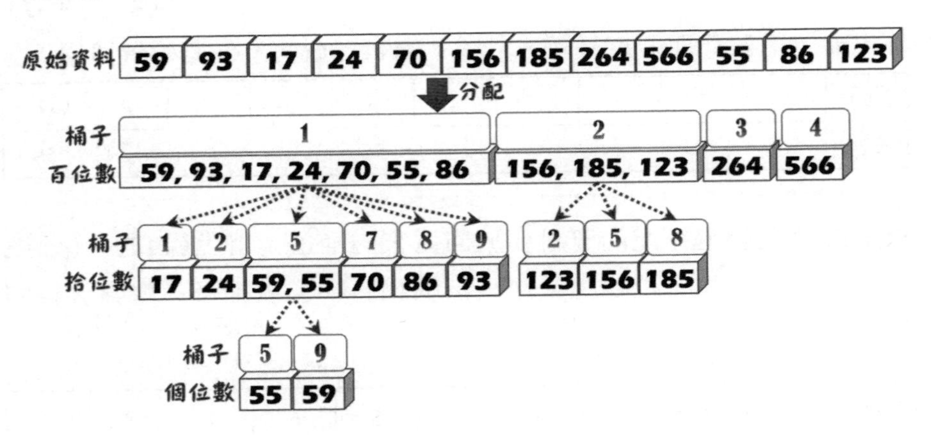

當MSD完成分配時，各個位數的桶子只會有1個項目，它會繼續「合併」來回到上一層桶子，直到完成排序。

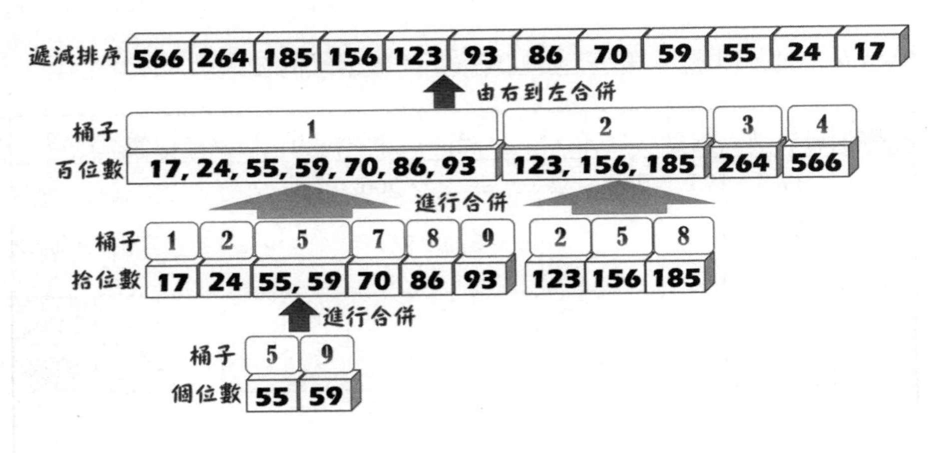

9.6.3 實作基數排序法

數列「59、93、17、24、70、8、185、264、566、1155、86、1351」以LSD方式，由個位、十位、百位、仟位產生遞增排序。

範例CH0910.c

```
01 void Sorting(int ary[], int len)
02 {
03    //產生桶子data, count存放鍵值出現的次數
04    int data[BASE][SIZE], count[SIZE];
05    int j, num, amass, bucket, max, round;
06    int efn = 0, figure = 1;
07    max = bigValue(ary, len); //取得最大值
08    while(max > 0) //取得最大位數
09    {
10       efn++;
11       max /= BASE;
12    }
13    for(round = 0; round < efn; round++) //初始化桶子
14    {
15       for(j = 0; j < BASE; j++)    //清空桶子的鍵值
16          count[j] = 0;
17       for(j = 0; j < len; j++)//依據個、十、百、千位數分配
18       {
19          bucket = (ary[j] / figure) % BASE;
20          data[bucket][count[bucket]] = ary[j];
21          count[bucket] += 1;
22       }
```

```
23         j = 0;
24         for(num = 0; num < BASE; num++) //依位數做合併
25         {
26            for(amass = 0; amass < count[num]; amass++)
27            {
28               ary[j] = data[num][amass];
29               j++;
30            }
31         }
32         figure *= BASE;   //取得位數
33     }
34 }
```

程式解說

- 第13~33行：第一層for迴圈將桶子初始化，當變數「round = 0」表示進入LSD方式的第一回合，處理個位數；而「round = 1（十位數）」依此累推。
- 第17~22行：for迴圈依序讀取陣列，陣列count[]統計累積的元素；依LSD方式將元素依個、十、百、千位數，將計算所得餘數分別放入0~9的桶子，例如「count[3] = 2」表示3號桶子有2個元素。
- 第19行：同樣以個、十、百、千位數，配合十進制（BASE）計算取得之餘數，把陣列元素分配到0~9桶子中。例如：十位數時，元素17，計算「（17/10） % 10」得到餘數爲「1」就是分配到「1」號桶子。
- 第24~31行：for迴圈讀取桶子的元素，由左而右進行合併，其中「ary[0] = data[1][0]」表示元素17分配在[1]號桶子第[0]個位置，只累積1個項目。

討論基數排序法：

基數排序法是屬於穩定排序，基數排序法的執行效率和快速排序法相同，以n個鍵值來說，在二層巢狀迴圈的內層是O(n)，外層最多執行log n位數次，所以執行效率是O(n log n)。

- 空間複雜度：基數排序法需要額外記憶體空間「p」來記錄基數，所需時間是「O(n*p)」。
- 時間複雜度：在所有情況下，均為$O(n \log_p(k))$，k是原始資料最大值。

課後習作

一、選擇題

1. 對於氣泡排序法的描述，何者有誤？
   (A) 由第一個元素開始比較
   (B) 時間複雜度的最佳狀況爲$O(n^2)$
   (C) 適用於資料量較小的排序
   (D) 屬於不穩定排序演算法
2. 下列哪一種排序法是改良後的氣泡排序法？
   (A) 基數排序法
   (B) Shaker排序法
   (C) 快速排序法
   (D) 插入排序法
3. 下列排序中，大部份的鍵值資料都相同，或大部份的資料已完成排序的檔案來說，哪一種方法排序速度最快？
   (A) 氣泡排序法
   (B) 快速排序法
   (C) 選擇排序法
   (D) 謝耳排序法
4. 排序時將資料分成「已排序」和「未排序」的排序法是哪一種？
   (A) 氣泡排序法
   (B) Shaker排序法
   (C) 快速排序法
   (D) 插入排序法
5. 哪一種排序法可視爲插入排序法的改良版？
   (A) 雙向氣泡排序法

(B) 謝耳排序法

(C) 堆積排序法

(D) 選擇排序法

6. 下列排序法中，有哪幾種使用切割征服（Divide-and-Conquer）策略。

(A) 氣泡排序法

(B) 合併排序法

(C) 快速排序法

(D) 插入排序法

(E) 以上皆是。

7. 下列哪一種排序可以在數列設一個虛擬的中間值，把陣列分割成兩部分，再呼叫遞迴來分別處理？

(A) 合併排序法

(B) 氣泡排序法

(C) 快速排序法

(D) 選擇排序法

8. 將數列「80、66、55、77、43、36」由小而大進行排序，在第二回合之後可能的順序爲「55、66、80、77、42、36」，請問哪一種排序法最有可能？

(A) 插入排序法

(B) 氣泡排序法

(C) 謝耳排序法

(D) 選擇排序法

9. 下列哪一種排序法可以依據數列的長度設定間隔值，進行排序？

(A) 選擇排序法

(B) 氣泡排序法

(C) 插入排序法

(D) 謝耳排序法

10. 數列「112、75、136、91、57、84、328、53、621、49、33、166、23、17」在第2回合得「33、57、23、53、75、49、84、91、166、127、112、621、136、328」，最有可能是哪一種排序法？
    (A) 謝耳排序法
    (B) 選擇排序法
    (C) 氣泡排序法
    (D) 插入排序法
11. 將數列「39、8、64、51、32、17」依快速排序法，以第一個元素「39」為基準點k，依左小右大方式，最有可能把資料分成的情形？
    (A) 「32、39、8、17、51、64」
    (B) 「32、8、17、51、39、64」
    (C) 「32、8、17、39、51、64」
    (D) 「32、8、39、17、51、64」
12. 對於合併排序法的描述，何者不正確？
    (A) 排序時先將數列分割成左、右兩半部，分割到無法分割為止
    (B) 無法支援外部排序
    (C) 為穩定的排序演算法
    (D) 時間複雜度為（n log (n)）。
13. 對於基數排序法的描述，何者正確？
    (A) 最有效優先MSD表示排序方向由右邊開始
    (B) 排序時需要額外的記憶體空間
    (C) 最無有效優先LSD表示排序方向由左邊開始
    (D) 排序時，資料間不做任何比較，也不做任何移動。

二、實作與問答

1. 請參考範例CH0901.c，如何讓程式完成排序後提早結束？
2. 數列「55、234、78、37、165、23、81、46、69、37」繪製出氣泡排

序法每一回合由大而小的交換過程，利用程式碼輸出並完成排序。

3. 數列「185、625、134、47、731、125、42、416」遞增排序以程式碼完成，並以手工繪製插入排序法每回合的排序結果。
4. 將下列資料「185、625、134、47、731、125、42、416」以選擇排序法做遞減排序並繪製出排序過程，此外第幾回合就完成排序？
5. 試將下列數列「185、625、134、47、731、125、42、416、84、67」由二元樹轉為最小堆積樹，請填寫下圖空白圓圈中各節點的值。

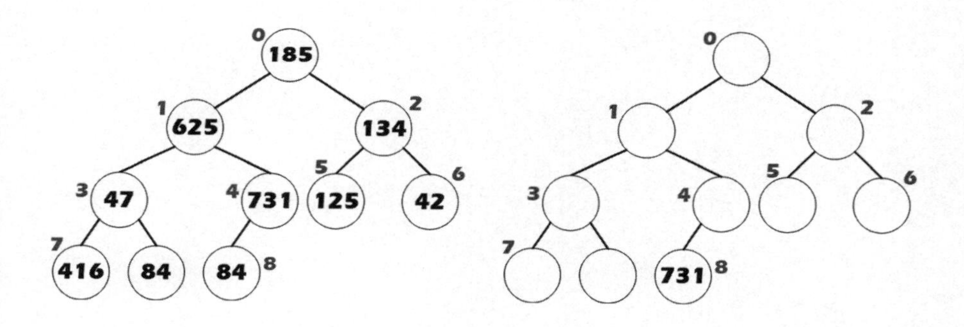

6. 將數列「519、286、93、1285、1651、34、527、71、156、264、578、4123、55」以基數排序法的MSD完成遞減排序。

第十章

衆裡找它話搜尋

★學習導引★

- 從常見的搜尋開始，認識循序搜尋、二元搜尋到內插搜尋法
- 費氏搜尋法以費氏數列來分割，配合費氏樹能加快搜尋
- 雜湊搜尋法要有雜湊函數來產生雜湊表，過程中要避免碰撞和溢位

10.1 常見搜尋法

搜尋這件事可大可小。例如從自己的手機上找出同學的電話號碼，或者從資料庫裡找出某個指定的資料（可能需要一些技巧）。或者更簡單地說，只要開啓電腦，搜尋就無處不在；以視窗作業系統來說，檔案總管配有搜尋窗格，方便我們搜尋電腦中的檔案。

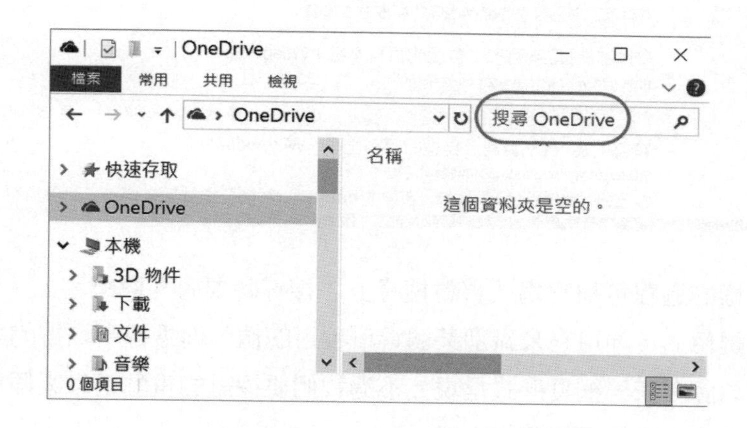

使用瀏覽器輸入「關鍵字」（Key）擊點搜尋按鈕後，類似蜘蛛網的搜尋會把網路上「登錄有案」的伺服器，配合網頁技術檢索相關資料再以搜尋熱度進行排序，最後以網頁呈現在我們面前。以下圖來說，輸入「資料結構」關鍵字後，谷歌大神會告訴我們，它只花「0.32」秒就給了我們搜尋結果。

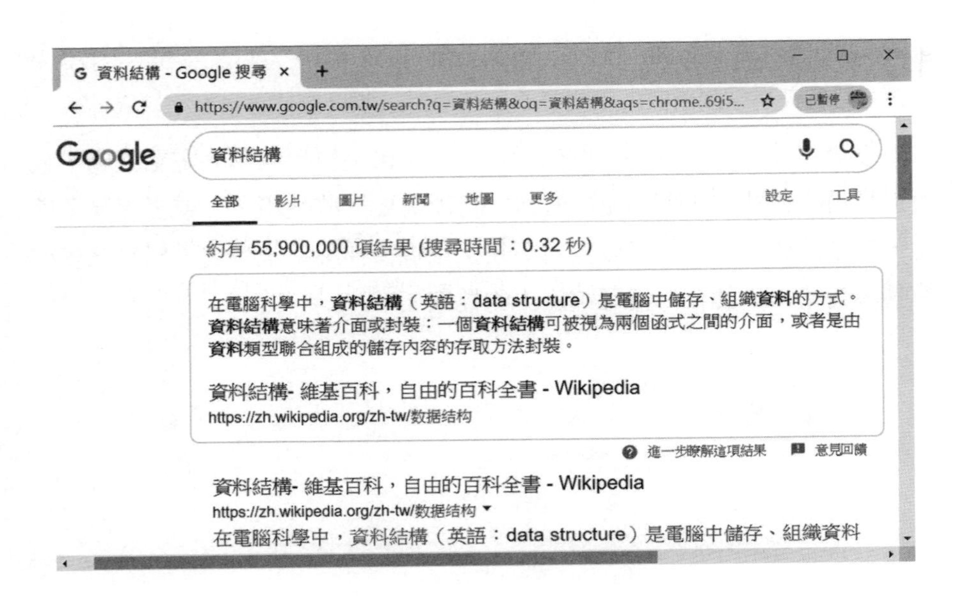

這樣的過程可稱它爲「資料搜尋」；搜尋時要有「關鍵字」（Key）或稱「鍵値」，利用它來識別某個資料項目的值，而搜尋所取得的集合可能儲存以資料表、網頁形式呈現。不過我們要探討的重點是以某個特定資料爲對象，一窺搜尋的運作方式。

搜尋和排序的運作有些相像，若依據搜尋資料量的大小，可以把搜尋概分兩類：

- 內部搜尋法：查找這些資料時，可以把它們一一放入記憶體中，再依據鍵值做搜尋。
- 外部搜尋法：當欲搜尋的資料量太大而主記憶體無法處理時，就得藉助輔助記憶體（例如硬碟空間）來分擔工作，將資料做分批處理；所以稱爲外部搜尋法。

如果搜尋過程是以被搜尋表格或資料是否有異動來分類，同樣也有兩類：

- 靜態搜尋（Static Search）：查訪某項特定的資料是否存在，或者取得它的相關屬性。例如去氣象局網站取得明天的預報資料。

➢ 動態搜尋（Dynamic Search）：所搜尋的資料，搜尋過程中會經常性地增加、刪除、或更新。例如B-Tree搜尋就屬於一種動態搜尋。

10.1.1 循序搜尋法

生活中，翻箱倒櫃找一件東西的經驗一定是有的；例如找一本書，可能從書架上一一查找，或者從抽屜逐層翻動。這種簡易的搜尋方式就是「循序搜尋法」（Sequential search），也稱爲線性搜尋（Linear Searching）。一般而言，會把欲搜尋的值設成「Key」，欲搜尋的對象是事先未按鍵值排序的數列；所以，欲尋找的Key若是存放在第一個位置（索引爲零），第一次就會找到；若Key是存放在數列的最後一個位置，就得依照資料儲存的順序從第一個項目逐一比對到最後一個項目，從頭到尾走訪過一次。

循序搜尋法的優點是資料在搜尋前不需要作任何的處理與排序，缺點是搜尋速度較慢。假設已存在數列「117、325、54、19、63、749、41、213」，若欲搜尋63需要比較5次；搜尋117僅需比較1次；搜尋749則需搜尋6次。

當資料量很大時，就不適合用循序搜尋法，但可估計每一筆資料所要搜尋的機率，將機率高的放在檔案的前端，以減少搜尋的時間。如果資料沒有重覆，找到資料就可中止搜尋的話，最差狀況是未找到資料，需作n次比較，最好狀況則是一次就找到，只需1次比較。

```
//範例CH1001.c
int searchSeq(int ary[], int key)
{
   int index;
   for(index = 0; index < 12; index++)
   {
      if(ary[index] == key) //比對陣列元素是否等於欲搜尋的鍵值
         return index;         //回傳索引
   }
   return -1;                   //沒有找到回傳-1
}
```

◈ 定義函式searchSeq()從ary陣列中搜尋指定的值；for迴圈讀取陣列，參數Key若與陣列中某個元素相等則回傳此元素的索引。

10.1.2 改善循序搜尋

循序搜尋法優點是檔案或資料事前是不需經過任何處理與排序，在應用上適合於各種情況；更好的狀況是欲搜尋的資料在若落在數列的前端則能減少搜尋的時間。不過，使用循序搜尋時還是可能發生欲搜尋的鍵值並沒有在數列裡，例如下列數列中找不到Key「28」但依然要把資料項查找一遍。

當然可以進一步循序搜尋加以改善：例如：搜尋key爲「117」的資料：將數列由小而大排序，查找時若比較值已大於目標值就停止查找。

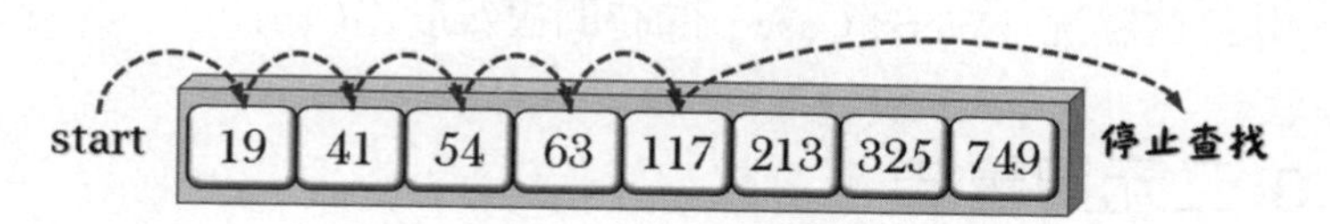


```
//範例CH1002.c
int searchSeq(int ary[], int key)
{
    int index;
    for(index = 0; index < 12; index++)
    {
        if(ary[index] == key) //比對陣列元素是否等於欲搜尋的鍵值
            return index;         //回傳索引
        else if(ary[index] > key)
            return -1;
    }
    return -1;                 //沒有找到回傳-1
}
```

當然，循序搜尋法也有缺點，當資料量很大時就不適用此搜尋法。那麼循序搜尋法的效率如何？以N筆資料爲來說，利用循序搜尋法來找尋資料，有可能在第1筆就找到，如果資料在第2筆、第3筆⋯第n筆，則其需要的比較次數分別爲2、3、4⋯n次的比較動作。平均狀況下，假設資料出現的機率相等，則需(n + 1)/2次比較，例如有10萬個鍵值，則需要做50000次的比較。

從時間複雜度的角度來看：如果資料沒有重覆，找到資料就可中止搜尋的話，在最差狀況是未找到資料，逐一比對後沒有找到資料，則必須花費n次，其最壞狀況（Worst Case）的時間複雜度爲O(n)。

10.1.3 二元搜尋法

換個作法，假如這一串資料已完成排序，搜尋時把資料分成一分爲二，能否加快搜尋的動作？這種從資料的一半展開搜尋的方法叫做「二元搜尋」（Binary search）或稱「折半搜尋」法。二元搜尋法的原理是將欲進行搜尋的Key，與所有資料的中間值做比對，利用二等分法則，將資料分割成兩等份，再比較鍵值、中間值兩者何者爲大。如果鍵值小於中間值，要找的鍵值就屬於前半段的資料項，反過來鍵值就在後半部裡。

可別忘了！二元搜尋法所查找對象必須是一個依照鍵值完成排序的資料，搜尋時由中間開始查找，不斷地把資料分割直到找到或確定不存在爲止。可以把搜尋範圍的前端設爲「low」，末端是「high」，中間項爲「mid」（Middle），中間項的計算公式如下：

$$mid = \frac{low + high}{2}$$

既然是利用鍵值「K」與中間項「Km」做比對，會有三種比較結果可得：

當鍵值「K」不等於中間項「Km」就得把數列再做分割，依比對後情形繼續搜尋。

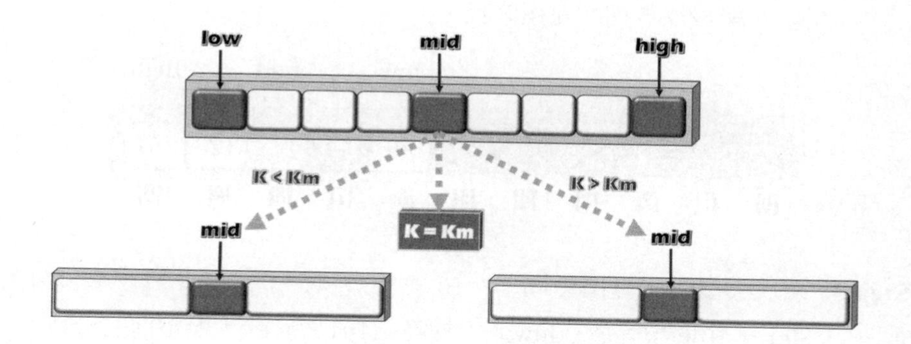

當鍵值「K」大於中間項「Km」，繼續搜尋數列的後半部（向右移動），則前端「low = mid + 1」。當鍵值「K」小於中間項「Km」，繼續搜尋數列的前半部（向左移動），則後端「high = mid - 1」。

例如：從下列已排序數列中搜尋鍵值「101」，要如何做？

```
5、13、18、24、35、56、89、101、118、123、157
```

Step 1. 首先利用公式「mid = (low + high) / 2」求得數列的中間項爲「(0 + 10) // 2 = 5」（取得整數商），也就是串列的第6筆記錄「Ary[5] = 56」；由於搜尋值101大於56，因此向數列的右邊繼續搜尋。

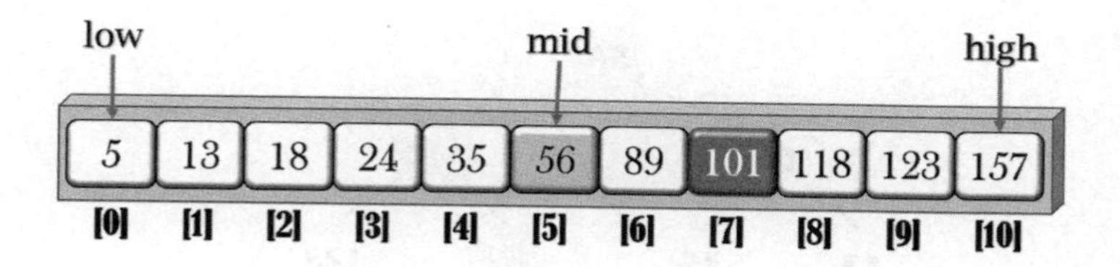

Step 2. 繼續把數列右邊做分割；同樣算出「mid = (6 + 10) // 2 = 8」，爲「Ary[8] = 118」；由於搜尋值101小於118，「high = 8 – 1 = 7」，繼續往數列的左邊查找。

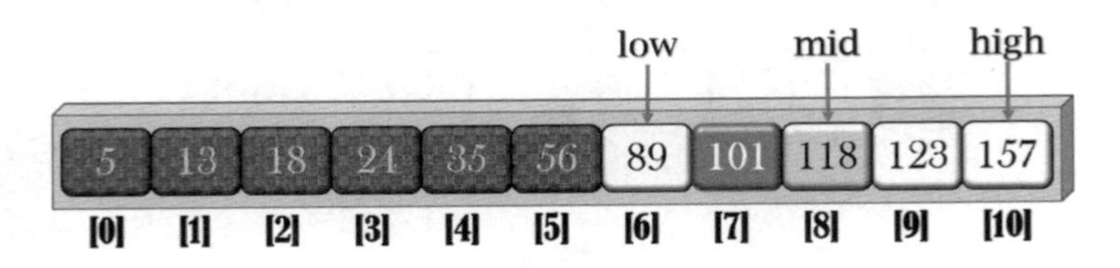

Step 3. 第三次搜尋，算出中間項「(6 + 7) // 2 = 6」，得到「Ary[6] = 89」，中間項等於「low」；搜尋值101大於89，繼續向右查找。

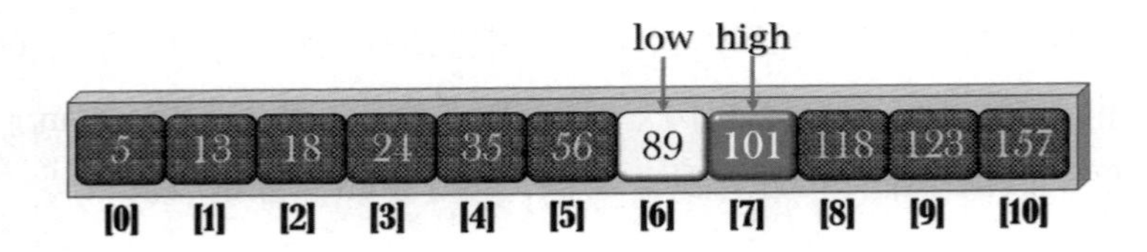

Step 4. 「low = 6 + 1 = 7」，中間項「(7 + 7) // 2 = 7」，中間項等於「low」也等於「high」，表示找到搜尋值101了。

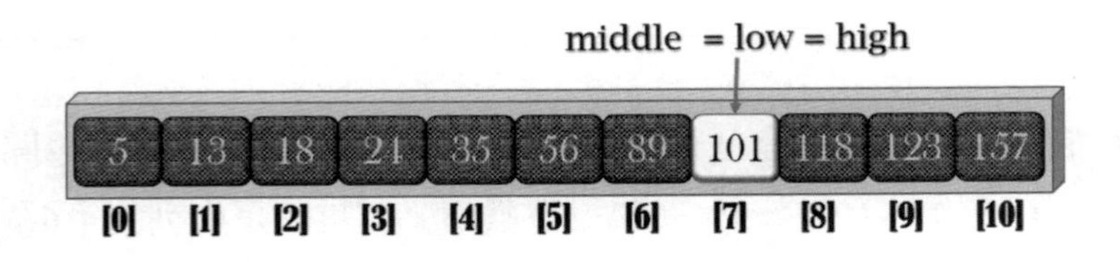

二元搜尋法的搜尋過程把它轉換爲二元搜尋樹會更清楚。

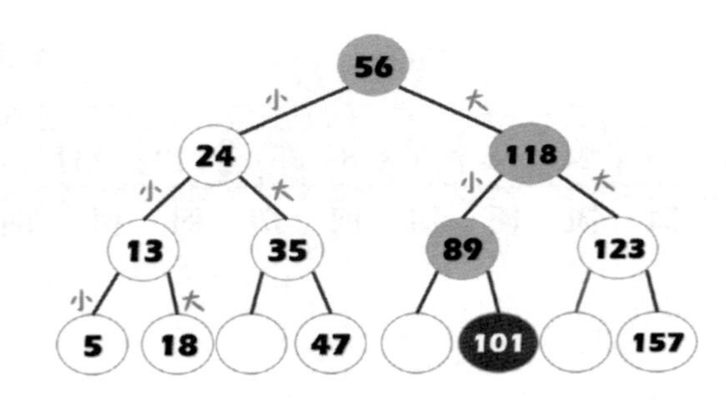

範例CH1003.c

```
01 #include<stdio.h>
02 #include<stdlib.h>
03 int searchBin(int ary[], int key, int low, int high)
04 {
05    int mid;
06    if(low <= high)
07    {
08       mid = (low + high) / 2; //取得陣列的中間值
09       if(key == ary[mid])      //符合的話回傳鍵值
10          return mid;
11       else if(key > ary[mid])
12       {
13          low = mid + 1;
14          return searchBin(ary, key, low, high);
15       }
16       else //欲查找的鍵值小於中間項，向左繼續
17          high = mid - 1;
18          return searchBin(ary, key, low, high);
19    }
20    return -1;    //沒有找到鍵值回傳-1
21 }
22
23 void main()    //主程式
24 {
25    int target, search;
```

```
26    int number[] = {
27          5, 13, 18, 24, 35, 56, 89, 101, 118, 123, 157};
28    printf("輸入欲搜尋的值->");
29    scanf("%d", &search);
30    target = searchBin(number, search, 0, 10);
31    if(target != -1)
32       printf("搜尋值的索引：%d\n", target);
33    else
34       printf("無此搜尋值");
35 }
```

執行結果

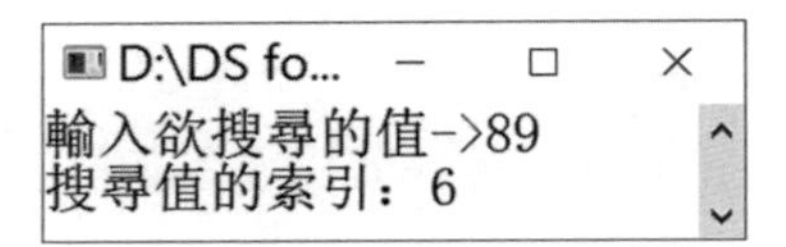

程式解說

- ◈ 第3~21行：定義函式searchBin()，傳入4個參數：搜尋值（target）、數列（Ary）、設定搜尋的開頭（low）和結尾（high），並以遞迴呼叫本身來繼續搜尋。
- ◈ 第6~19行：第一層if敘述確認變數low小於high，依據計算所得中間項（變數mid）之值往第二層if/else if/else敘述繼續搜尋。當中間項等於欲搜尋Key，表示找到了；第二種情形「key > 中間項」，搜尋的值大於中間項，向右邊移動，以遞迴呼叫本身函式；第三種情形「key < 中間項」，搜尋的值小於中間項，向左邊移動，繼續以遞迴呼叫本身函式。

使用二元搜尋法必須事先經過排序，且資料量必須能直接在記憶體中執行，此法較適合不會再進行插入與刪除動作的靜態資料。

若從時間複雜度的解度來看，二分搜尋法每次搜尋時，都會將搜尋區間分為一半，若是有N筆資料，最差情況下，下一次搜尋範圍就可以縮減為前一次搜尋範圍的一半，二分搜尋法總共需要比較「$[\log_2 n] + 1$」或「$[\log_2(n + 1)]$」次，時間複雜度為「$O(\log_2 n)$」。

10.1.4 內插搜尋法

使用二元搜尋法能把數列一分為二來加快搜尋的速度，那麼可不可把數列一分為二，再二為四或者切割更多讓搜尋的效率更好些？因此，可以把「內插搜尋法」（Interpolation Search）又叫做插補搜尋法，視為二元搜尋法的改版。它是依照資料位置的分布，利用公式預測資料的所在位置，再以二分法的方式漸漸逼近。例如查字典中「telephone」，則通常先翻到「t」部字頭，再逐步往前或往後找，特別是在均勻分布，且n值愈大時，插補搜尋法甚至比二元法更好。使用二元搜尋法的能預測key的落點，如下圖所示，它能在數列中快速找到資料。

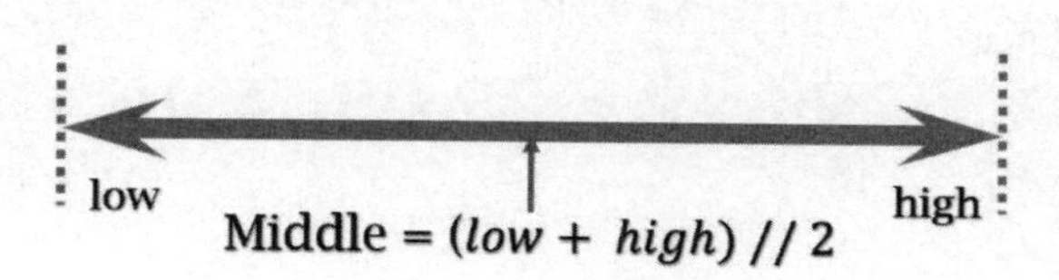

由於內插法中無法以單純以「1/2」來預測；將原來的公式改良如下：

$$mid = \frac{low + high}{2} = low + \frac{1}{2}(high - low)$$

想要以公式來預預其落點，要改善的是「1/2」，假設數列中的鍵值平均分布在可能範圍，則「1/2」改善後可得X預測落點的公式如下：

$$X = \frac{key - data[low]}{data[high] - data[low]}$$

◈ key是要尋找的鍵。

◈ data[high]、data[low]是數列中的要查找的最大值及最小值。

依據X的預測落點，得到內插法公式：

$$mid = low + \frac{key - data[low]}{data[high] - data[low]} * (high - low)$$

為什麼要把「1/2」做改善？例一：如果有一個數列data如下。

[0]	[1]	[2]	[3]	[4]	[5]	[6]	[7]	[8]	[9]	[10]
5	13	18	24	35	56	89	101	118	123	157

low　　high

$$X = \frac{101-5}{157-5} \approx 0.632$$

$$mid = 0 + 0.632 * 10 \fallingdotseq 6$$

要查找鍵值「101」，使用二元搜尋法的話要第四次才會找到；所以使用內插法只需搜索兩次就能找到。

次數	low	high	mid	key與A[mid]比較	範圍
1	0	10	6	101 > 89	向右
2	6 + 1 = 7	10	$7 + \frac{101-101}{157-101} * 10 = 7$	101 = 101	找到

例二：有一數列如下，欲搜尋鍵值為「74」的位置。

49	54	69	74	91	113	135	147	155	163
[0]	[1]	[2]	[3]	[4]	[5]	[6]	[7]	[8]	[9]

使用「內插法」的搜尋過程如下：

次數	low	high	mid	key與A[mid]比較	範圍
1	0	9	$0+\frac{74-49}{163-49}*9=1$	74 > 54	向右
2	1 + 1 = 2	9	$2+\frac{74-69}{163-69}*7=2$	74 > 49	向右
3	2 + 1 = 3	9	$3+\frac{74-74}{163-74}*6=0$	mid = low = 74	找到

範例CH1004.c

```
01 int searchInter(int ary[], int key, int low, int high)
02 {
03    int point, mid;
04    while(low <= high)
05    {
06       if((ary[high] - ary[low]) != 0)
07          point = (key - ary[low])/(ary[high] - ary[low]);
08       else
09         point = 0;
10       mid = low + (point * (high - low));
11       if (key == ary[mid])
12          return mid;
13       else if(key > ary[mid])
14          low = mid + 1;
15       else
16          high = mid - 1;
```

```
17    }
18    return -1;
19 }
```

程式解說

◈ 定義函式searchInterpolation()並傳入4個參數，分別是搜尋值key、List物件和儲存數列的開始和結束範圍。

◈ 第7行：使用公式來預測搜尋值key的位置落點。

◈ 第10行：算出中間項。

◈ 第11~12行：key與中間項做比較的第一種情形：兩者相等，表示找到key。

◈ 第13~14行：key與中間項做比較的第二種情形：搜尋值大於中間項，向右移動繼續比對。

◈ 第15~16行：key與中間項做比較的第三種情形：搜尋值小於中間項，向左邊移動繼續比對。

一般而言，內插搜尋法優於循序搜尋法，此法的時間複雜度取決於資料分佈的情況而定。平均而言，N筆資料的情況下，內插搜尋法只需要進行log(log(n))次比對就可以找到資料。

使用內插搜尋法資料需先經過排序。如果資料的分佈愈平均，則搜尋速度愈快，甚至可能第一次就找到資料。但是，在資料並非分布均勻的最差情況下，內插搜尋法則是需要進行N次比對才能夠找到資料。這種情況，內插法的搜尋效率就比二分搜尋法差很多。

10.2 費氏搜尋法

費氏搜尋法（Fibonacci Search）又稱費伯那搜尋法，和二元搜尋法十分類似，都是以切割範圍來進行搜尋；只是將二元搜尋的中分方式，改變成費氏級數來切割。這樣的切割方式在搜尋過程中，只需用到加減法而不必用到除法，如果以電腦運算的過程來看，會比循序搜尋法、二元搜尋法有更大的效率。

10.2.1 定義費氏級數

費氏搜尋法是以「費氏級數」爲比較對象進行分割。費氏級數F(n)定義如下：

$$F_n = \begin{cases} F_0 = 0, & \text{if } n = 0 \\ F_2 = 1, & \text{if } n = 1 \\ F_n = F_{n-1} + F_{n-2}, & \text{if } n \geqq 2 \end{cases}$$

費氏級數中除了第0及1個外，每個值都是前兩個值的加總；數列如下：

數列	1	1	2	3	5	8	13	21	34	55	89	144	233	…
K值	1	2	3	4	5	6	7	8	9	10	11	12	13	…

程式碼如何撰寫費氏級數？簡例如下：這樣的查找過程，必須依據數列的長度來產生費氏級數。

```
//範例CH1005.c
int fiboNums(int num)   //產生費氏級數
{
```

```
    if(num == 1 || num == 0)
        return num;
    return fiboNums(num - 1) + fiboNums(num - 2);
}
```

◈ 定義函式fiboNums()，依據參數num來產生費氏級數。

◈ 以if敘述配合邏輯運算子「||」排除數值「0」或「1」之後，並以遞迴運算回傳費氏級數。

10.2.2 產生費氏搜尋樹

要以費氏搜尋法查找資料，必須依據費氏級數來建立費氏搜尋樹。費氏搜尋樹以二元樹爲基底，若將其節點視爲鍵值，它也是一棵二元搜尋樹；也就是某一個節點的左子樹鍵值都比它小，由右子樹鍵值都大於或等於它。每一對兄弟節點與其父親節點之差均相等，而其差值亦是一個費氏數；它可分成根節點、左子樹及右子樹三部分，具有下列特徵：

➢ 費氏樹含有N個節點，要決定費氏樹的階層k值，得找到一個最小的k值，得費氏級數「Fib(k) = n + 1」。

➢ 若「k >= 2」，費氏樹的根節點「Fib(k)」，左子樹根爲「Fib(k – 2)」，右子樹根爲「Fib(k – 1) + Fib(k – 3)」。

➢ 費式搜尋樹的左、右子樹也必須是費氏樹；左子樹的節點數爲「Fib(k – 1) – 1」，而右子樹的節點數爲「Fib(k – 2) – 1」，而且各子樹仍爲「n – 1」級和「n – 2」級的費氏樹。

例一：產生一個「N = 7」（節點數）的費氏樹。

```
Fib(k) = 7 + 1, Fib(k) = 8, 得k = 6
根節點    Fib(k-1) = Fib(5), 得費氏級數5
左子樹根 Fib(k-2) = Fib(4), 得費氏級數3
```

```
右子樹根 Fib(k-1) + Fib(k-3) = Fib(5) + Fib(3),
費氏級數5 + 2 = 7
```

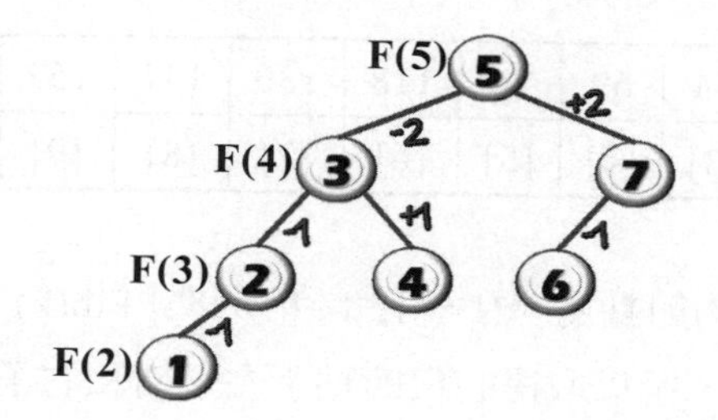

例二：產生一個「N = 20」（節點數）的費氏樹。

```
Fib(k) = 20 + 1, Fib(k) = 21, k = 8
根節點    Fib(k-1) = Fib(7), 得費氏級數13
左子樹根 Fib(k-2) = Fib(6), 得費氏級數8
右子樹根 Fib(k-1) + Fib(k-3) = Fib(7) + Fib(5),
費氏級數13 + 5 = 18
```

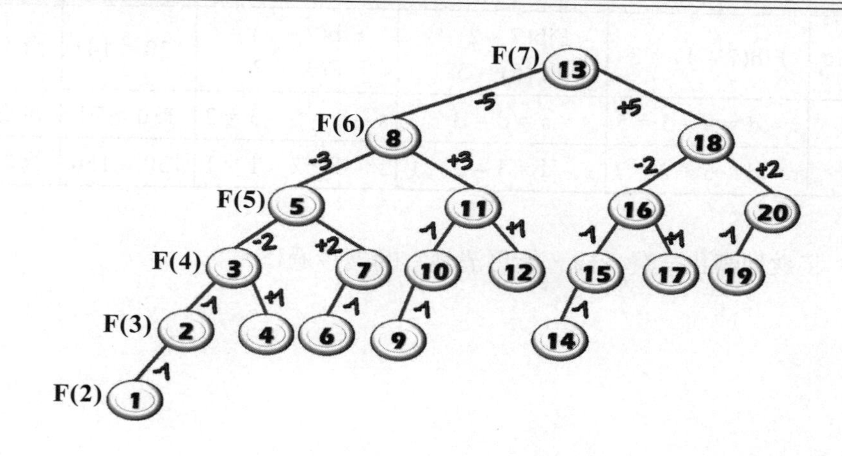

10.2.3 以費氏樹做搜尋

費氏搜尋法是以費氏搜尋樹來找尋資料；例一：經過排序的數列如下。

數列	25	49	54	69	74	118	130	141	152	163	186	432
位置	[1]	[2]	[3]	[4]	[5]	[6]	[7]	[8]	[9]	[10]	[11]	[12]

此費氏樹含有的節點爲「N = 12」，所以「Fib(k) = 12 + 1, Fib(k) = 13」，得「k = 7」，所以取得的根節點、左子樹和右子樹如下：

```
根節點    Fib(k-1) = Fib(6), 得費氏級數8
左子樹根 Fib(k-2) = Fib(5), 得費氏級數5
右子樹根 Fib(k-1) + Fib(k-3) = Fib(7) + Fib(5), 得費氏級數11
```

以費氏搜尋樹查找key「130」的過程如下：

次數	樹根(r)	子樹(s)	差值(d)	比較	範圍
開始	Fib(7 – 1) = 8	Fib(7 – 2) = F(5) = 5	Fib(7 – 3) = F(3) = 3	130 < 141	向左
2	r – d = 8 – 3 = 5	s = d = 3	s – d = 5 – 3 = 2	130 > 74	向右
3	r + d = 5 + 2 = 7	s – d = 3 – 2 = 1	s – d = 2 – 1 = 1	130 = 130	找到

將數列轉化爲費氏樹，能更清楚它的搜尋過程。

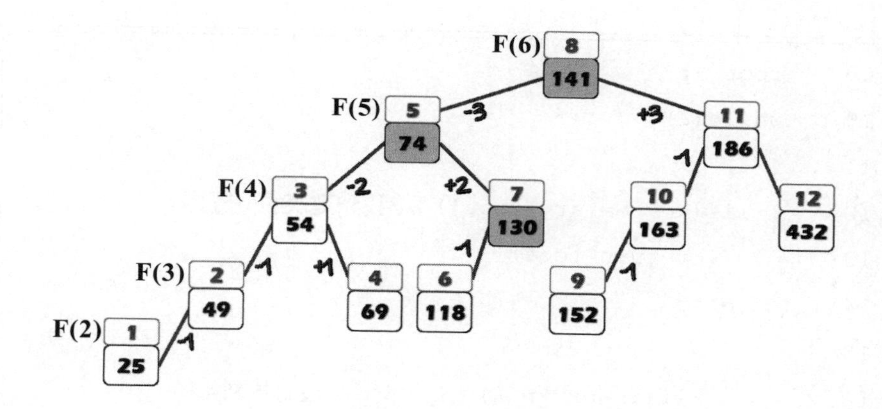

從數列中尋找key的方式，還可以再簡化；依據費氏級數的特性，從樹根開始找起，將key和費氏樹的樹根做比較後，此時可以有下列三種比較情況：

- key值小於第一個搜尋值，費氏樹降一級向左子樹查找。
- key值大於第一個搜尋值，費氏樹加一級向右子樹查找。
- 如果鍵值與陣列索引Fib(k)的值相等，表示成功搜尋到所要的資料。

範例CH1005.c

```
01 int fiboSearch(int ary[LEN],int key)
02 {
03    int root, rtLeft, fn2, tmp;
04    int index = rootNode(2);
05    root = fiboNums(index);  //Fib(index - 1) = fib(6) =
8
06    printf("fib(%d) = %d\n", index, root);
07    rtLeft = fiboNums(index - 1);  //Fib(5) = 5
08    fn2 = root - rtLeft;          //F(6) - F(5) = 8 - 5 = 3
```

```
09    root--;
10    while(1)
11    {
12       if(key == ary[root]) //找到鍵值的位置
13          return root;
14       else
15       {
16          if(index == 2)          //沒有找到鍵值
17             return LEN;
18          if(key < ary[root])   //向左子樹繼續查找
19          {
20             root -= fn2;
21             tmp = rtLeft;        //由左子樹開始查找
22             rtLeft = fn2;
23             fn2 = tmp - fn2;
24             index -= 1;
25          }
26          else   //向右子樹繼續查找
27          {
28             if(index == 3) return LEN;
29             root += fn2;      //右子樹根節點
30             rtLeft -= fn2;   //右子樹右子節點
31             fn2 -= rtLeft;   //右子樹根右右子節點
32             index -= 2;
33          }
34       }
35    }
```

```
36 }
37
38 int main()    //主程式
39 {
40     int number[] = {25, 49, 54, 69, 74, 118, 130,
41        141, 152, 163, 186, 432};
42     int search, target;
43     while(1)
44     {
45         printf("輸入欲搜尋鍵值(49-432)按-1結束->");
46         scanf("%d", &search);
47         if(search == -1)
48            break;
49         target = fiboSearch(number, search);
50         if(target == LEN)
51            printf("*** 鍵值 <%d> 沒有找到 ***\n", search);
52         else
53            printf("鍵值 <%d> 的位置 [%d]\n",
54                   number[target], target + 1);
55     }
56 }
```

執行結果

```
D:\DS for C語言\CH10\CH...
輸入欲搜尋鍵值(49-432), 按-1結束->130
fib(6) = 8
鍵值 <130> 的位置 [7]
輸入欲搜尋鍵值(49-432), 按-1結束->49
fib(6) = 8
鍵值 <49> 的位置 [2]
輸入欲搜尋鍵值(49-432), 按-1結束->-1
```

CHAPTER 10

程式解說

- ◈ 第1~36行：函式fiboSearch()依傳入陣列來搜尋其鍵值。
- ◈ 第4、5行：呼叫函式rootNode()，讓費氏級數從「2」開始來取得建立費氏搜尋樹的根節點並回傳。
- ◈ 第7、8行：呼叫函式fiboNums()，回傳費氏樹左子樹的根節點和左子樹的左子節點。
- ◈ 第10~35行：while迴圈依輸入鍵值查找其位置。
- ◈ 第47~48行：若輸入「-1」表示結束鍵值搜尋，結束程式。
- ◈ 第49行：變數target儲存鍵值查找後的位置。

10.3 雜湊搜尋法

雜湊法又稱「赫序法」或「散置法」，任何透過雜湊搜尋的檔案皆不須經過事先的排序，也就是說這種搜尋可以直接且快速的找到鍵值所放的地址。要判斷一個搜尋法的好壞主得由比較次數及搜尋時間來決定；透過搜尋技巧的比較方式來取得所要的資料項目。由於雜湊法直接以數學函數來取得對應的位址，因此可以快速找到所要的資料。也就是說，未發生任何碰撞的情況下，其比較時間只需O(1)的時間複雜度，在有限的記憶體中，使用雜湊函數可快速的建檔、插入、搜尋及更新。

10.3.1 認識雜湊技術

認識「雜湊法搜尋法」（Hashing Search）之前，先認識一下雜湊技術。如果去拜訪某個城市，想要品嘗某家美食店，如何尋得？通常會取得兩項基本訊息：「名稱」和「位置」，有了名稱才能利用地址找到它。當然美食店並非只一家，隨著我們移動的腳步，增添的記錄就會愈來愈多家。

所謂的雜湊技術就是把上述的美食店記錄依據名稱和所在位置來產

生一張對應表。只要輸入名稱就能獲取所在位置；也就是搜尋時，利用「鍵」（Key）從對應表中取得符合訊息的「值」（Value，也就是儲存位置）。所謂的「雜湊技術」就是把儲存的值（位置）和鍵（名稱）之間產生對應關係，每一個鍵只能對應一個值，以數學公式表達如下：

```
儲存的值 = f(鍵)
```

公式中的「f」爲「雜湊函數」（Hash function）；依據雜湊函數將「鍵」、「值」產生對應的表格稱爲「雜湊表」（Hash table）；先探索雜湊技術的基本用法。

10.3.2 雜湊相關名詞

使用雜湊函數之前，先對雜湊函數有關的名詞做一番認識。

相關名詞	說明
桶（Bucket）	雜湊表中儲存資料的立置，每一個位置對應到唯一的位址，稱爲bucket address 一個bucket（桶）就好比是一筆記錄
槽（Slot）	每個桶子能有多個儲存區，儲存區就是slot 每個槽代表記錄中的某個欄位
碰撞（Collision）	兩筆不同資料，經過雜湊函數運算後，桶子對應到相同位址所發生
溢位（Overflow）	資料經由雜湊函數運算後，所對應的桶子已經滿了，無法再存入其他的資料
同義字（Synonym）	當兩個識別字I及J的雜湊函數值經過運算後是相同的，則稱I及J爲同義字
載入密度（Loading Factor）	雜湊空間的載入密度是指識別字的使用數目除以雜湊表內槽的總數

雜湊法是利用雜湊函數來計算一個鍵值所對應的位址，進而建立雜湊表格，且依賴雜湊函數來搜尋找到各鍵值存放在表格中的位址。此外，搜尋速度與資料多少無關，在沒有碰撞和溢位下，一次讀取即可，更有保密性高，事先不知道雜湊函數就無法搜尋的優點。選擇雜湊函數時，要特別注意不宜過於複雜，設計原則上至少必須符合計算速度快與碰撞頻率儘量小兩項特點。設計雜湊函數應該遵循底下幾個原則：

- 降低碰撞及溢位的產生。
- 雜湊函數不宜過於複雜，以容易計算爲佳。
- 儘量把文字的鍵值轉換成數字的鍵值，以利雜湊函數的運算。
- 雜湊函數計算所得的值，儘量能均勻地落在每一桶中，不過於集中在某些桶內，這樣就可以降低碰撞。

10.3.3 雜湊函數──除法、中間平方法

正式進入主題，介紹雜湊函數所用的四個方法：除法、中間平方法、折疊法和數位分析法、簡單來說，選擇雜湊函數時，要特別注意不宜過於複雜，以縮短找尋位址的時間。同時，也要注意所選擇的雜湊函數是否會經常發生碰撞，因爲每發生一次碰撞，都必須浪費時間成本去進行溢位處理。常見的雜湊法有除法、中間平方法、折疊法及數位分析法。

以「除法」（Division）產生雜湊函數最簡單。它將資料除以某一個常數後，取得餘數來當索引。C語言中可以利用「%」運算子將資料項X除以某數M，取其餘數當做X的位址，它應介於「0～M - 1」之間，計算公式如下：

```
hash(X) = X % M
```

◈ 運算子「%」取得「X / M」所得的餘數。

◈ X代表某一鍵值；M代表某個長度的儲存空間，以質數較佳。

使用除法產生雜湊函數時，應避免某些數值的M，例如2的次方；一般建議質數會有較佳的效果。

例一：將數值63除以儲存空間為11所得餘數為存放位置。

```
hash(63) = 63 % 11, hash(63) = 8, 索引值 = 8
```

例二：有一個陣列「4、13、21、34、42、63」，它占用到6個位址，把它放入有11個位置的雜湊表中。把陣列元素除以11，並以餘數當做索引，計算如下：

陣列元素	除法	餘數	陣列元素	除法	餘數
4	4 % 11	4	13	13 % 11	2
21	21 % 11	10	34	34 % 11	1
42	42 % 11	9	63	63 % 11	8

範例CH1006.c

```
01 #include<stdio.h>
02 #include<stdlib.h>
03 #define PRIME 11    //定義雜湊表大小為11
04
05 void runHash(int *ary)
06 {
07    int pos, j, tmp;
08    int hash[PRIME] = {0}; //產生儲存0的陣列
09    printf("取得餘數：");
10    for(j = 0; j < 6; j++) //讀取陣列並求得餘數
```

```
11     {
12        pos = ary[j] % PRIME;
13        printf("%-3d", pos);
14        hash[pos] = ary[j]; //餘數爲索引，存入雜湊函數
15     }
16     printf("\n");
17     for(pos = 0; pos < PRIME; pos++) //讀取雜湊函數
18        printf("Hash[%2d] = %3d\n", pos, hash[pos]);
19  }
20  void main()
21  {
22     int number[] = {4, 13, 21, 34, 42, 63};
23     runHash(number);
24  }
```

執行結果

索引	0	1	2	3	4	5	6	7	8	9	10
陣列元素		34	13		4				63	42	21

程式解說

◈ 第5~19行：定義函式runHash()將傳入的陣列元素依除法計算其餘數，所得結果存入另一個陣列hash（雜湊表）。

◈ 第10~15行：for迴圈讀取陣列ary的元素並取得餘數存入另一個變數「pos」（索引或位置），再放入雜湊表hash。

再來認識產生雜湊函數的第二個方法「中間平方法」（Midsquare）。它和除法相當類似，它是把資料平方後，取中間的某段數字爲索引。

例一：將下列數值以中間平方法來處理，並放在100位址空間。

Step 1. 資料先做平方。

```
33, 87, 65, 38, 72平方得1089, 7569, 4225, 1444, 5184
```

Step 2. 取佰位數及十位數作爲鍵值。

```
08、56、22、44、18
```

Step 3. 步驟2的鍵值與步驟1形成對應後如下：

```
f(08) = 33
f(56) = 87
f(22) = 65
f(44) = 38
f(18) = 72
```

10.3.4 雜湊函數——折疊、數位分析法

使用「折疊法」（Folding）有兩種作法：移動折疊法（Shift Folding）和邊界折疊法。移動折疊法是將資料轉換成一串數字後，再把這串數字拆成數個，最後把它們加起來，計算出鍵值的「儲存位址」（Bucket Address）。

例一：資料轉換成數字，若每4個數字做一個區隔，得如下拆解。

1234290325013215	1234	2903	2501	3215

將四組數字相加所得的值即爲「儲存位址」。

	1234	
	2903	
	2501	
+	3215	
	9853	bucket address

雜湊法的設計原則之一就是降低碰撞，還可以進一步將上述簡例採用的「移動折疊法」予以改善；每一部分的數字中的奇數位段或偶數位段反轉，相加後才取得儲存位址，這種改良式作法稱爲「邊界折疊法」（Folding at the boundaries）。

➢ 第一種狀況：將偶數位段反轉。

	1234	第1位段屬於奇數位段，所以不反轉
	3092	第2位段屬於偶數位段要反轉
	2051	第3位段屬於奇數位段，所以不反轉
+	5123	第4位段屬於偶數位段要反轉
	11950	bucket address

➢ 將奇數位段反轉。

	4321	第1位段屬於奇數位段，反轉
	2903	第2位段屬於偶數位段，不反轉
	1052	第3位段屬於奇數位段，反轉
+	3215	第4位段屬於偶數位段，不反轉
	11491	bucket address

雜湊函數第四個方法是「數位分析法」（Digit Analysis）。它適用於資料不會更改，且為數值型別的靜態表，主要用於十進位制的各個鍵值之位數比較，採用配置較均勻的若干個位數值做為每一個鍵值的雜湊函數值。在決定雜湊函數時先逐一檢查資料的相對位置及分散情形，刪除重複性高的。

例一：下列電話表具有其規則性，除了區碼全部是06外，在中間三個數字的變化也不大；假設位址空間大小m=999，必須從下列數字擷取適當的數字，即數字比較不集中，分散範圍較為平均（或稱亂度高），最後決定取最後那四個數字的末三碼。故最後可得雜湊表為：

電話
06-554-9876
06-554-4321
06-553-4222
06-554-5781
06-554-6666
06-553-8888
06-553-8123
06-554-4768

索引	電話
876	06-554-9876
321	06-554-4321
222	06-553-4222
781	06-554-5781
666	06-554-6666
888	06-553-8888
123	06-553-8123
768	06-554-4768

10.4 雜湊法的碰撞問題

相信看完上面幾種雜湊函數之後，可以發現雜湊函數並沒有一定規則可尋，可能是其中的某一種方法，也可能同時使用好幾種方法，所以雜湊時常被用來處理資料的加密及壓縮。但是雜湊法常會遇到「碰撞」及「溢位」的情況。

雜湊法中，當資料要放入某個「桶子」（Bucket），若該桶子已經滿了，會發生「溢位」（Overflow）；另一方面雜湊法的理想狀況是所有資料經過雜湊函數運算後都得到不同的值，但現實情況是即使所有關鍵欄位的值都不相同，還是可能得到相同的位址，於是就發生了「碰撞」（Collision）問題。因此，如何在碰撞後處理溢位的問題就顯得相當的重要。

10.4.1 線性探測法

處理雜湊法的「碰撞」最簡單的作法就是以「開放循序定址法」（Linear Open Addressing）來處理，更通俗的說法就是產生碰撞時就去找下一個空的位置，它的公式如下：

```
h(key) = h(key) + di % M, di = 1, 2, 3, …, M - 1
```

這種解決碰撞的開放位址法也稱為「線性探測」（Linear Probing），它能將表格的空間加大並以環狀方式來使用。也就是發生碰撞時，若該索引已有資料，則以線性方式往後找尋空的儲存位置，一旦找到位置就把資料放進去。

例一：雜湊表格的大小為13（M = 13，即位址空間），鍵值如下：

```
432, 597, 459, 685, 106, 534, 659, 343, 680, 308, 372
```

依其雜湊函數「h(key) = key mod m」，將這些鍵值依照計算所得的位址存放於雜湊表中，並以線性探測方式來解決碰撞。

Step 1. 加入432，「h(432) = 432 % 13 = 3」。

索引	0	1	2	3	4	5	6	7	8	9	10	11	12
鍵值				432									

Step 2. 加入597，「h(597) = 597 % 13 = 12」。

索引	0	1	2	3	4	5	6	7	8	9	10	11	12
鍵值				432									597

Step 3. 加入459，「h(459) = 459 % 13 = 4」。

索引	0	1	2	3	4	5	6	7	8	9	10	11	12
鍵值				432	459								597

Step 4. 加入685，「h(685) = 685 % 13 = 9」。

索引	0	1	2	3	4	5	6	7	8	9	10	11	12
鍵值				432	459					685			597

Step 5. 加入106，「h(106) = 106 % 13 = 2」。

索引	0	1	2	3	4	5	6	7	8	9	10	11	12
鍵值			106	432	459					685			597

Step 6. 加入534，「h(534) = 534 % 13 = 1」。

索引	0	1	2	3	4	5	6	7	8	9	10	11	12
鍵值		534	106	432	459					685			597

Step 7. 加入659，「h(659) = 659 % 13 = 9」，由於位置已被占用，移到「10」。

索引	0	1	2	3	4	5	6	7	8	9	10	11	12
鍵值		534	106	432	459					685	659		597

Step 8. 加入343，「h(343) = 343 % 13 = 5」。

索引	0	1	2	3	4	5	6	7	8	9	10	11	12
鍵值		534	106	432	459	343				685	659		597

Step 9. 加入680，「h(680) = 680 % 13 = 4」，由於位置4、5已有資料，移到「6」。

索引	0	1	2	3	4	5	6	7	8	9	10	11	12
鍵值		534	106	432	459	343	680			685	659		597

Step 10. 加入308，「h(308) = 308 % 13 = 9」，由於位置9、10已被使用，移到「11」。

索引	0	1	2	3	4	5	6	7	8	9	10	11	12
鍵值		534	106	432	459	343	680			685	659	308	597

Step 11. 加入372，「h(372) = 372 % 13 = 8」。

索引	0	1	2	3	4	5	6	7	8	9	10	11	12
鍵值		534	106	432	459	343	680		372	685	659	308	597

範例CH1007.c

```
01 #include<stdio.h>
02 #include<stdlib.h>
03 #include<time.h>
04 #define PRIME 13   //定義雜湊表大小爲13
```

```
05 #define EMPTY -1
06 int hash[PRIME];  //產生雜湊表
07 int searchHash(int key)  //查找鍵值
08 {
09    int pos;
10    pos = runHash(key);   //呼叫函式產生雜湊函數
11    while(hash[pos] != key) //線性探測
12    {
13       pos = (pos + 1) % PRIME;  //取得下一個位置
14       if(hash[pos] == EMPTY || pos == runHash(key))
15          return -1;    //沒有找到鍵值
16    }
17    return pos; //找到鍵值
18 }
19 void linearProb(int hash[], int key)  //線性探測法建立雜湊表
20 {
21    int pos;
22    pos = runHash(key);   //呼叫函式產生雜湊函數
23    while(hash[pos] != EMPTY) //讀取陣列並求得餘數
24       pos = (pos + 1) % PRIME;  //產生碰撞移向下一個位置
25    hash[pos] = key;  //存入雜湊表
26 }
27
28 void main()   //主程式
29 {
30    int number[] = {126, 432, 597, 459, 685, 106, 534,
```

```
31          659, 343, 680, 308, 372};
32     int j, value, target;
33     for(j = 0; j < PRIME; j++)    //清空雜湊表
34        hash[j] = EMPTY;
35     printf("--雜湊表--\n");
36     for(j = 0; j < PRIME; j++)  //讀取陣列number產生雜湊表
37        linearProb(hash, number[j]);
38     for(j = 0; j < PRIME; j++)   //輸出雜湊表
39     {
40        if(hash[j] != EMPTY)
41           printf("%[%2d] = %4d\n", j, hash[j]);
42        else
43           printf("[%d]", j);
44     }
45     while(1)
46     {
47        printf("\n輸入欲搜尋的值->");
48        scanf("%d", &value);
49        if(value != -1)
50        {
51           target = searchHash(value);
52           if(target != -1)
53              printf("鍵值 %d 的索引：[%d]\n", value, target);
54           else
55              printf("無此搜尋值 %d\n", value);
56        }
57        else
```

```
58          exit(1);
59     }
60 }
```

執行結果

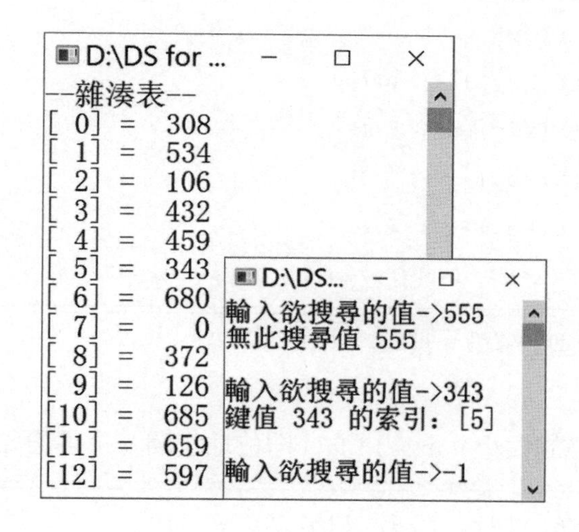

程式解說

- ◈ 範例先以「線性探測法」產生雜湊表之後，再加入鍵值的搜尋動作。
- ◈ 第7~18行：定義函式searchHash()，依據傳入鍵值配合雜湊函數來查找它是否存在。
- ◈ 第19~26行：定義函式linearProb()配合線性探測法來產生雜湊表；以while迴圈來處理撞碰，找出下一個空位。
- ◈ 第33~34行：for迴圈讀取雜湊表並清空其值。
- ◈ 第38~44行：依格式輸出雜湊表。

CHAPTER 10

10.4.2 平方探測

使用線性探測法的缺失，就是相近似的鍵值會聚集在一起，因此可以考慮使用「平方探測法」（Quadratic Probe）來獲得改善。在平方探測中，發生溢位時，下一次搜尋的位址是「$(f(x) + i^2) \bmod M$」或「$(f(x) - i^2) \bmod M$」，即讓資料值加或減i的平方，例如資料值key，雜湊函數f：

```
第一次尋找：f(key)
第二次尋找：(f(key)+1²) % M
第三次尋找：(f(key)-1²) % M
第四次尋找：(f(key)+2²) % M
第五次尋找：(f(key)-2²) % M
第n次尋找：(f(key)±((M-1)/2)²)% M
```

◈ M必須為4j+3型的質數，且1≦i≦(B-1)/2。

例一：雜湊表格的大小「m = 13」（即位址空間），鍵值如下：

```
765, 431, 96, 142, 579, 226, 903, 388
```

Step 1. 依其雜湊函數「h(key) = key % m」，所得雜湊位址如下：

索引	0	1	2	3	4	5	6	7	8	9	10	11	12
鍵值			431			96		579				765	142

Step 2. 加入226，「h(226) = 226 % 13 = 5」，發生第一次碰撞，依平方測探公式處理「$(5 + 1^2) \% 13 = 6$」。

索引	0	1	2	3	4	5	6	7	8	9	10	11	12
鍵值			431			96	226	579				765	142

Step 3. 加入903，「h(903) = 903 % 13 = 6」，發生第一次碰撞，依平方測探公式處理「$(6 + 1^2)$ % 13 = 7」，第二次碰撞，依公式「$(6 + 2^2)$ % 13 = 10」。

索引	0	1	2	3	4	5	6	7	8	9	10	11	12
鍵值			431			96	226	579			903	765	142

Step 4. 加入338，「h(338) = 388 % 13 = 11」，發生第一次碰撞，依平方測探公式處理「$(11 + 1^2)$ % 13 = 12」，第二次碰撞，依公式「$(11 + 2^2)$ % 13 = 2」，第三次碰撞，依公式「$(11 + 3^2)$ % 13 = 7」，第四次碰撞，依公式「$(11 + 4^2)$ % 13 = 1」。

索引	0	1	2	3	4	5	6	7	8	9	10	11	12
鍵值		338	431			96	226	579			903	765	142

10.4.3 再雜湊

再雜湊（Rehashing）就是一開始就先設置一系列的雜湊函數，如果使用第一種雜湊函數出現溢位時就改用第二種，如果第二種也出現溢位則改用第三種，直到沒有發生溢位爲止。

例一：請利用再雜湊處理下列資料碰撞的問題（m = 13）。

```
681, 467, 633, 511, 100, 164, 472, 438, 445, 366, 118
f1 = h(key) = key % m
f2 = h(key) = (key + 2) % m
f3 = h(key) = (key + 4) % m
```

CHAPTER 10

Step 1. 所得的雜湊表如下：

索引	0	1	2	3	4	5	6	7	8	9	10	11	12
鍵值	438	118	366	445	511	681	472		164	633		100	467

Step 2. 其中100，472，438皆發生碰撞，利用「再雜湊」函數h(key) = (key + 2) % 13，進行資料的位址安排。

```
f1 = h(100) = 100 % 13 = 9
f2 = h(100 + 2) = 102 % 13 = 11
```

```
f1 = h(472) = 472 % 13 = 4
f2 = h(472 + 2) = 474 % 13 = 6
```

```
f1 = h(438) = 438 % 13 = 9
f2 = h(438 + 2) % 13 = 11
f3 = h(438 + 4) % 13 = 0
```

10.4.4 分隔鏈結法

分隔鏈結（Separate Chaining）是將所有的雜湊表空間建立n個串列，一開始只有n個首串列，當碰撞發生時，就將資料儲存到鏈結串列中，直到所有的空間全部用完為止。此方法的優點是不需要因為碰撞而需要重新計算資料的儲存位置，而其缺點是當碰撞次數較多時，使用鏈結串列來儲存這些鍵值發生碰撞的資料會較無效率。

例一：利用「分隔鏈結」處理下列資料碰撞的問題（m = 13）。

```
156, 681, 467, 633, 511, 100, 57, 164, 472, 438, 445,
366, 118
```

我們以「鏈結串列」來處理這些數列，透過結構先產生它們，程式碼如下：

```
//範例CH1008.c
struct Node
{
   int key;                    //節點的鍵值欄位
   struct Node *next;   //節點的鏈結欄位
};
typedef struct Node listNode;
typedef listNode *link; //link指向節點的指標
listNode hash[PRIME];   //宣告雜湊表hash由鏈結串列的節點組成
```

產生的鏈結串列，其鏈結指標會指向NULL，如下圖所示。

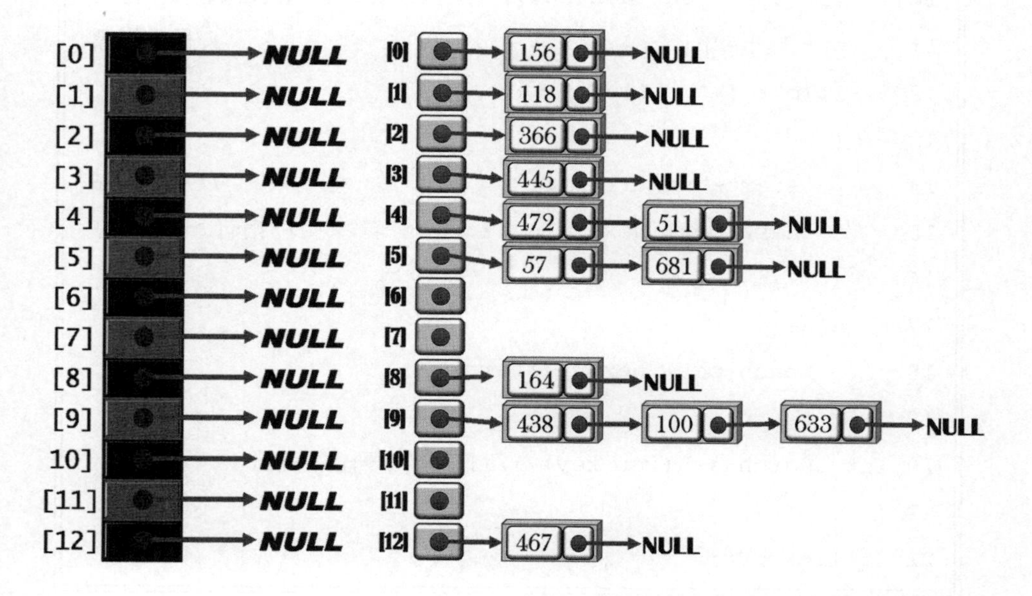

依據數列的讀入順序，依公式「f = h(key) = key % m」計算「f = h(156) = 156 % 13 = 0」，由於餘數為「0」，所以數列「156」放到鏈結串列索引[0]的位置，所得結果參考上方圖。

範例CH1008.c

```
01 #include<stdio.h>
02 #include<stdlib.h>
03 #define PRIME 13  //定義雜湊表大小為13
04 void createHT(int key)   //產生雜湊表
05 {
06    link ptr, start; //ptr-開始的指標 start-串列的起始指標
07    start = (link)malloc(sizeof(listNode));  //配置記憶體
08    start->key = key;                        //存入雜湊表
09    start->next = NULL;
10    int pos = runHash(key);          //呼叫雜湊函數取得位置
11    ptr = hash[pos].next;                      //開始指標
12    if(ptr != NULL)
13    {
14       start->next = ptr;                      //插入節點
15       hash[pos].next = start;           //指向下一個節點
16    }
17    else
18       hash[pos].next = start;
19 }
20 int searchHash(int key)   //以鏈結串列查找鍵值
21 {
22    link ptr;
```

```
23     int pos;
24     pos = runHash(key);    //呼叫函式產生雜湊函數
25     ptr = hash[pos].next; //開始指標
26     while(ptr->key != key)
27     {
28        if(ptr->next == NULL) //沒有找到鍵值
29           return -1;
30        else
31           ptr = ptr->next;
32     }
33     return pos;
34 }
```


執行結果

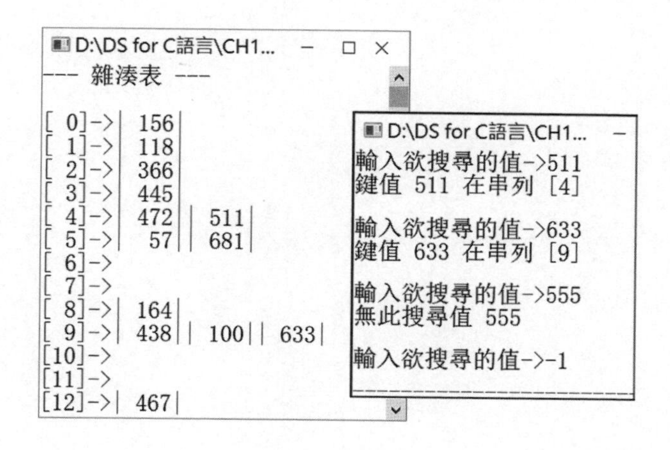

程式解說

◈ 第4~19行：定義函式createHT()依傳入鍵值key產生雜湊表。設定兩個指標ptr、start，分別指向雜湊表的起始位置和鏈結串列的首節點。

◈ 第12~18行：以if/else敘述判斷以鏈結串列產生的雜湊表，此節點ptr是否有資料？如果已有資料就以指標start移向下一個節點來存入資料，如果節點沒有資料就直接存入。

◈ 第20~34行：定義函式searchHash()依傳入鍵值查找其位置。以while迴圈搜尋整個雜湊壞，配合指標ptr移向下一個節點；沒有找到的話回傳「-1」，有找到的話就以變數pos回傳其位置。

課後習作

一、選擇題

1. 循序搜尋法的另一個名稱是什麼？
   (A) 雜湊搜尋法
   (B) 線性搜尋法
   (C) 費氏搜尋法
   (D) 二元搜尋法
2. 對於循序搜尋法的描述，何者有誤？
   (A) 適用於資料量較大
   (B) 資料本身未經過排序
   (C) 欲搜尋的項目若不在數列裡，還是從頭到尾走訪一次
   (D) 時間複雜度「O(n)」
3. 使用二元搜尋法查找鍵值時，從哪裡開始進行資料的搜尋？
   (A) 最後一個項目
   (B) 第一個項目
   (C) 任何位置皆可以
   (D) 從中間的項目開始
4. 對於二元搜尋法的描述，何者正確？
   (A) 資料事先不用排序
   (B) 搜尋時將資料一分爲四
   (C) 搜尋時，若「K」大於「Km」表示要往資料的後半部繼續查找
   (D) 時間複雜度「$O(\log_2 n)$」
5. 使用字典查詢英文單字時，以漸近方式來逼近資料，較接近下列哪一個搜尋法？
   (A) 內插搜尋法
   (B) 費氏搜尋法

(C) 二元搜尋法

(D) 循序搜尋法

6. 對於內插搜尋法的描述，何者有誤？

(A) 如果資料的分布愈平均，則搜尋速度愈快

(B) 內插搜尋法的資料要事先經過排序

(C) 可以把它視爲循序搜尋法的改良版

(D) 資料分布不均勻的情況下，搜尋效率就會變差

7. 使用費氏級數來產生切割範圍進行資料的搜尋，是哪一種搜尋法？

(A) 二元搜尋法

(B) 費氏搜尋法

(C) 循序搜尋法

(D) 內插搜尋法

8. 對於費氏搜尋樹的描述，何者正確？

(A) 非二元搜尋樹

(B) 資料N爲7，得費氏數列的K值爲7

(C) 搜尋時若鍵值大於第一個搜尋值，費氏樹降一級向左子樹查找

(D) 以二元樹爲基底

9. 對於雜湊函數中的名詞「bucket address」，哪一個解釋才正確？

(A) 槽的總數

(B) 雜湊表中儲存資料的立置，每一個位置對應到唯一的位址

(C) 每個資料的儲存區

(D) 雜湊空間的載入密度

10. 下列方法中哪一個才是處理雜湊函數的方法？

(A) 折疊平方法

(B) 線性探測法

(C) 平方測探法

(D) 再雜湊法

二、實作與問答

1. 利用循序搜尋的作法，從未排序的數列中找出最小值？
2. 將數列以非遞迴方式撰寫二元搜尋法程式碼來找出Key「325」，搜尋的過程請以二元樹繪製並簡單說明查找過程的中間項、最低、最高值的變化。

```
117, 325, 513, 119, 89, 163, 749, 41, 213, 833
```

3. 找出數列中Key「513」，以「內插法」配合公式說明查找過程。

```
41, 92, 117, 125, 223, 264, 325, 478, 513, 692, 787
```

4. 找出數列中Key「223」，以「費氏搜尋法」繪製費氏樹並以樹根、子樹和差值來說明查找過程。

```
92, 108, 154, 223, 264, 335, 428, 513, 581, 692, 707,
765
```

5. 以除法作為雜湊函數，將下列數字儲存於11個空間：345、348,80、119、83、89、297，以11為質數值，請問其雜湊表外觀為何？
6. 如果有一鍵值為743280321，利用折疊法將它分成三個區塊「743、280、321」，算出它的儲存位址？
7. 雜湊表格的大小m=11（即位址空間），鍵值如下，請以平方測探來改善碰撞情形：

```
365, 431, 597, 459, 128, 534, 583, 343, 680, 385
```

國家圖書館出版品預行編目資料

資料結構：使用C／數位新知著．－－初版．－－臺北市：五南圖書出版股份有限公司，2023.11
面；　公分
ISBN 978-626-366-768-6（平裝）

1.CST: 資料結構　2.CST: C(電腦程式語言)

312.73　　112018849

5R48

資料結構：使用C

作　　者— 數位新知（526）
發 行 人— 楊榮川
總 經 理— 楊士清
總 編 輯— 楊秀麗
副總編輯— 王正華
責任編輯— 張維文
封面設計— 封怡彤
出 版 者— 五南圖書出版股份有限公司
地　　址：106台北市大安區和平東路二段339號4樓
電　　話：(02)2705-5066　　傳　　真：(02)2706-6100
網　　址：https://www.wunan.com.tw
電子郵件：wunan@wunan.com.tw
劃撥帳號：01068953
戶　　名：五南圖書出版股份有限公司

法律顧問　林勝安律師

出版日期　2023年11月初版一刷
定　　價　新臺幣550元

經典永恆·名著常在

五十週年的獻禮——經典名著文庫

五南，五十年了，半個世紀，人生旅程的一大半，走過來了。
思索著，邁向百年的未來歷程，能為知識界、文化學術界作些什麼？
在速食文化的生態下，有什麼值得讓人雋永品味的？

歷代經典・當今名著，經過時間的洗禮，千錘百鍊，流傳至今，光芒耀人；
不僅使我們能領悟前人的智慧，同時也增深加廣我們思考的深度與視野。
我們決心投入巨資，有計畫的系統梳選，成立「經典名著文庫」，
希望收入古今中外思想性的、充滿睿智與獨見的經典、名著。
這是一項理想性的、永續性的巨大出版工程。
不在意讀者的眾寡，只考慮它的學術價值，力求完整展現先哲思想的軌跡；
為知識界開啟一片智慧之窗，營造一座百花綻放的世界文明公園，
任君遨遊、取菁吸蜜、嘉惠學子！